U0660850

高职高专物联网应用技术
专业系列教材

物联网集成系统设计

主　编　林少茵　江武志　周天凤

副主编　姚　鑫　廖静很　孙　菁

　　　　李硕明　张　露　潘　磊

西安电子科技大学出版社

内 容 简 介

　　本书主要讲述物联网集成系统的结构与设计方法，主要内容包括认识物联网集成系统、物联网集成系统例程项目总体介绍、例程项目节点设计、例程项目网关设计、认识 MySQL、SpringBoot 框架介绍、例程项目服务器程序设计、例程项目用户界面设计、项目训练等。通过学习本书，可以理解物联网集成系统的构造，具备物联网节点设计和设备安装、测试及维护的能力；初步掌握物联网应用系统控制技术，达到可以使用网络(远程或局域网)对物联网节点进行控制的目的。

　　本书可作为应用型本科或高职高专院校物联网应用技术等相关专业的教材或参考书。

图书在版编目(CIP)数据

物联网集成系统设计/林少茵，江武志，周天凤主编. --西安：西安电子科技大学出版社，2023.9
ISBN 978-7-5606-6933-5

Ⅰ. ①物…　Ⅱ. ①林…　②江…　③周…　Ⅲ. ①物联网—系统设计　Ⅳ. ①TP393.4②TP18

中国国家版本馆 CIP 数据核字(2023)第 119638 号

策　　划　明政珠
责任编辑　孟秋黎
出版发行　西安电子科技大学出版社(西安市太白南路 2 号)
电　　话　(029)88202421　88201467　　邮　编　710071
网　　址　www.xduph.com　　　　　　电子邮箱　xdupfxb001@163.com
经　　销　新华书店
印刷单位　咸阳华盛印务有限责任公司
版　　次　2023 年 9 月第 1 版　2023 年 9 月第 1 次印刷
开　　本　787 毫米×1092 毫米　1/16　印张 13.5
字　　数　315 千字
印　　数　1～3000 册
定　　价　38.00 元
ISBN 978 – 7 – 5606 – 6933 – 5 / TP
XDUP 7235001-1
＊＊＊ 如有印装问题可调换 ＊＊＊

前　言

作为新一代信息技术的集成和综合应用，物联网是推动经济发展的新增长动力，世界各国纷纷加大对物联网产业发展的政策扶持力度，并进行战略布局，中、美等全球主要经济体先后颁布了一系列政策支持物联网产业发展。近年来，随着物联网的快速商业化，物联网产业也呈现出爆发式增长的态势。

为了把握未来经济科技发展的主动权，我国在物联网领域进行了战略布局，对物联网的政策支持也不断加大。2021 年 9 月，工信部等八部门发布《物联网新型基础设施建设三年行动计划(2021—2023 年)》，提出到 2023 年年底在国内主要城市初步建成物联网新型基础设施，使得社会现代化治理、产业数字化转型和民生消费升级的基础更加稳固。

新基建政策下，以 5G、物联网、工业互联网、卫星互联网为代表的通信网络基础设施和以人工智能、云计算、区块链为代表的新信息技术基础设施建设加速推进，物联网设备连接数和网络数据都呈几何倍数增长，智能终端的数量和移动性也显著增加，数据传输路径频繁变换，智慧家居、车联网、智慧城市、智慧办公以及智慧工厂等诸多领域和工作场景对"云、管、边、端"四个层面的技术融合需求更加迫切，促使我国物联网加速进入"跨界融合、集成创新和规模化发展"的新阶段，物联网技术环境创新呈现"边缘的智能化、连接的泛在化、服务的平台化、数据的延伸化"四大特征。据中国信息通信研究院的物联网行业人才需求测算，物联网行业未来几年人才需求缺口总量超过 1600 万人，迫切需要培养大量的技术融合型人才。

本书以广东省高新技术企业——中山恒创物联网科技有限公司的真实项目为载体，由具有十多年物联网产品开发经验的人员编写，以通俗易懂的案例讲解了物联网系统集成设计的准则、物联网产品开发的流程。

本书内容分为两部分：第一部分(第 1 章至第 8 章)以简单的物联网 LED 灯节点控制例程项目为例讲述物联网四层架构，并基于 LED 灯节点控制例程项目分章节详细讲解物联网每层架构的联系、设计及实现的方法，在例程项目的讲解中融入物联网的基本概念和关键技术；第二部分(第 9 章)运用物联网相关技术，在物联网 LED 灯节点控制例程项目的基础上升级改造，讲解物联网最小系统、四路开关灯光控制系统和智能电表系统的设计与实现，以便让读者了解从知识到工程项目的迁移，学以致用。

本书的总体设计思路是打破以知识传授为主要特征的传统教材的编写模式，转而以工作任务为中心组织知识内容，在具体的项目中构建物联网集成系统相关理论知识基础，并提高综合实践能力。

　　本书中的所有实验不依赖特定品牌的开发板、数据库及云平台，可使用与书中所述不一致的实验设备运行书中所有的实验代码。本书附带的程序可至西安电子科技大学出版社官网查阅或下载。

　　本书由中山职业技术学院林少茵、江武志、周天凤担任主编，姚鑫、廖静很、孙菁、李硕明、张露和潘磊担任副主编。由于编者水平有限，书中不足之处在所难免，恳请读者批评指正。

编　者

2023 年 1 月

目　录

CONTENTS

第1章

认识物联网集成系统

本章主要讲述物联网集成系统的基本概念，其中包括物联网系统的定义、要求和构成，并使用生活中比较常见的智能家居系统和智慧农业系统作为案例，通过介绍其系统架构、功能及软硬件资源，使学生对物联网集成系统有一个初步的认识，为开发物联网集成系统打下基础。

1.1 物联网集成系统的基本概念

物联网的概念，美国在 2000 年就提出来了，当时叫传感网，其定义是通过射频识别 (RFID)、红外感应器、全球定位系统、激光扫描器等信息传感设备，按约定的协议，把任何物品通过物联网域名相连接，进行信息交换和通信，以实现智能化识别、定位、跟踪、监控和管理的一种网络概念。

"物联网"是在"互联网"的基础上发展起来的，其将互联网的信息交换和通信功能延伸和扩展到了任何物品与物品之间。

物联网架构可分为三层：感知层、网络层、应用层，如图 1-1 所示。感知层包括传感器和标签两个大的方面，是信息采集的关键部分。网络层的功能为"传送"，即通过通信网络进行信息传输；网络层作为纽带连接着感知层和应用层，它由各种私有网络、互联网、有线及无线通信网等组成。应用层可以对感知层采集的数据进行计算、处理和知识挖掘，从而实现对物理世界的实时控制、精确管理和科学决策。物联网集成系统设计就是要将感知层、网络层、应用层集成为一体，构成一个具有一定功能的应用型系统。

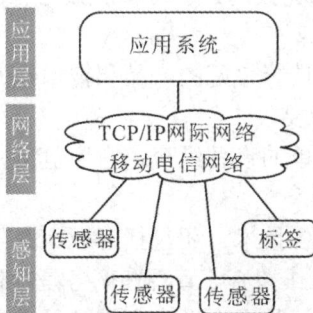

图 1-1 物联网系统架构

近年来，人们针对社会性产品的协作及控制平台的统一，提出了平台层的概念。平台层在应用层及网络层之间提供服务，如图 1-2 所示。物联网平台可为设备提供安全可靠的连接通信能力，向下连接海量设备，支撑数据上报至云端；向上提供云端 API(应用程序界面)，服务端通过调用云端 API 将指令下发至设备端，实现远程控制。物联网平台主要包括设备接入、设备管理、安全管理、消息通信、监控运维以及数据应用等部分。

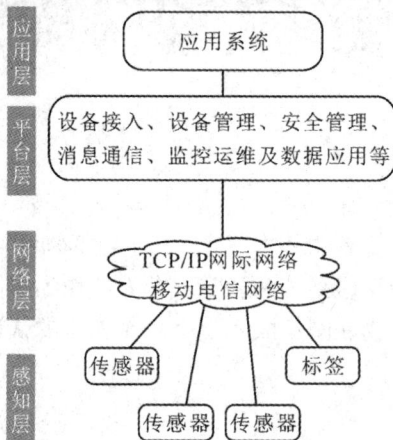

图 1-2　物联网系统新架构

具体而言，物联网系统集成的过程是将不同的系统，根据用户需要有机地组成一个整体的、功能更丰富强大的新型系统的过程。该过程在系统工程科学方法的指导下，根据需求选择合适的技术与产品，将各个子系统、子模块、子产品有机地结合成一个完整可靠、经济有效的整体，并使各个系统相互协作发挥整体效益，使整体达到性能最优。

1.2　物联网集成系统的要求

物联网集成系统的要求如下：

(1) 物联网集成系统要以满足用户的需求作为最基本的设计要求。

(2) 物联网集成系统在设计时还要求能够达到全面感知、可靠传递、智能处理等目标。全面感知是指利用 RFID、传感器、二维码等随时随地获取物体的信息；可靠传递是指通过各种电信网络与互联网的融合，将物体的信息实时准确地传递出去；智能处理是指利用云计算、模糊识别等各种智能计算技术，对海量的数据和信息进行分析和处理，对物体实施智能化的控制。

(3) 物联网集成系统不是把选择最好的产品和技术作为设计要求，而是把选择最适合用户需求的产品和技术作为设计要求。

(4) 物联网集成系统不是简单的设备组合，它还包括系统的开发设计、设备选型与安装调试。

(5) 物联网集成系统不仅包含技术，还包括管理、商务等方面，是一项综合性的系统工程，其中技术是系统集成的工作核心，管理和商务是项目成功的可靠保证。

(6) 物联网集成系统项目设计是否合理、实施是否成功的重要衡量标准之一是整个系统性价比的高低。

1.3　物联网集成系统的构成

物联网集成系统通过结构化和合理化的感知与识别技术、数据信息传输通信技术和网络系统以及信息处理控制技术，将各个分离的设备(如基站、个人计算机、智能终端)、功能(如识别、数据传输)及信息(如环境检测量)等集成到相互关联的、统一和协调的物联网系统之中，使资源达到充分共享，实现集中、高效、便利的管理，使系统性能最优。

由于各个具体应用不相同，因此物联网集成系统的构成也不相同。通常而言，物联网集成系统包括以下基本内容。

1. 感知系统与控制系统

感知系统是物联网最基本的组成部分，是自动条码识读系统、RFID 系统、无线传感网等特定系统中的一个或多个的组合。

物联网的特点之一是依据感知的信息并根据一定的规则，对某些设备进行某种控制。例如，智能交通系统能够对交通信号灯进行控制，农业物联网系统能够对水阀光照系统、温控系统、施肥系统进行控制。但不是所有的物联网系统都一定要具有控制系统，是否需要控制系统要根据具体的应用目的来确定。部分物联网系统只有感知系统用于数据采集，此类物联网系统并不需要进行控制调节。

感知系统与控制系统的构建就是物联网系统架构中感知层的设计与建设。

2. 数据接入与传输系统

为将感知的数据接入互联网或数据中心，需要建设数据接入与传输系统。数据接入系统可能包括无线接入或有线接入。无线接入有 WiFi、GPRS/3G/4G、ZigBee、WAVE、卫星信道等方式；有线接入有 LAN、光纤直连等方式。骨干传输系统一般可以租用已有的骨干网络，但在没有可供租用的网络时，需要自己建设远距离骨干传输网络。一般使用光纤组建远距离骨干传输系统，在不能或不方便敷设光纤的地方，可使用专用无线(如微波)传输。

数据接入与传输系统的构建就是物联网系统架构中网络层的设计与建设。

3. 数据存储系统

数据存储系统包括两个方面：一是用于存储数据的基础硬件，通常用硬盘组成磁盘阵列，形成大容量存储装置；二是保存、管理数据的软件系统，通常使用数据库管理系统和高性能并行文件系统。典型的数据库管理系统包括 Oracle、SQL Server、MySQL、DB2 等，用于保存结构化的数据；典型的高性能并行文件系统包括 Lustre、GPFS (IBM)、GFS (Google)等，用于管理并发用户的并行文件。

4. 数据处理系统

物联网系统会收集大量的原始数据，各类数据的格式、含义、用途各不相同。为了有效处理、管理和利用这些数据，需要建立通用的数据处理系统。数据处理系统有多种形式，分别完成不同的功能。例如，数据接入和聚合系统用于收集、整理、聚合不同类型或格式的数据；搜索引擎用于信息检索与呈现；数据挖掘系统用于挖掘隐藏在海量数据中的信息。

5. 应用系统

应用系统是最顶层的内容，是用户看到的物联网功能的集中体现。它因建设目的不同，具有各不相同的功能和使用模式，如智能交通系统与山体滑坡监测系统的差异就很大。

数据存储系统、数据处理系统和应用系统的构建就是物联网系统架构中应用层的设计与建设。

1.4 物联网集成系统设计案例介绍

自 2005 年在突尼斯举行的信息社会世界峰会上国际电信联盟发布《ITU 互联网报告 2005：物联网》，正式提出"物联网"概念以来，物联网发展迅速，特别是 2009 年 8 月，温家宝总理在视察中科院无锡物联网产业研究所时，对于物联网应用也提出了一些看法和要求。自温总理提出"感知中国"以来，物联网被正式列为国家五大新兴战略性产业之一，写入"政府工作报告"，物联网在中国受到了全社会极大的关注，其受关注程度是美国、德国及其他国家不可比拟的。这直接促成了近些年物联网在我国以前所未有的速度发展。本节将通过介绍两个物联网集成系统的案例，使学生对物联网集成系统有一定的认识。

1.4.1 智能家居系统

智能家居系统是以住家为平台，利用综合布线技术、网络通信技术、安全防范技术、自动控制技术、音视频技术将家居生活有关的设施集成而构建的高效住宅设施与家庭日程事务的管理系统，可提升家居安全性、便利性、舒适性、艺术性，并实现环保节能的居住环境。

本例中的智能家居系统集成了家居安防、家电遥控、视频监控、门禁控制、窗帘自动控制、场景联动等功能，并支持远程 Web 网页、移动手持设备访问和控制等。

智能家居系统硬件总体由中央控制器、视频监控单元、多个无线家居单元模块、WiFi 路由设备、计算机和移动手持设备，以及 Web 页面等单元及设备构成，如图 1-3 所示。

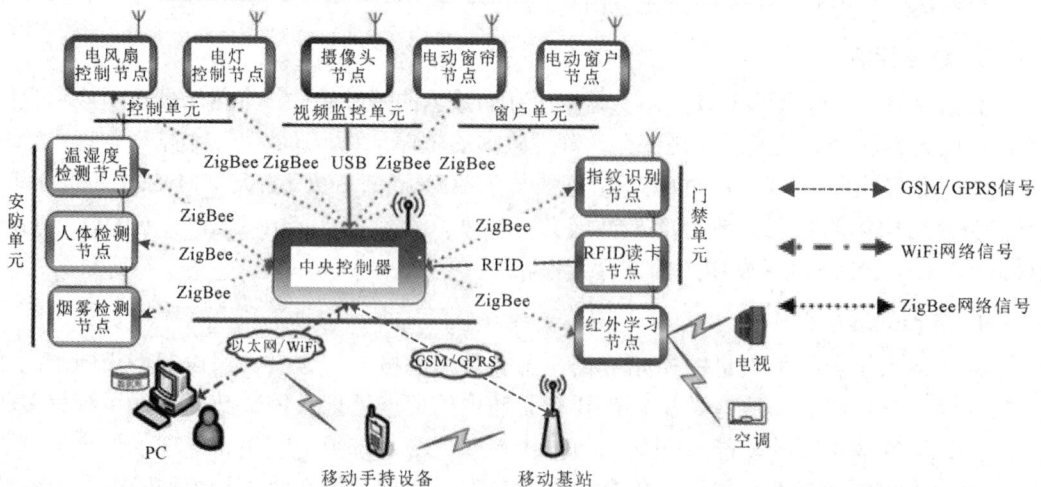

图 1-3 智能家居系统

1．硬件资源

(1) Cortex-A8 处理器作为中央控制器，是整套系统的核心，负责处理无线通信模块节点发送过来的家电信息，并可控制无线通信模块设置家电状态信息。

(2) 视频监控单元由一路网络摄像头构成，可以实现对家居环境视频的本地显示和网络显示，支持拍照和存储功能。视频单元还可扩展成多路视频。

(3) 无线通信模块采用 ZigBee(CC2530)/WiFi 兼容的硬件方案，可以自组网，支持路由功能，构成分布式监控网络。

(4) 家居单元主要是模拟常见的家居控制与监测，如门禁、窗帘、传感器安防、家电控制等。家居单元通过无线通信模块将信息传递给 Cortex-A8 控制器。

(5) WiFi 路由是连接重要控制器与各个家居单元的路由。该模块也可以接收来自智能手机的控制信号以控制各个家居单元。

(6) 无线红外模块采用 ZigBee+红外方案，通过红外自学习模块学习各个家用电器的红外控制命令，进而控制智能家电。

(7) 移动手持设备采用普通的平板电脑，支持 Android 系统。

2．系统特点

(1) 无线组网，智能监控。系统采用先进的 ZigBee 无线组网方式，结合多种智能传感器、家居模块，能够自动组网、自动路由，性能稳定可靠。

(2) 标准通信接口，灵活配置。ZigBee 无线通信节点与家居传感器采用标准的串行接口和协议进行连接和通信，传感器既可以安装到家居中进行真实场景模拟，又可以脱离沙盘环境直接连接到系统机柜的通信模块上进行工作，使用灵活。

(3) 场景生动，接口丰富。家居中集成了丰富的传感器模块，用于家居环境监控。门禁、窗户、窗帘采用舵机控制方式，开关门、窗户和窗帘的效果生动、直观，便于演示。

(4) 联网方式多种多样。系统既可以本地监控也支持移动手持设备的客户端访问，同时也支持网络浏览器、短信等通信方式。

3．功能分析

(1) 家居安防：可实现非法入侵检测、可燃气体/煤气泄漏报警、室内环境监测等功能，并可实现门禁身份验证和监视、电动窗帘控制、风扇开关、灯光控制等功能。

(2) 家电控制：可通过红外遥控模块实现对常见家电的控制，如电视机控制、空调设置等。

(3) 视频监控：实现对家居中场景视频的本地和网络监控，可实现抓拍、存储功能。

(4) 联动控制：通过设置不同的家居场景，可实现不同的家居和家电联动控制，如外出模式、会客模式、夜间模式等。

(5) 本地控制：通过中央控制器的显示和触摸屏输入设备，可实现对上述功能的本地监视和控制。

(6) 远程控制：支持 Internet 访问和控制，支持移动手持设备和短信息监控。

(7) 用户扩展：开放的软硬件接口，方便用户实现硬件模块扩展和软件系统升级。

4．硬件设计

硬件设计主要包括主控芯片控制电路的原理图设计及 PCB 设计、智能家居各个无线单元模块控制电路(包括照明、电扇、窗帘、窗户、门禁、多媒体等)的原理图设计及 PCB 设计、视频监控系统和移动手持设备的选型和装调等。

5. 软件设计

软件设计主要包括 PC 端设计和移动端设计以及数据库设计和网关设计。PC 端设计包括前端界面设计、后台服务程序设计。移动端设计包括移动端界面设计(控制对象设备状态)和移动端功能设计(包括电灯控制、电扇控制、窗帘控制、窗户控制、门禁控制、多媒体控制，以及设备状态、环境参数采集等)。

(1) 智能家居系统部分本地控制界面如图 1-4 所示。

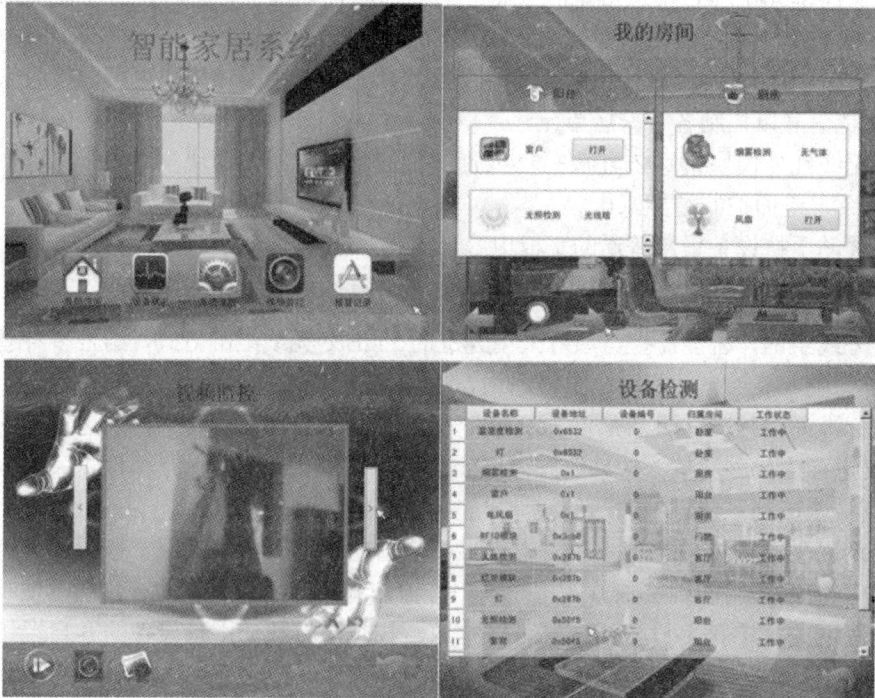

图 1-4　智能家居系统部分本地控制界面

(2) 智能家居系统部分 Android 界面如图 1-5 所示。

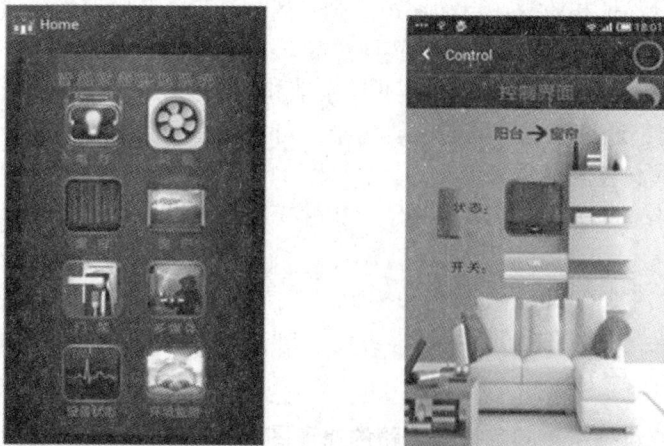

图 1-5　智能家居系统部分 Android 界面

(3) 智能家居系统部分网页界面如图 1-6 所示。

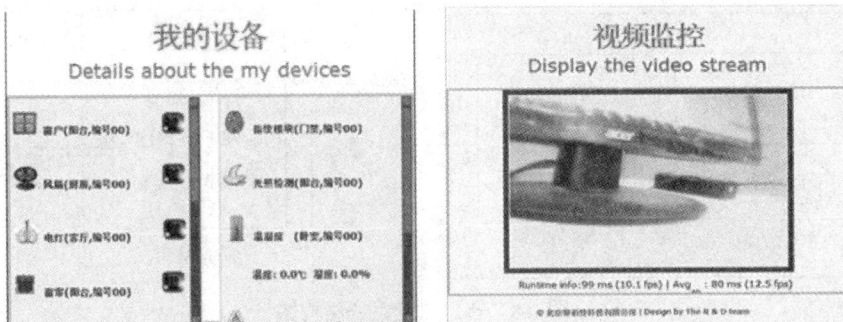

图 1-6 智能家居系统部分网页界面

(4) 智能家居系统部分实训实验图片如图 1-7 所示。

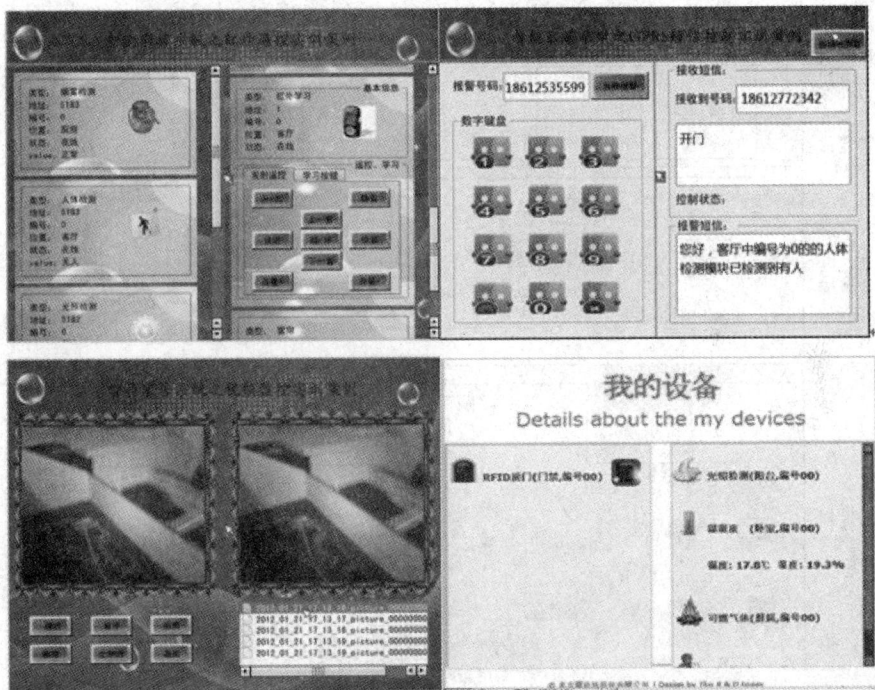

图 1-7 智能家居系统部分实训实验图片

1.4.2 智慧农业系统

智慧农业系统可以根据农作物种类、品种、时间、地理位置以及环境数据的变化，为第一线的农业工作者提供个性化的精准农技指导与专家远程支持服务；还可以为从事规模化生产的农业企业提供标准化生产管理工具，实现工作任务的自动创建、分配、跟踪与管理。智慧农业系统可以通过物联网传感技术，对农作物生长状态与生态环境进行实时监控，融合云计算、物联网、互联网、大数据等技术，进一步升级基于物联网初级应用的农业，基于大数据技术，挖掘农业大数据蕴藏的巨大价值，服务农业生产。

根据上面介绍的需求，可以将智慧农业系统分为服务器端、路由器、客户端和数据库，整个系统结构及示意图分别如图 1-8 和图 1-9 所示。

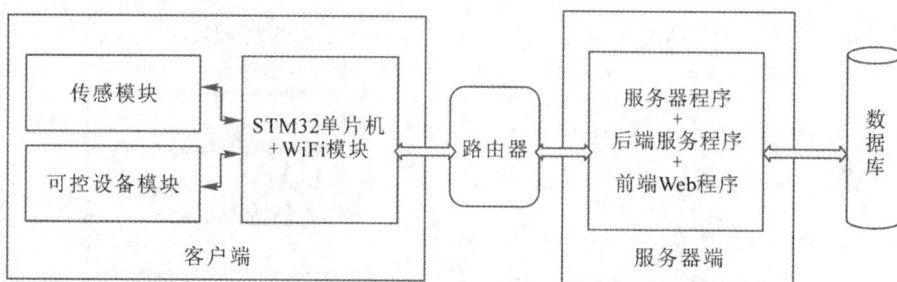

图 1-8　智慧农业系统结构图

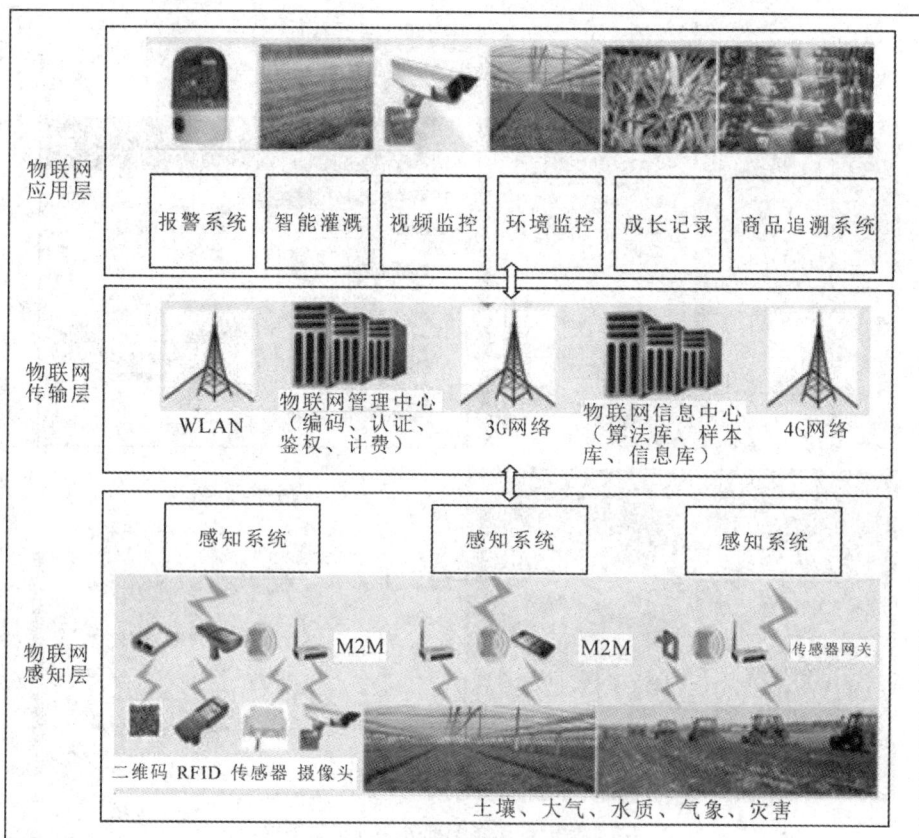

图 1-9　智慧农业系统示意图

1. 硬件资源

(1) 客户端的中央处理器采用的是 STM32 芯片,控制传感模块和可控设备模块。中央处理器与上位机通信,接收采集指令,控制传感模块采集各种大棚环境参数,并将采集到的数据上传到上位机,同时也可接收上位机的控制指令,控制相关设备调节环境参数。

(2) 传感器实时收集 11 种农业大棚环境参数,包括大气温度、大气湿度、光照强度、CO_2 浓度、土壤温度、土壤湿度、土壤 pH 值、烟雾浓度、火焰、雨滴、人体检测等,为感知大棚环境,进一步调整种植参数奠定基础。

(3) 控制设备包括通风系统、灌溉水泵、照明采光和加热系统,受中央处理器的控制,完成对农业大棚环境参数的调整，实现自动化种植。

(4) 无线通信模块采用 WiFi 和路由器组合的方式，中央控制芯片和各个传感器、各个控制设备之间通信都采用这种方式，中央处理器和服务器之间也采用这种方式进行指令和数据的交换。

(5) 语音芯片采用 WT588D 语音单片机(芯片)，通过上位机操作软件能反复擦除烧写，操作简单易用。可以通过语音芯片完成环境播报和语音报警。

2. 系统特点

(1) 农业参数采集和控制设备丰富全面。本系统一共采集 11 种农业大棚所需的参数，全面涵盖了所有农业所需参数。可控设备全面，便于用户多方面调节农业参数。

(2) 智能化设计便于用户日常管理。本系统充分发挥农业种植管理体系的智能化优势，可以实现环境实时感知、数据自动上传和处理、设备远程控制、设备自动控制、自动报警、视频监控等功能，帮助大棚种植实现数字化和自动化，实现无人值守、高产量和可复制。

(3) 联网方式多种多样。本系统不但能在局域网内提供远程控制、数据查询等服务，还能在广域网上登录账号，第一时间了解农场的植物生长情况。

3. 功能分析

(1) 传感模块：传感器对农业大棚的温度、空气湿度、光照强度、CO_2 浓度、土壤温度、土壤湿度、土壤 pH 值、烟雾浓度、火焰、雨滴、人体检测等环境数据进行实时采集。

(2) 可控设备模块：包括通风风扇、灌溉水泵、灯光、加热灯等设备。

(3) STM32 单片机 + WiFi 模块：STM32 单片机负责处理传感模块和可控设备模块的数据，将这些数据通过 WiFi 模块实时传到服务器，并且处理服务器端返回的数据指令。

(4) 路由器：建立局域网，将客户端与服务器端连接到同一网内，进行网络通信。

(5) 服务器端：对客户端(下位机)的数据进行接收、分析处理，储存到数据库。提供用户访问、查询页面，显示客户端数据并将用户或系统控制指令下发到客户端(下位机)。

(6) 数据库：存储并管理服务器端收到的上传数据。

基于物联网应用技术的智慧农业系统服务器程序实现用户、设备和传感器的接入，对传感器数据、设备和用户进行管理。各种传感器实时采集环境数据，并上传至服务器中。服务器后端程序对数据进行分析和处理后，系统自动将大棚环境调节为农作物的最佳生长环境(即调节光照度、空气温度、空气湿度(水分)、CO_2 浓度、土壤温度、土壤湿度、土壤 pH 值等)。用户可以在安卓客户端或计算机网页端查看大棚的实时环境数据和设备状态；通过视频监控可以实时查看大棚植物生长状态；通过火焰传感器、烟雾传感器、CO_2 浓度传感器可以检测大棚的状态，实现火灾自动报警和浇水施肥。智慧农业系统可以实现环境实时感知、数据自动上传和处理、设备远程控制、设备自动控制、自动报警、视频监控、语音播报等功能，帮助大棚种植实现数字化和自动化，实现无人值守、高产量和可复制。

4. 硬件设计

硬件设计主要包括农业大棚控制设备(包括照明、风扇、水泵、温度等)原理图的设计及控制设备 PCB 的设计，农业大棚传感器控制原理图的设计及 PCB 的设计，下位机主控芯片控制电路的原理图设计及 PCB 的设计。

5. 软件设计

软件设计主要包括 PC 端设计和移动端设计、数据库设计和网关设计。PC 端设计包括：前端界面设计(主界面、农业系统子页面、历史数据页面)、后端服务程序设计(Socket 服务程序、客户端数据处理、通信协议设计)。移动端设计包括：移动端界面设计(用户注册登录、设备状况、大棚环境状况)和移动端功能设计(排气扇控制、水资源控制、灯光调节控制、加热设备控制、天气状况查询等)。

(1) 智慧农业系统部分本地控制界面如图 1-10～图 1-13 所示。

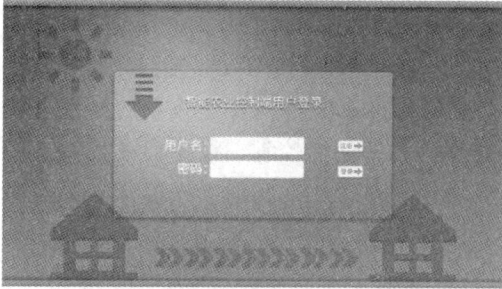

图 1-10　智慧农业系统用户登录页面

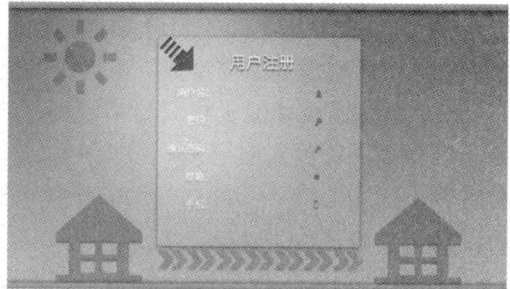

图 1-11　智慧农业系统用户注册页面

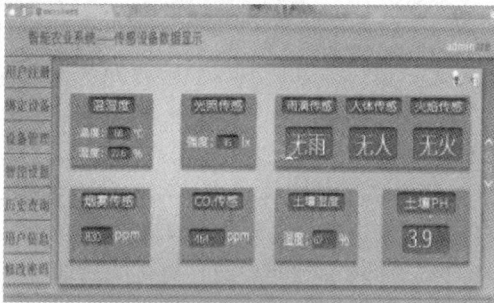

图 1-12　智慧农业系统传感设备数据显示页面

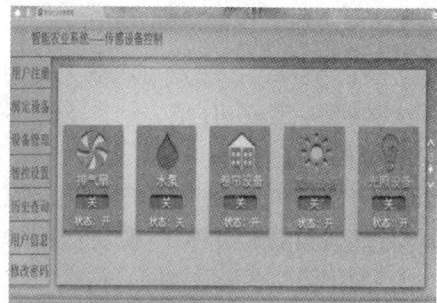

图 1-13　智慧农业系统传感设备控制页面

(2) 智能农业系统部分 Android 界面如图 1-14 所示。

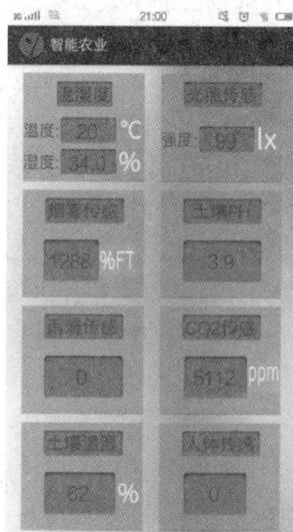

图 1-14　智慧农业系统部分 Android 界面

(3) 智能农业系统部分页面如图 1-15 所示。

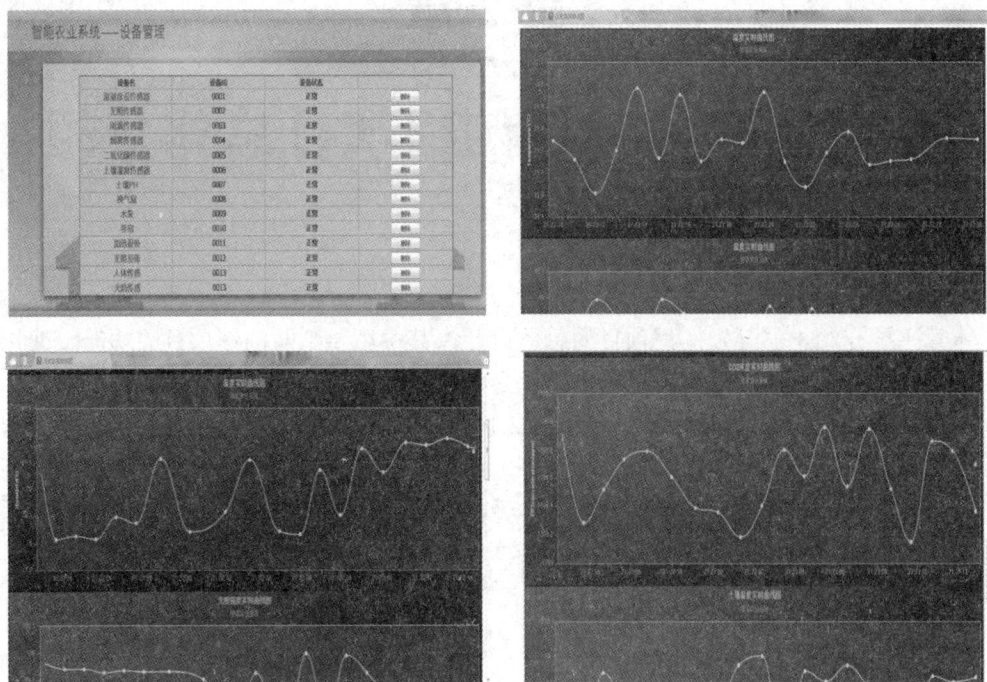

图 1-15　智能农业系统部分页面

课 后 作 业

1. 通过互联网查阅，制作一份关于物联网集成系统的市场需求调查报告。
2. 通过互联网查阅，制作一份关于物联网工程师或助理工程师的职务要求调查报告。
3. 发挥想象制作一份关于物联网新的应用场景的报告。

第2章

物联网集成系统例程项目总体介绍

本章主要介绍本书开发例程项目的总体设计，其中主要涉及例程项目的功能、架构以及应用协议。本书后面的内容将会根据本章介绍的例程项目分章节详细讲述系统节点、网关、服务器的实现。本例程项目是一个简化的物联网集成系统，采用串口及以太网联网方式和简单的协议代码实现，以便学生从总体上认识集成系统的特点。节点采用的联网方式及例程项目的架构只是物联网集成系统的一种方案，在物联网集成系统设计上要根据采集的对象、环境、距离、功耗、功能要求等，选择合适的节点联网方式及系统架构。

2.1 例程项目总体设计

例程项目的总体功能是监测 LED 灯的开关状态，要求可使用 Web 页面查看 LED 灯的状态信息，并通过页面控制 LED 灯的亮灭。通过本例程项目的学习，可初步了解物联网集成系统的组成以及物联网相关技术的应用，其中包括单片机控制电路设计、网关程序设计、服务器程序设计、Web 前端页面设计等相关知识。

2.1.1 设计框架图一

在物联网集成系统设计例程项目中，感知对象和控制对象是单片机开发板上的 LED 灯。感知对象和控制对象称为节点，通过 485 总线、网线、WiFi 连接到物联网网关上，受应用层的控制。物联网网关是传输层的主要设备，连接感知层及应用层。物联网网关是支撑感知控制系统与其他系统互连，并实现感知控制域本地管理的实体设备。物联网网关可提供协议转换、地址映射、数据处理、信息融合、安全认证、设备管理等功能。在本例程项目中，路由器及物联网网关都作为网络层的设备，提供协议转换的功能。应用层是物联网的显著特征和核心所在。应用层可以对感知层采集的数据进行计算、处理和知识挖掘，从而实现对物理世界的实时控制、精确管理和科学决策。应用层中的数据采集服务、设备控制服务、Web 接口服务、Web 页面服务、数据存储服务用于支撑应用层各项功能，使得系统能利用感知数据为用户提供相关服务。本例程项目设计框架图一如图 2-1 所示。

(1) 数据采集流程。LED 节点通过 485 总线、网线上传灯亮灭的数据信息到网关。网关接收到数据信息后，通过路由器把数据信息转发到服务器。位于互联网上的服务器启动数据采集服务接收节点数据，并把接收到的节点信息存储到数据库中保存。数据采集流程如图 2-2 所示。

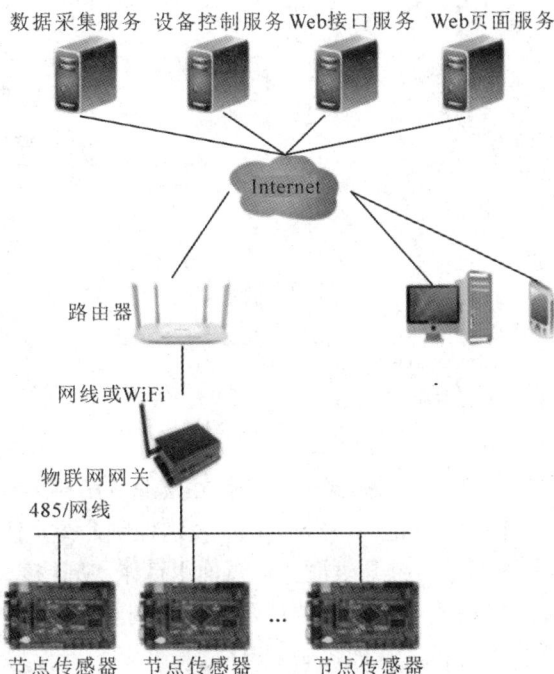

图 2-1　本例程项目设计框架图一

(2) 设备控制流程。用户通过访问 Web 页面发送控制灯亮灭的信息到服务器中。在互联网上的服务器运行 Web 接口服务并接收到控制信息后，一方面将控制信息存储到数据库中，另一方面把控制信息传递给设备控制服务。设备控制服务接收到控制信息后，经路由器转发控制信息到物联网网关。物联网网关将接收到的控制信息转发到节点。节点收到控制信息后，执行 LED 动作，进行 LED 灯的亮灭操作。设备控制流程如图 2-2 所示。

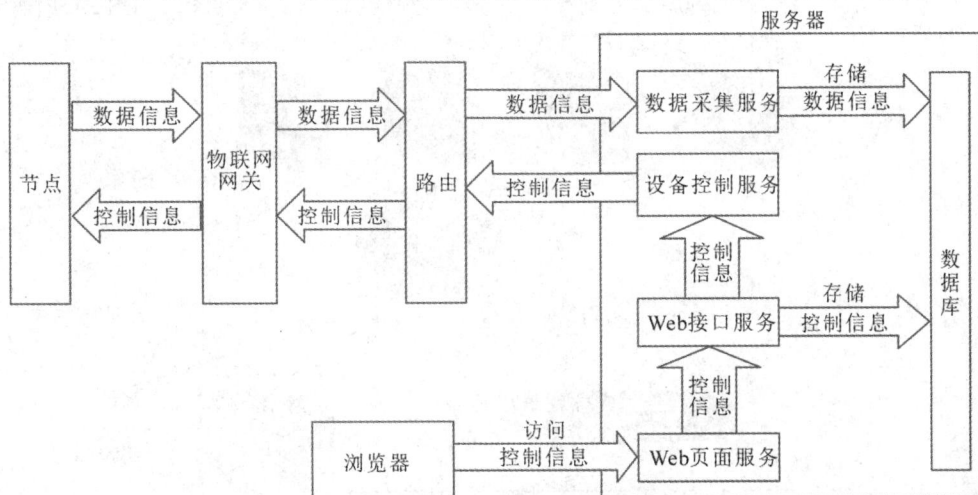

图 2-2　框架图一的设备采集、控制流程图

(3) Web 接口服务。用户通过浏览器访问 Web 页面，查询 LED 灯的当前状态信息、历史状态信息及 LED 灯的控制历史信息。这个过程是：先访问服务器 Web 页面服务，打开网页。在网页上请求 Web 接口服务，再通过接口访问数据库取得请求查询的数据，最后把数据更新到页面，如图 2-3 所示。

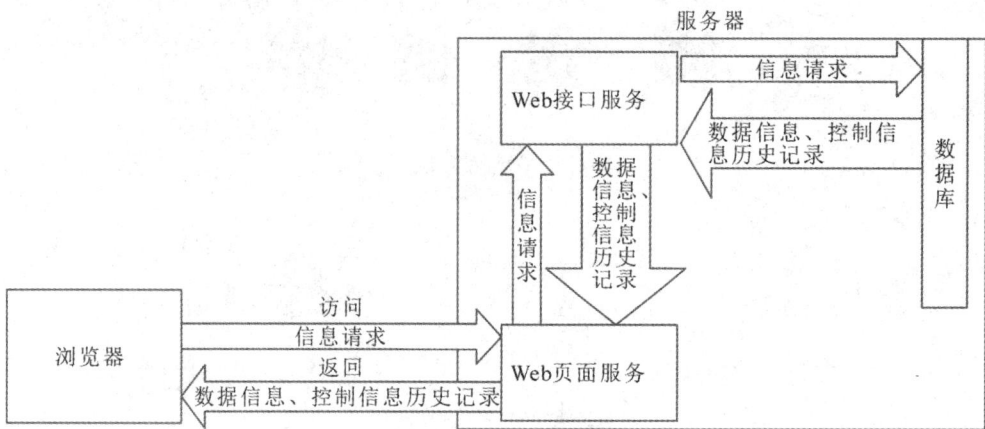

图 2-3　框架图一的页面请求数据流程

(4) Web 页面服务。用户通过访问 Web 页面，发送控制命令，使 LED 灯亮灭。这个过程是：用户访问 Web 页面服务，打开页面，在页面上请求 Web 接口服务，把操作命令记录到数据库；同时，Web 接口服务把命令传递到设备控制服务；设备控制服务把命令通过路由器、物联网网关下发到设备，从而控制 LED 灯亮灭。

2.1.2　设计框架图二

本例程项目设计框架图二是另一种节点联网方式。此方式下感知对象和控制对象仍然是单片机开发板上的 LED 灯。作为感知对象和控制对象的节点使用网线，通过交换机、路由器连接到服务器上。数据采集服务、设备控制服务、Web 接口服务和 Web 页面服务用于支撑应用层各项功能，利用感知数据为用户提供各种服务。本例程项目设计框架图二如图 2-4 所示。

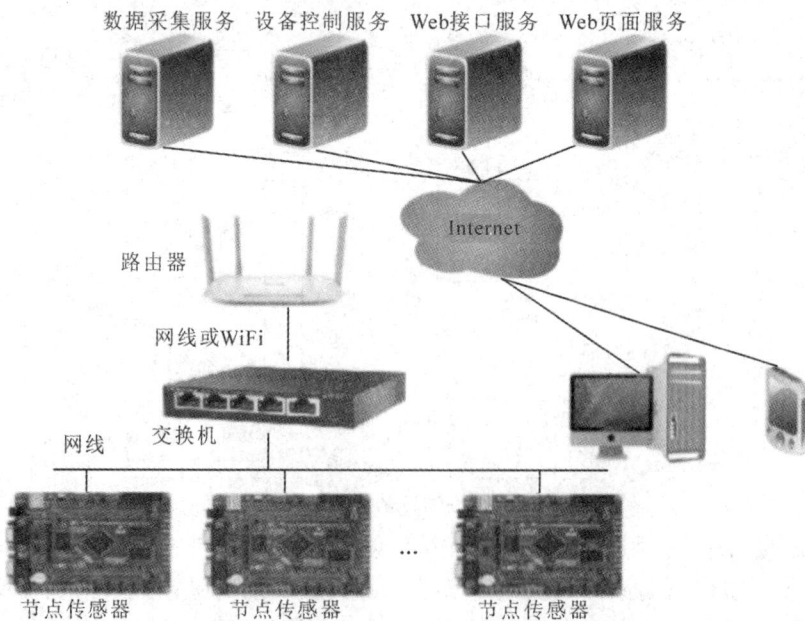

图 2-4　本例程项目设计框架图二

(1) 数据采集流程。节点通过网线或 WiFi 上传 LED 灯的开关数据信息，经交换机和路由器把数据发送到位于互联网的服务器上。服务器启动数据采集服务接收节点的开关数据信息，同时把接收到的数据信息存储到数据库中，如图 2-5 所示。

(2) 设备控制流程。用户通过页面发送控制 LED 灯亮灭的信息到服务器中。服务器上运行的 Web 接口服务接收到控制信息，将控制信息存储到数据库，同时把控制信息传递给设备控制服务；设备控制服务接收到控制信息后，经路由器转发到节点；节点收到控制信息，执行控制 LED 动作，实现灯的亮灭，如图 2-5 所示。

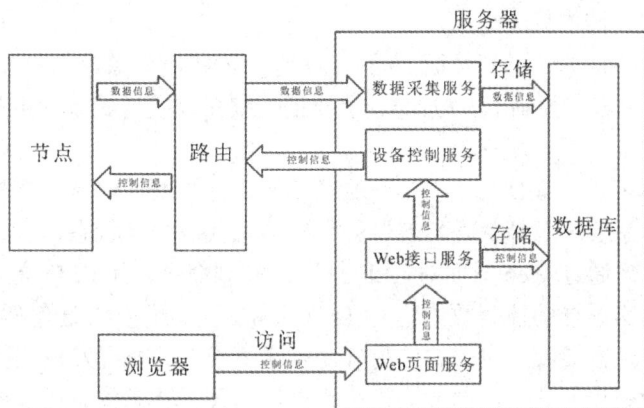

图 2-5　框架图二的设备采集、控制流程图

(3) Web 接口服务。用户查看历史记录和发送控制信息的过程与设计框架图一的方案一致。即用户通过操作浏览器打开的 Web 页面，查询 LED 灯的当前状态信息、历史状态信息及 LED 灯的历史控制信息。这个过程也是：先通过浏览器访问服务器的 Web 页面服务，打开页面，在页面上请求 Web 接口服务，再通过接口访问数据库，最后接口把读出的数据返回到页面，页面更新查询数据。

(4) Web 页面服务。用户也可以通过访问 Web 页面发送控制命令，使 LED 灯亮灭。这个过程是：用户访问 Web 页面服务，打开页面，在页面上请求 Web 接口服务，把操作命令记录到数据库；同时，Web 接口服务把命令传递到设备控制服务；设备控制服务把命令通过路由器、交换机等设备下发到节点，从而控制 LED 灯的亮灭。

2.2　例程项目协议

一般来说，在通信协议中，帧是传送信息的基本单元。一帧数据包括：帧起始符、地址域、控制码、数据长度、数据域、校验码、结束符，如图 2-6 所示。

帧起始符	地址域	控制码	数据长度	数据域	校验码	结束符

图 2-6　帧格式

帧起始符：标识一帧信息的开始。

地址域：由多个字节构成，每字节 2 位 BCD 码，用于区别从站应答设备，每一个设备都有唯一的通信地址，且与物理层信道无关。

控制码：一般为一个字节，以位为单位，分别表示传输方向、应答是否正常、通信数据类型码等。

数据长度：数据域的字节数。

数据域：包括数据标识、密码、操作者代码、数据、帧序号等，其结构随控制码的功能改变而改变。

校验码：从第一个帧起始符开始到校验之前的所有各字节通过某种运算所得的结果，用以检验该组数字的正确性。

结束符：标识一帧信息的结束。

在本例程项目中，单片机开发板上的 LED 灯作为控制对象，用户需要知道当前 LED 灯的状态。同时，用户在控制 LED 灯时，也要把控制命令发送到单片机开发板上，从而进行灯的亮灭动作。

在以上过程中可知，LED 灯需要上传数据信息，这个数据信息也就是灯的开关状态信息。怎样的数据信息代表开灯状态，怎样的数据信息代表关灯状态，是需要我们定义的。在控制流程中，用户通过 Web 页面对 LED 灯下达控制命令，使 LED 亮灭。这里的命令也就是控制数据。发送怎样的控制数据使 LED 灯执行亮灯动作和发送怎样的数据使 LED 灯执行灭灯动作，也是需要我们定义的。另外，发送请求单片机开发板上传灯的数据信息，这样的一个查询命令也要定义清楚。无论是代表灯的开关状态信息还是控制命令信息，都需要与单片机开发板协商一致。

为了使大家更容易理解物联网集成系统的流程及系统各部分的组成，现将本例程项目通信协议进行简化，只保留数据域，在本书后面的项目练习中再以标准协议进行练习。现定义通信协议：1 表示亮灯，0 表示灭灯。当灯亮时，单片机开发板上传的数据为 1；当灯灭时，单片机开发板上传的数据为 0。当服务器想要查询节点数据时，向节点发送 2，节点收到 2 时，上传灯的状态信息。控制时，当单片机开发板接收到 1 时，打开 LED 灯；当单片机开发板接收到 0 时，熄灭 LED 灯。

本例程项目系统协议如表 2-1 所示。

表 2-1　本例程项目系统协议

实际灯的状态	灯亮	灯灭	向节点要数据
协议代码	1	0	2

2.3　团队设置

通过物联网集成系统的学习，不仅要初步掌握物联网集成系统的构造，了解设计原理，达到可以使用网络(远程或局域网)对物联网节点进行控制与监测(其中包括节点电路设计、单片机控制电路设计、服务器程序设计、Web 前端网页页面设计)，具有物联网控制节点和设备的安装、测试及维护的能力。由于物联网集成系统涉及的技术比较广泛，在具体的物联网系统设计和实施中往往会涉及不同的技术和不同的工作岗位需要团队协作才能顺利完成。因此，团队组织、管理和协作的知识和能力也是必需的。根据物联网集成系统的工作内容和社会对物联网人才的需要，本节将团队中的各主要工作岗位职责和要求介绍如下。

1. 项目经理(兼测试员)

职责：项目需求制定、项目计划、任务分派、项目监督、项目测试、项目验收(内部)、验收报告整理，以及各种项目文档制作。

能力要求：能够承受高强度压力，有良好的沟通协调能力、文案书写能力和管理能力。

就业方向：物联网系统项目经理。

2. 硬件工程师

职责：负责完成项目经理交给的任务，通过单片机开发板完成物联网节点或网关产品的设计与实现。

能力要求：熟悉 C 语言、STM32 的硬件结构、STM32 的软件包、KEIL 软件、DXP 以及简单模/数电的知识。

就业方向：电子产品硬件工程师(物联网方向)。

3. 网关开发工程师

职责：负责单片机的数据采集、单片机的网络控制、设备的管理及数据统计等。

能力要求：熟悉 Java 语言、SpringBoot、Socket 编程、数据库编程。

就业方向：物联网后端软件。

4. Web 后端工程师

职责：负责网页后端的用户管理、设备管理、数据管理。

能力要求：熟悉 Java 语言、SpringBoot、Rest 编程、数据库编程。

就业方向：Web 后端开发工程师。

5. Web 前端工程师

职责：负责用户界面的实现，要求界面友好。

能力要求：熟悉 HTML、JavaScript、CSS 和 Hadmin 框架的编程，以及 Ajax 的编程。

就业方向：Web 前端开发工程师。

课 后 作 业

1. 组织语言描述物联网集成系统设计框图一的数据采集流程、设备控制流程、网络访问过程，提交视频。

2. 组织语言描述物联网集成系统设计框图二的数据采集流程、设备控制流程、网络访问过程，提交视频。

3. 结合自身兴趣及特长，选择一种物联网集成系统工作岗位，上网查阅详细岗位要求及待遇，提交岗位调查报告。

第 3 章

例程项目节点设计

本章主要讲述本书例程项目的节点功能的设计实现。节点设备采用探索者开发板作为控制对象，核心控制器为 STM32F407。节点功能为根据接收到的协议代码，开启或关闭开发板中的 LED 灯，同时可上传灯的状态信息。节点分为串口连接和以太网连接两种连接方式，并从主动上传和被动上传两种上传方式进行讲述。

3.1 节点核心控制器介绍

本书的节点控制器使用的是正点原子公司推出的"ALIENTEK 探索者 STM32F407 开发板"，如图 3-1 所示。

图 3-1 节点控制器(ALIENTEK 探索者 STM32F407 开发板)

ALIENTEK 探索者 STM32F407 开发板包括以下板载资源：

(1) MCU 采用 LQFP144 封装的 STM32F407ZGT6，内含 1024K FLASH 和 192K SRAM。

(2) 外接含有 16M 字节 SPI FLASH 芯片 W25Q128；外接 1M 字节的芯片 XM8A51216。

(3) 电源包括 1 组 5V 电源、1 组 3.3V 电源、1 个 DC 6～16 V 的直流电源输入接口、1 个 RTC 后备电池座，并带电池。

(4) 显示方面包括 1 个蓝色电源指示灯，1 个红色、1 个绿色两个状态指示灯。

(5) 传感器包括 1 个六轴陀螺仪+加速度传感器芯片 MPU6050，1 个光敏传感器。

(6) 功能芯片包括 1 个容量 256 字节的 EEPROM 芯片 24C02，1 个高性能音频编解码芯片 WM8978。

(7) 其他模块包括 1 个红外接收头，1 个有源蜂鸣器，1 个录音头。

(8) 接口包括 1 路采用 TJA1050 芯片 CAN 接口，1 路采用 SP3485 芯片 485 接口，2 路采用 SP3232 芯片 RS232 串口(一公一母)接口，1 个 SD 卡接口，1 个百兆以太网接口 (RJ45)，1 个标准的 JTAG/SWD 调试下载口，1 路支持 DS18B20/DHT11 等单总线传感器的单总线接口，1 个支持蓝牙/GPS 模块的 ATK 模块接口，1 个支持电阻/电容触摸屏的 LCD 接口，1 个支持 NRF24L01 无线模块接口，1 个摄像头模块接口，1 个 OLED 模块接口，1 路立体声音频输出接口，1 路立体声录音输入接口，1 路可接 1 W 左右的小喇叭扬声器输出接口，1 组多功能端口(DAC/ADC/PWMDAC/AUDIO IN/TPAD)，1 个启动模式选择配置接口，1 个用于 USB 从机通信的 USBSLAVE 接口，1 个用于 USB 主机通信的 USB HOST(OTG)接口，1 个用于程序下载和代码调试的 USB 串口。

(9) 按键包括 1 个用于复位 MCU 和 LCD 的复位按钮，4 个功能按钮，1 个电容触摸按键，1 个控制整个单片机开发板电源的开关。

下面对上述主要板载资源进行深入介绍。

(1) MCU：ALIENTEK 探索者 STM32F4 开发板采用 STM32F407ZGT6 作为 MCU。该芯片拥有的资源包括集成 FPU 和 DSP 指令，并具有 192KB SRAM、1024KB FLASH、12 个 16 位定时器、2 个 32 位定时器、2 个 DMA 控制器(共 16 个通道)、3 个 SPI、2 个全双工 I2S、3 个 IIC、6 个串口、2 个 USB(支持 HOST /SLAVE)、2 个 CAN、3 个 12 位 ADC、2 个 12 位 DAC、1 个 RTC(带日历功能)、1 个 SDIO 接口、1 个 FSMC 接口、1 个 10/100M 以太网 MAC 控制器、1 个摄像头接口、1 个硬件随机数生成器，以及 112 个通用 I/O 口等。

(2) 电源电路，需要外接 DC 6～16 V 直流电源，经过芯片转换后可以输出一路 5 V，一路 3.3 V。

(3) 开发板板载的一组 5 V 电源输入排针，一组 3.3 V 电源输入排针，可以从外部输入给开发板供电。或者在开发板已有供电的基础上，对外电路提供 DC -3.3 V 和 DC -5 V 供电。

(4) 板载传感器包括一个光敏传感器，实际为光敏二极管，可等效为一个电阻，周围环境越亮，阻值越小，电流越大；还包括一个芯片型号为 MPU6050 的六轴加速度传感器，芯片内部集成一个三轴加速度传感器和一个三轴陀螺仪，并且自带 DMP(Digital Motion Processor，数字运动处理器)。该传感器可以用于四轴飞行器的姿态控制和解算，通过 IIC 接口来访问。

(5) EEPROM 芯片使用的是 24C02，该芯片的容量为 2 kb，也就是 256 个字节，同时兼容 24C02～24C512 全系列 EEPROM 芯片。

(6) I2S 音频编解码器采用的是 WM8978 高性能音频编解码芯片。WM8978 是一颗低功耗、高性能的立体声多媒体数字信号编解码器。该芯片内部集成了 24 位高性能 DAC&ADC，可以播放最高 192 kHz/24 bit 的音频信号，并且自带段 EQ 调节，支持 3D 音效等功能。该芯片还结合了立体声差分麦克风的前置放大与扬声器、耳机和差分、立体声线输出的驱动，减少了应用时必需的外部组件，直接可以驱动耳机(16 Ω/40 mW)和喇叭(8 Ω/0.9 W)，无需外加功放电路。此芯片通过 I2S 与 MCU 连接。

(7) 红外接收头采用 HS0038，这是一个通用的红外接收头，可以接收市面上大多数红外遥控器的信号，通过它可以用红外遥控器来控制开发板。

(8) CAN 接口，通过 TJA1050 芯片进行电平转换后接在 MCU 上。

(9) RS232/RS485 接口，分别通过 SP3232 和 SP3485 芯片进行电平转换后接在 MCU 上。

(10) 以太网接口(RJ45)STM32F4 内部自带网络 MAC 控制器，所以只需要外加一个 PHY 芯片，即可实现网络通信功能。这里选择 LAN8720A 芯片作为 STM32F4 的 PHY 芯片，该芯片采用 RMII 接口与 STM32F4 通信，占用 I/O 较少，且支持 Auto Mdix(即可自动识别交叉/直连网线)功能。板载一个自带网络变压器的 RJ45 头(HR91105A)，一起组成一个 10/100 Mb/s 自适应网卡。

(11) LCD 模块接口支持 TFT_LCD 全系列各种尺寸的模块，包括 2.4 寸、2.8 寸、3.5 寸、4.3 寸及 7 寸等，同时接口连接在 STM32F407ZGT6 的 FSMC 总线上面，可显著提高 LCD 的刷屏速度，达 3300 万像素/秒。

(12) 无线模块接口用于外接 NRF24L01 等 2.4GHz 无线模块，而实现开发板与其他设备的无线数据传输。NRF24L01 无线模块的最大传输速度可以达到 2 Mb/s，传输距离最大可以到 30 米左右(空旷地，无干扰)。

(13) 复位电路。此设备采用的是低电平上电复位电路，由于这个电路不仅连接了 MCU，还连接了 LCD，所以复位时可同时将两者一起复位。

(14) USB 接口共有三个，包括：两个 USB_SLAVE，可以用来连接计算机，实现 USB 读卡器或声卡等 USB 从机通信，还兼具供电功能；一个 USB_HOST，可以用来接如 U 盘、USB 鼠标、USB 键盘及 USB 手柄等设备，实现 USB 主机功能，此接口可以对从设备供电，且供电可控。

特别说明：

(1) 本书的实验内容不依赖任何开发板，使用任何一种开发板都可以开展学习。

(2) 如果需要"ALIENTEK 探索者 STM32F407 开发板"更详细的介绍，可登录正点原子官方网站自行学习。

3.2 新建 RVMDK 工程

本小节通过完成一个 LED 灯点亮的例程项目学习使用开发板进行工程项目的开发设计的方法，主要内容包括三个方面：新建工程模板、工程项目软硬件设计、项目下载验证。

3.2.1　新建工程模板

在新建工程模板之前需要准备好 STM32F4 的固件库文件,该文件可以到 ST 官网下载。

基于固件库工程模板的创建步骤如下:

(1) 打开 KEIL 软件,点击"Project"→"New μVision Project...",新建一个工程项目,如图 3-2 所示。

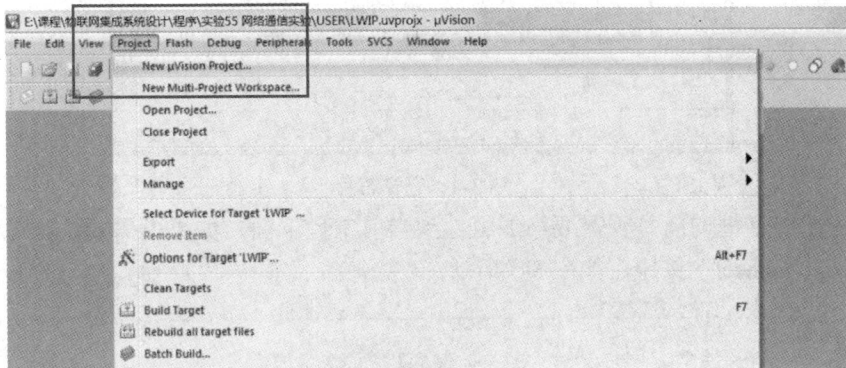

图 3-2　新建工程项目

(2) 在弹出的对话框中新建一个文件夹"test",然后把工程名字也设为 test(工程的名字尽量不使用中文),点击"保存"按钮,如图 3-3 所示。

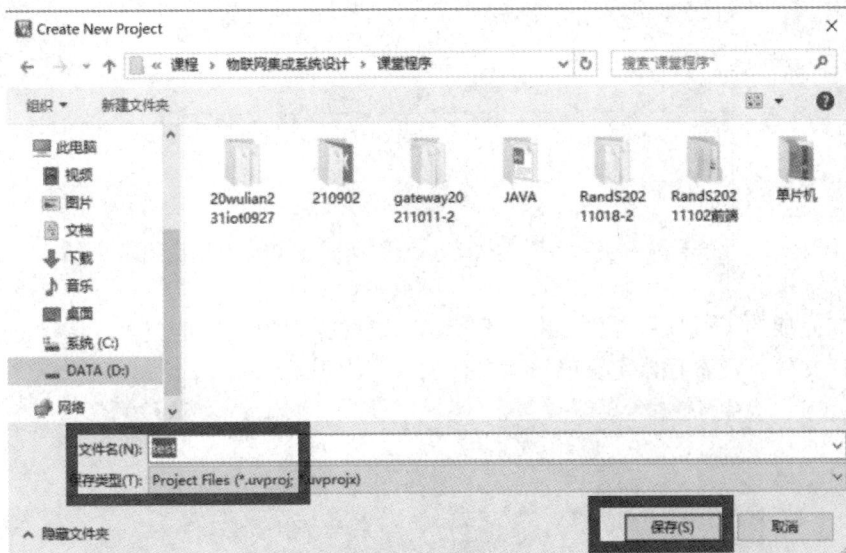

图 3-3　新建文件夹

(3) 在弹出的选择对话框中选择 STMicroelectronics 下面的 STM32F407ZE(如果使用的是其他系列的芯片,则必须选择相应的芯片型号),然后点击"OK"按钮,如图 3-4 所示。

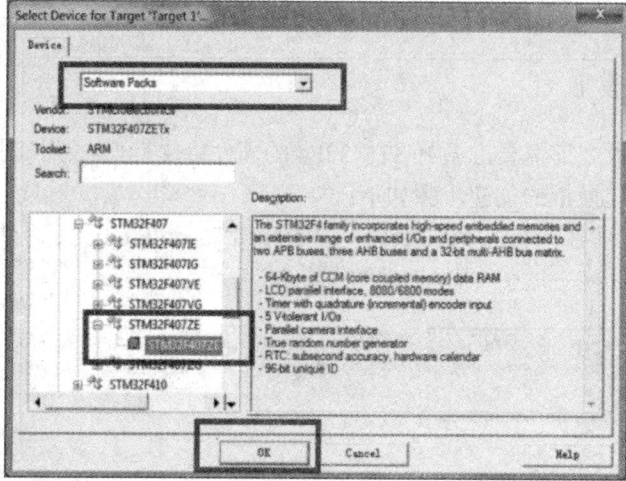

图 3-4　选择芯片

（4）弹出对话框询问是否需要添加组件到当前工程下面，如果不需要，则可以把它取消掉，点击"Cancel"按钮，如图 3-5 所示。

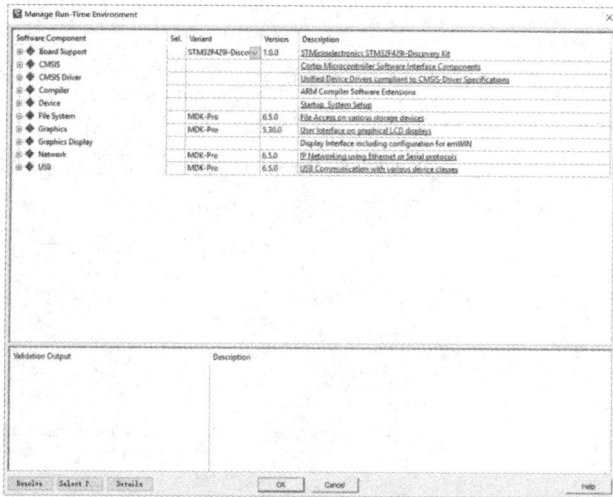

图 3-5　是否需要添加组件

新建立完成的工程项目界面如图 3-6 所示。这时候工程项目是空的，需要将一些启动文件、接口文件以及寄存器定义的一些文件加入工程中。

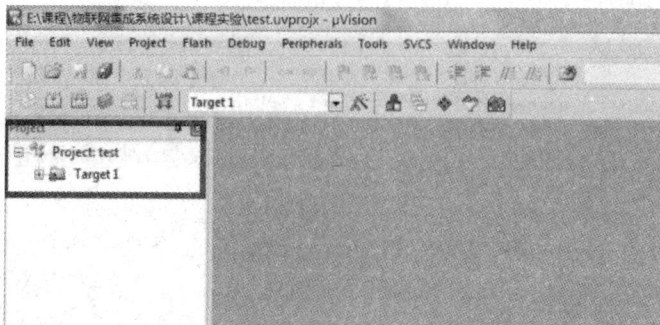

图 3-6　新建立完成的工程项目界面

(5) 在工程目录中新建一个文件夹"FWLib",并将固件库目录中\Libraries\STM32F4xx_StdPeriph_Driver 下面的"src"和"inc"两个文件夹复制到文件夹 FWLib 中,如图 3-7 和图 3-8 所示。

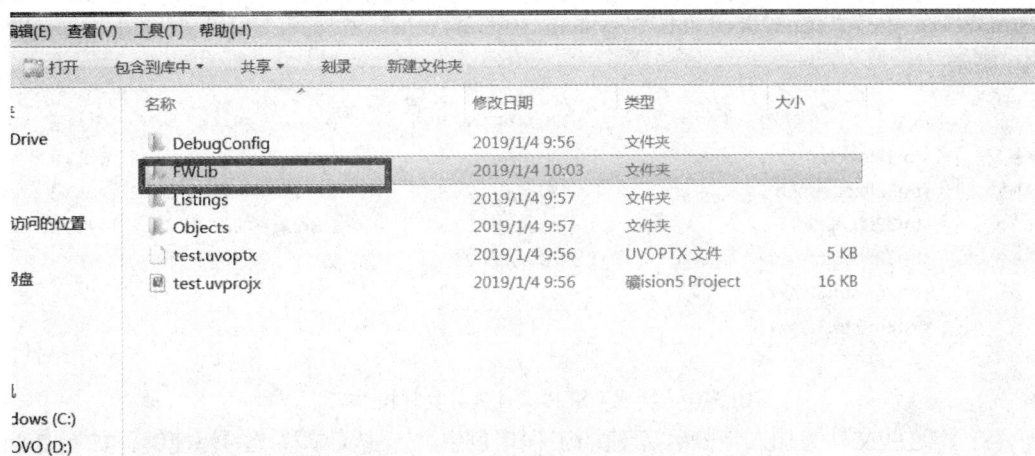

图 3-7　新建"FWLib"文件夹并复制固件库文件

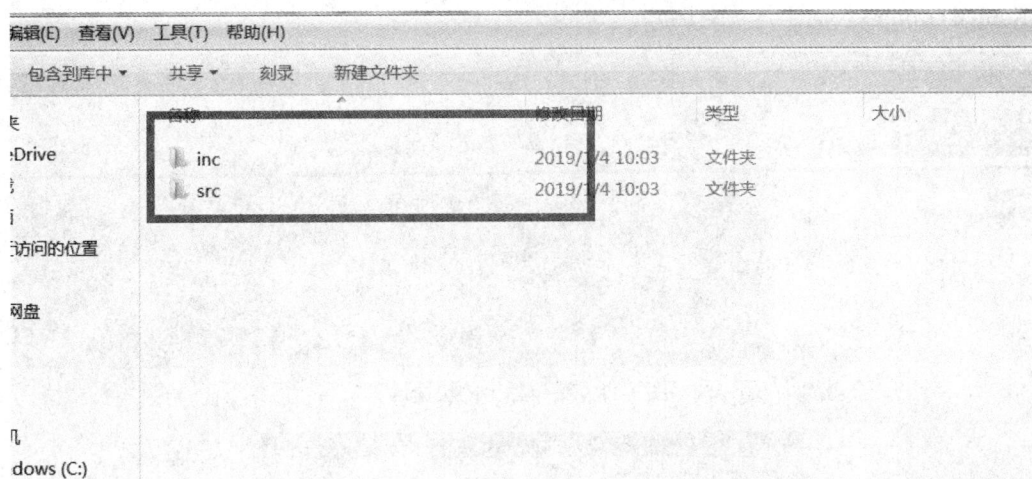

图 3-8　复制固件库文件到 FWLib 文件夹

(6) 在工程目录当中新建文件夹"CORE",复制固件库目录中\Libraries\CMSIS\Device\ST\STM32F4xx\Source\Templat es\arm 下面的启动文件到 CORE 文件夹中,如图 3-9 所示。

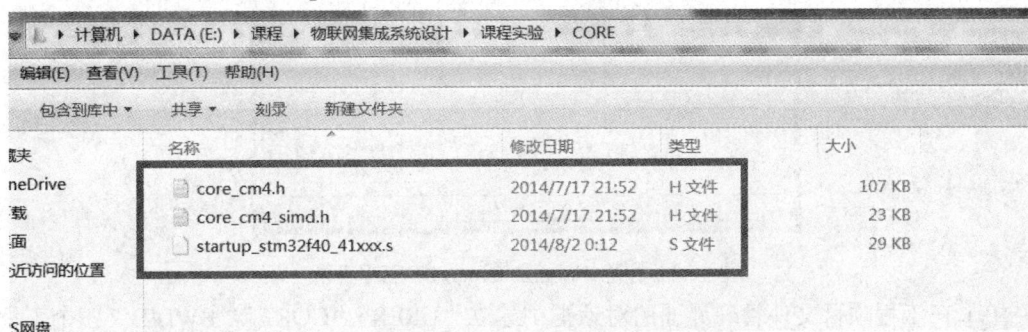

图 3-9　新建"CORE"文件夹并复制启动文件

(7) 将固件库目录中\Libraries\CMSIS\Device\ST\STM32F4xx\Include 里面的两个头文件 "stm32f4xx.h" 和 "system_stm32f4xx.h" 复制到 USER 目录之下，然后将固件库目录中\Project\STM32F4xx_StdPeriph_Templates 下面的 5 个文件 "main.c" "stm32f4xx_conf.h" "stm32f4xx_it.c" "stm32f4xx_it.h" "system_stm32f4xx.c" 复制到 USER 目录下面，如图 3-10 所示。

main.c	2014/8/1 22:30	C Source File	2 KB
stm32f4xx.h	2014/8/1 22:30	C/C++ Header F...	688 KB
stm32f4xx_conf.h	2014/8/1 23:35	C/C++ Header F...	5 KB
stm32f4xx_it.c	2014/8/1 22:30	C Source File	5 KB
stm32f4xx_it.h	2014/8/1 23:55	C/C++ Header F...	3 KB
system_stm32f4xx.c	2014/8/1 22:30	C Source File	47 KB
system_stm32f4xx.h	2014/8/1 22:30	C/C++ Header F...	3 KB

图 3-10　新建 USER 文件夹并复制相关文件

(8) 将这些文件夹加入步骤(4)新建的工程项目中。点击菜单栏上的快捷键，如图 3-11 所示，进入工程项目文件管理界面。如图 3-12 所示，先将步骤(4)建立的工程项目文件中的 "Source Group 1" 的工程目录删除。

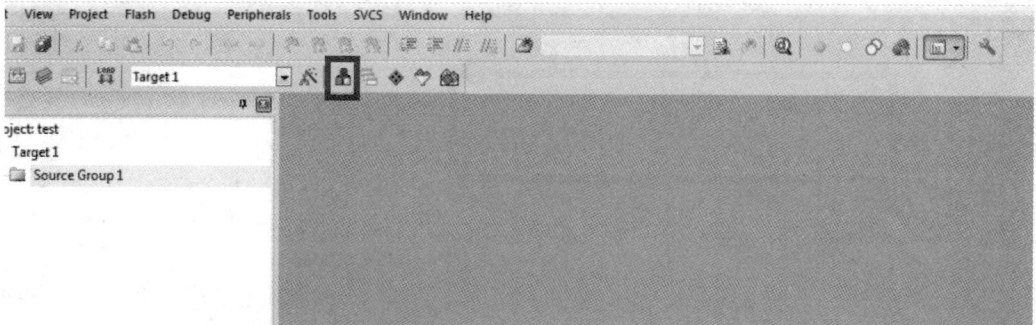

图 3-11　菜单栏上的快捷键

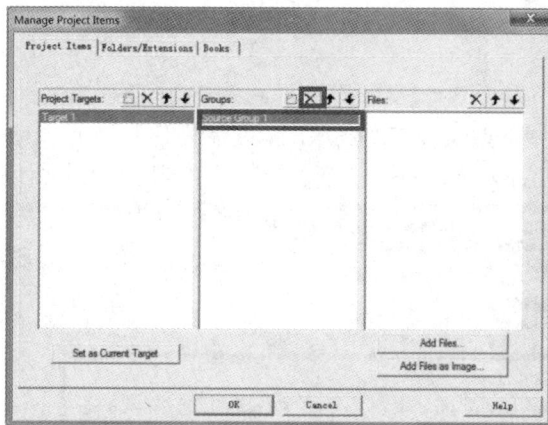

图 3-12　删除 "Source Group 1" 工程目录

(9) 在工程项目文件管理界面的对话框中建立 "USER" "CORE" "FWLIB" 三个工程目录，如图 3-13 所示。

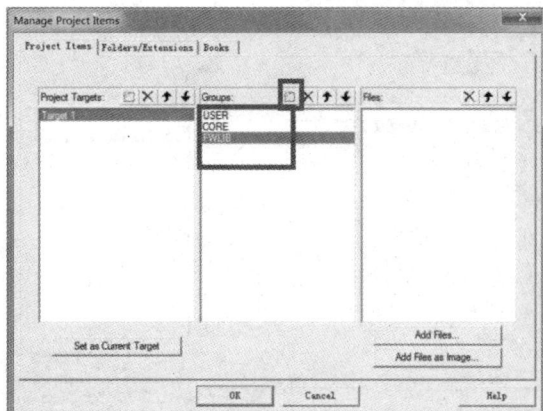

图 3-13　新建"USER""CORE""FWLIB"三个工程目录

(10) 为 USER、CORE、FWLIB 三个工程目录添加文件。选中图 3-13 中的"USER"文件夹，点击"Add Files…"按钮，在弹出的对话框中选择"mian.c""stm32f4xx_it.c""system_stm32f4xx.c"三个文件，点击"Add"按钮，添加到 USER 工程目录中，如图 3-14 所示。

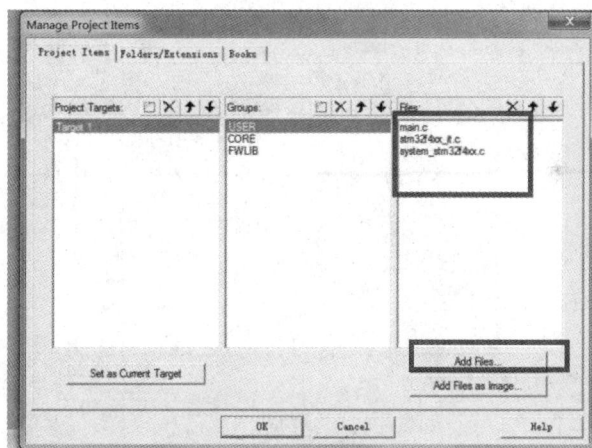

图 3-14　添加三个文件到 USRER 工程目录

(11) 选中图 3-14 中的"CORE"文件夹，点击"Add Files…"按钮，在弹出的对话框中，如图 3-15 所示，选择"startup_stm32f40_41xxx.s"文件，点击"Add"按钮，添加这个文件到 CORE 工程目录中，如图 3-16 所示。

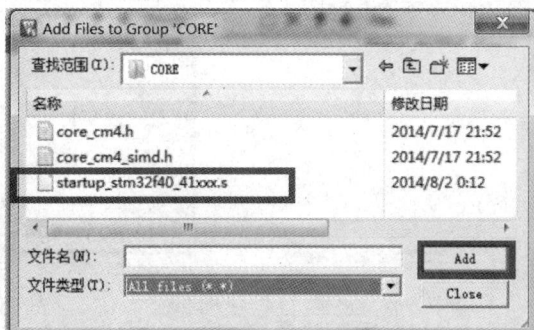

图 3-15　选择"startup_stm32f40_41xxx.s"文件

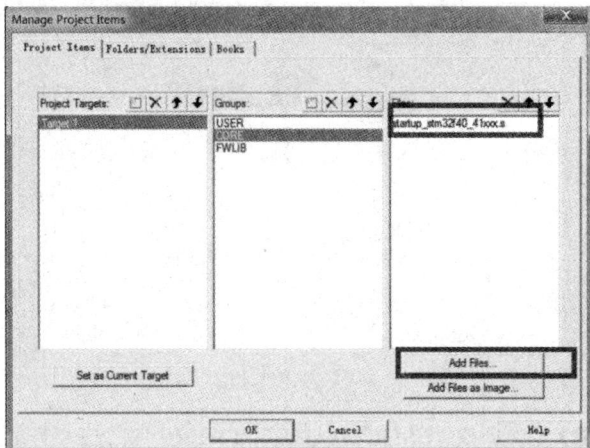

图 3-16　添加"startup_stm32f40_41xxx.s"文件到 CORE 工程目录

(12) 选中图 3-14 中的"FWLIB"文件夹，点击"Add Files…"按钮，在弹出的对话框中选择"src"文件夹下的全部文件，如图 3-17 所示，点击"Add"按钮，添加所有文件到 FWLIB 工程目录中，如图 3-18 所示。

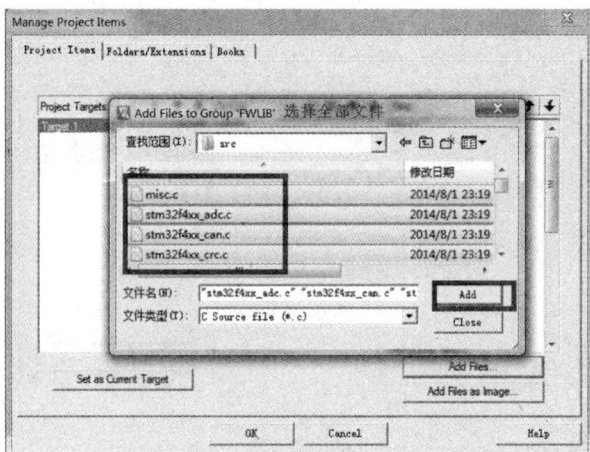

图 3-17　选择"src"中所有文件

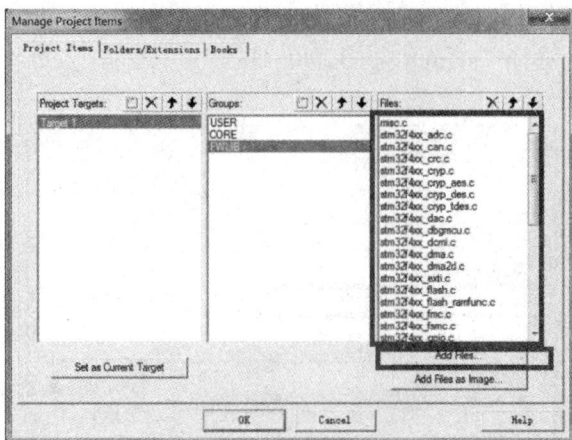

图 3-18　添加"src"文件夹中所有文件到 FWLIB 工程目录

(13) 添加一个全局宏定义标识符。点击菜单栏中的工程项目配置快捷键，如图 3-19 所示；在弹出的对话框中，如图 3-20 所示的位置中，添加全局宏定义标识符"STM32F40_41xxx,USE_STDPERIPH_DRIVER"。

图 3-19　工程项目配置快捷键

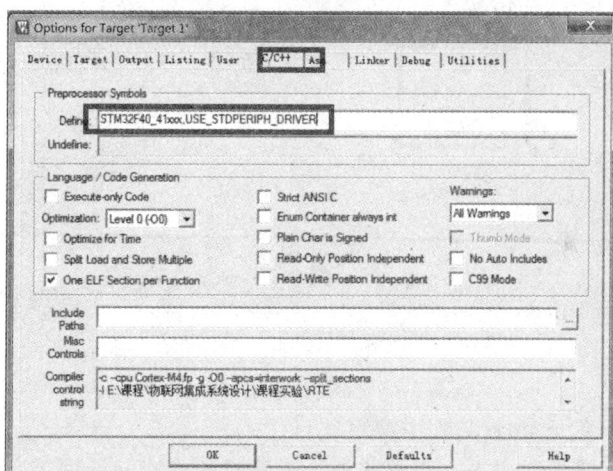

图 3-20　添加全局宏定义标识符

(14) 为工程项目添加头文件路径，如图 3-21～图 3-23 所示。

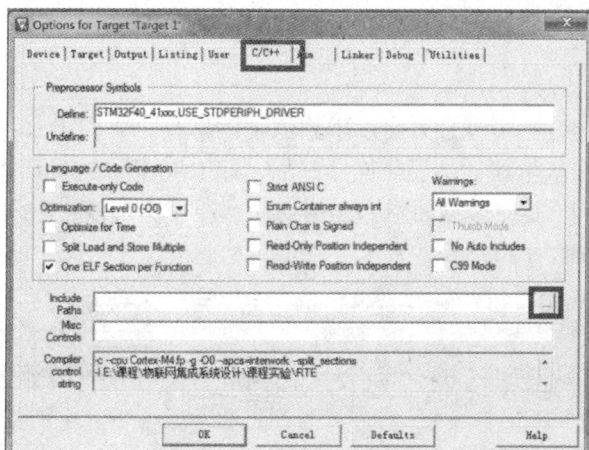

图 3-21　添加头文件路径 1

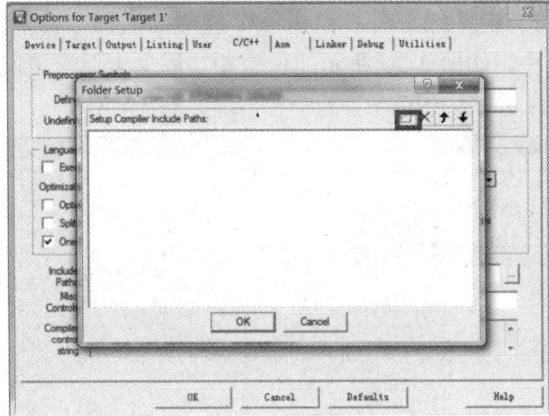

图 3-22　添加头文件路径 2

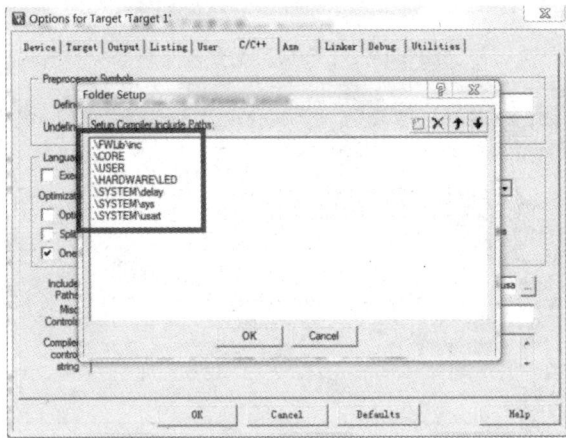

图 3-23　添加头文件路径 3

(15) 在工程项目的 main.c 文件中编写项目代码。

至此，新建工程模板完成了。可以将这个工程模板保存，后面就可以直接使用此模板完成各种工程项目了。

3.2.2　工程项目软硬件设计

1. 硬件设计

本次工程项目是点亮一个 LED，所以用到的硬件只有一个 LED0，其电路在 ALIENTEK 探索者 STM32F4 开发板上默认是已经连接好的，即 DS0 接 PF9，所以在硬件上不需要任何改动，直接使用即可。其原理图如图 3-24 所示。从原理图可以看出，当引脚置 1 时，LED 灯熄灭；当引脚置 0 时，LED 灯点亮。

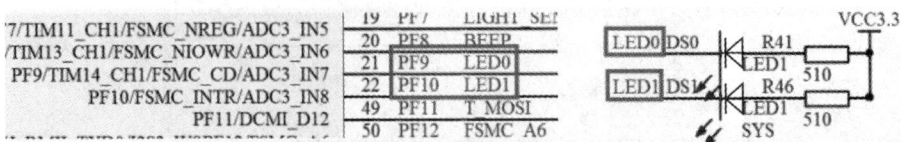

图 3-24　LED0 与 STM32F4 连接原理图

2. 软件设计

(1) 进入刚刚建立好的工程模板的目录中，在工程根目录文件夹下面新建一个名为"HARDWARE"的文件夹，用来存储以后与硬件相关的代码。然后在 HARDWARE 文件夹下新建一个 LED 文件夹，用来存放与 LED 相关的代码，如图 3-25 所示。

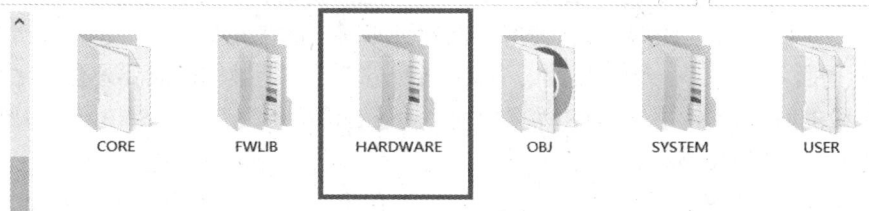

图 3-25 新建 HARDWARE 文件夹

(2) 打开新建的工程模板，点击"File"→"New"新建一个文件，然后点击"保存"按钮，保存在"HARDWARE LED"文件夹下面，名称为"led.c"，如图 3-26 所示。

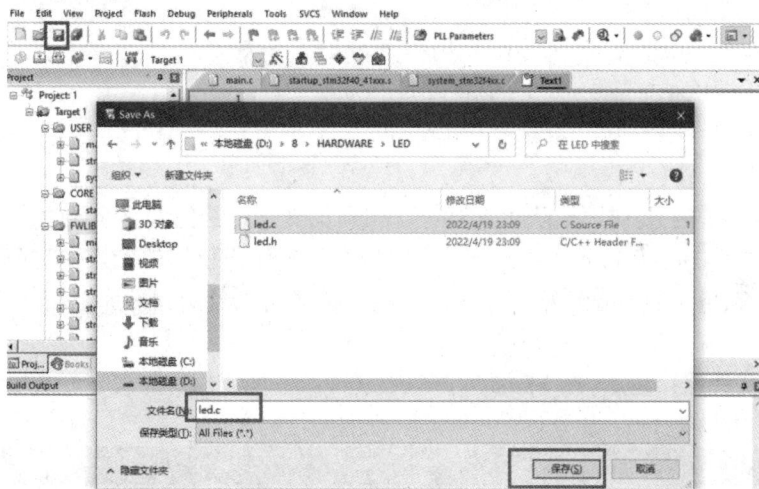

图 3-26 保存 led.c 文件

(3) 在 led.c 文件编辑页面中输入下面的代码，输入后保存即可。

```
#include "led.h"
//初始化 PF9 为输出口，并使能这个口的时钟
void LED_Init(void)
{
    GPIO_InitTypeDef GPIO_InitStructure;
    RCC_AHB1PeriphClockCmd(RCC_AHB1Periph_GPIOF,ENABLE);   //使能 GPIOF 时钟
    //GPIOF9 初始化设置
    GPIO_InitStructure.GPIO_Pin = GPIO_Pin_9;              //LED0 对应 I/O 口
    GPIO_InitStructure.GPIO_Mode=GPIO_Mode_OUT;            //普通输出模式
    GPIO_InitStructure.GPIO_OType = GPIO_OType_PP;         //推挽输出
    GPIO_InitStructure.GPIO_Speed = GPIO_Speed_100MHz;     //100 MHz
```

```
        GPIO_InitStructure.GPIO_PuPd = GPIO_PuPd_UP;           //上拉
        GPIO_Init(GPIOF, &GPIO_InitStructure);                 //初始化 GPIO
        GPIO_SetBits(GPIOF,GPIO_Pin_9);                        //GPIOF9 设置高，灯灭
    }
```

led.c 文件的作用是对连接 LED0 的 PF9 引脚进行初始化。此项目只使用了 PF9 引脚，并没有使用其他引脚，如果项目也使用其他的引脚则可以在此文件中一起完成初始化。

led.c 里面就包含了一个函数 void LED_Init(void)，该函数的功能就是初始化引脚，先是使能外设的时钟，然后配置 PF9 为推挽输出，最后调用函数 GPIO_SetBits 控制 PF9 引脚输出 1，也就是 LED0 熄灭。

(4) 按相同的方法新建一个 led.h 文件，也保存在 LED 文件夹下面。在 led.h 中输入以下代码：

```
        #ifndef_ _LED_H
        #define_ _LED_H
        #include "sys.h"
        //LED 端口定义
        #define LED0 PFout(9)        // DS0 PF9
        void LED_Init(void);         //初始化
        #endif
```

led.h 头文件的主要作用是防止重复包含相同头文件，避免重复编译。另外，这段代码里另一个关键语句是"#define LED0 PFout(9)"，这句程序是使用位带操作实现控制某组 I/O 口的某 1 个位赋值。有了这句程序在后面编程，就既可以使用固件库方法来编程，也可以使用位带操作控制 I/O 口。

将 led.h 文件保存之后，在 Manage Project Itmes 管理界面里新建一个 HARDWARE 组，并按照上面的方法把 led.c 加入这个组里面，如图 3-27 所示。

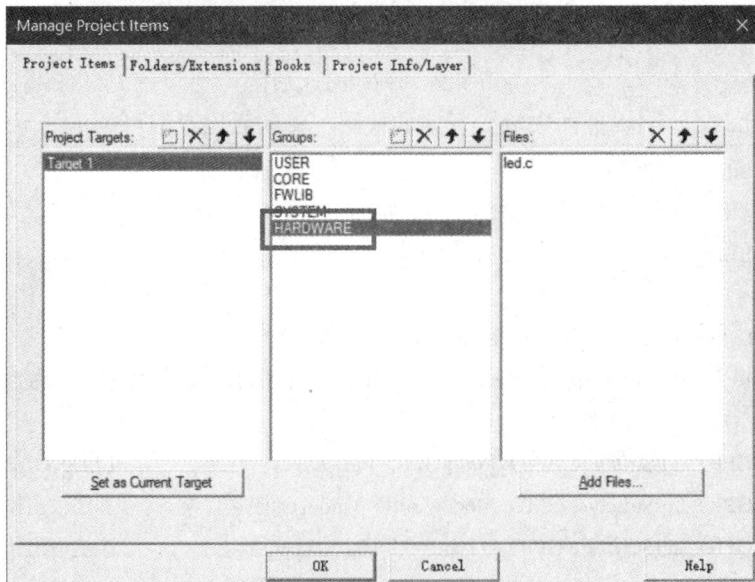

图 3-27　在工程项目中新增 HARDWARE 组

同样，按照前面介绍的方法将 led.h 头文件的路径加入工程里面，如图 3-28 所示。

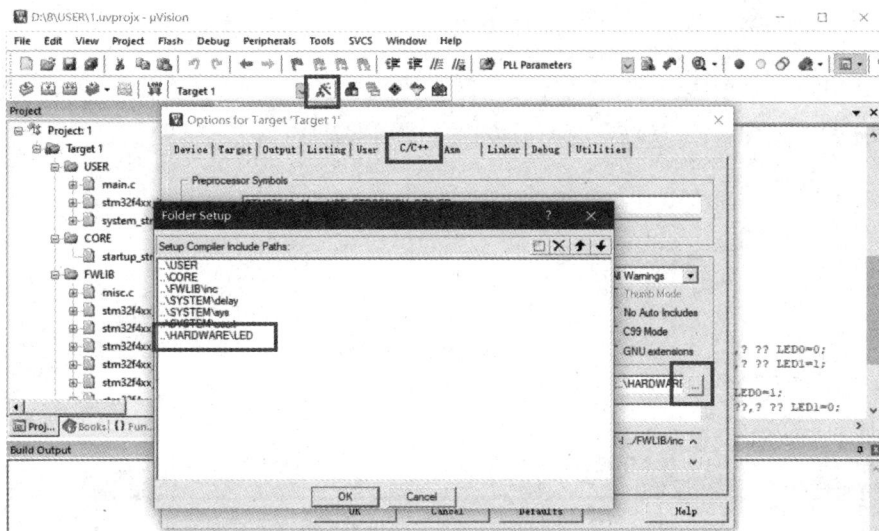

图 3-28　添加 led.h 头文件的路径

(5) 在编辑界面的 main.c 文件里编写点亮 LED 灯的代码，代码如下：

```
#include "sys.h"
#include "delay.h"
#include "usart.h"
#include "led.h"
int main(void)
{
    delay_init(168);                    //初始化延时函数
    LED_Init();                         //初始化 LED 端口
    /**下面是通过直接操作库函数的方式实现 I/O 控制**/
    while(1)
    {
        GPIO_ResetBits(GPIOF,GPIO_Pin_9); //LED0 对应引脚 GPIOF9 拉低，点亮LED0
    }
}
```

以上是采用库函数的方法来实现 I/O 操作，也可以采用位带操作的方法实现 I/O 操作，代码如下：

```
int main(void)
{
    delay_init(168);           //初始化延时函数
    LED_Init();                //初始化 LED 端口
    while(1)
    {
        LED0=0;                //LED0 点亮
    }
}
```

31

代码编写完之后，点击工具栏中的 按钮，编译工程，得到没有错误和没有警告的编译结果，并生成 hex 文件，如图 3-29 所示。

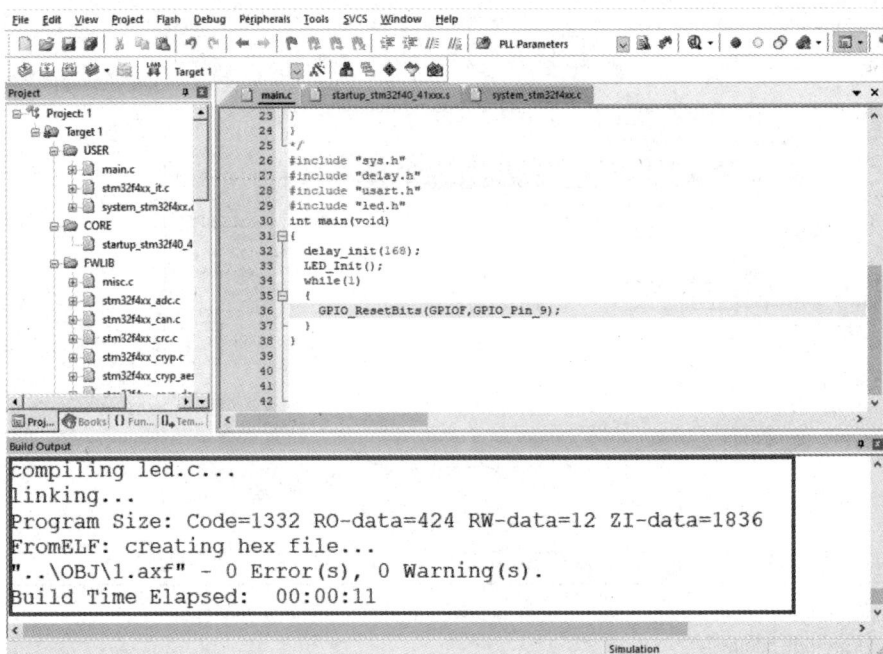

图 3-29　编译结果

3.2.3　项目下载验证

代码编译好之后，进行下载调试和验证。

(1) 进入工程项目配置对话框，在"Debug"选项卡中选择"Use：ST-LinkDebugger"，如图 3-30 所示。

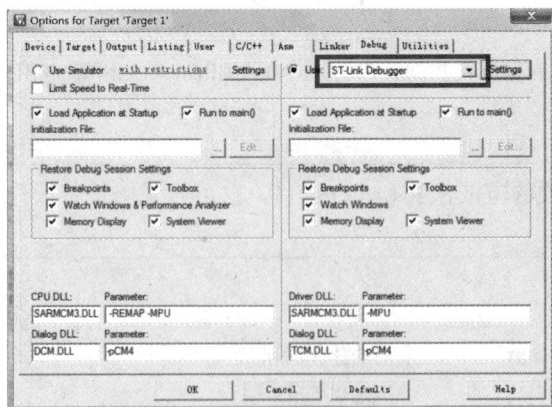

图 3-30　选择下载调试工具

(2) 在"Utilities"选项卡里面设置下载时的目标编程器，如图 3-31 所示。直接勾选"Use Debug Driver"，即和调试一样，选择 ST-Link 给目标器件的 Flash 编程，然后点击图 3-30 中的"Settings"按钮，设置结果如图 3-32 所示。

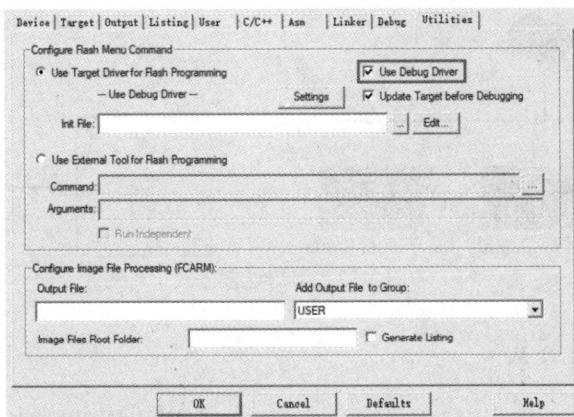

图 3-31　设置下载时的目标编程器

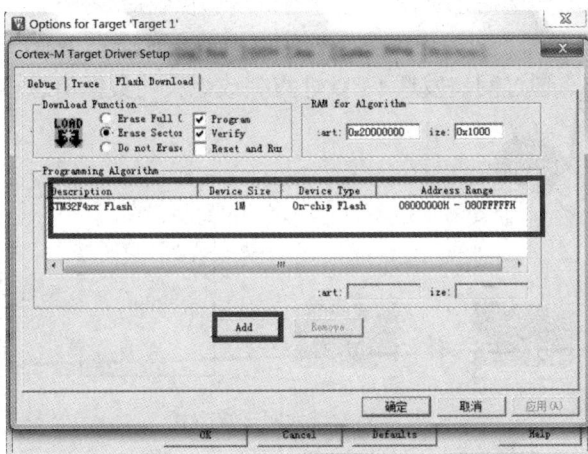

图 3-32　编程设置的最终结果

(3) 设置好后，点击"确定"按钮保存所有设置。点击 KEIL 软件的 🔳 按钮，将编译好的程序下载到开发板芯片中。在开发板上按下复位键运行程序，即可看到 LED0 点亮。

至此，已经通过完成一个 LED 灯点亮的例程项目，学习了如何使用开发板进行工程项目开发设计的全过程。

3.3　节点与网关连接图

节点与网关之间的硬件连接方式一般有两种，即串口连接方式和以太网连接方式。下面详细介绍这两种连接方式。

3.3.1　串口连接方式

由图 3-33 可知，串口连接方式就是节点与网关之间通过 RS232 或 RS485 串口线相连。节点和网关之间可以通过串口进行双向传输信息。网关通过串口发送控制命令到节点，节点接收到控制命令之后点亮或熄灭 LED 灯。网关还可以通过串口向节点发送采集命令，等待节点采集数据后再发送给网关。节点通过串口发送 LED 灯点亮或熄灭的数据信息。

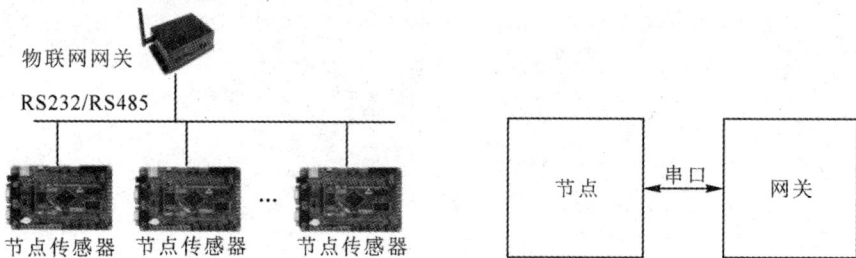

图 3-33　串口连接方式

3.3.2　以太网连接方式

由图 3-34 可知,以太网连接方式就是节点与网关之间通过网线相连。节点和网关之间可以通过网线进行双向传输信息。网关通过网口发送控制命令到节点,节点接收到控制命令之后点亮或熄灭 LED 灯。网关还可以通过网口向节点发送采集命令,等待节点采集数据后再发送给网关。节点通过网口发送 LED 灯点亮或熄灭的数据信息。

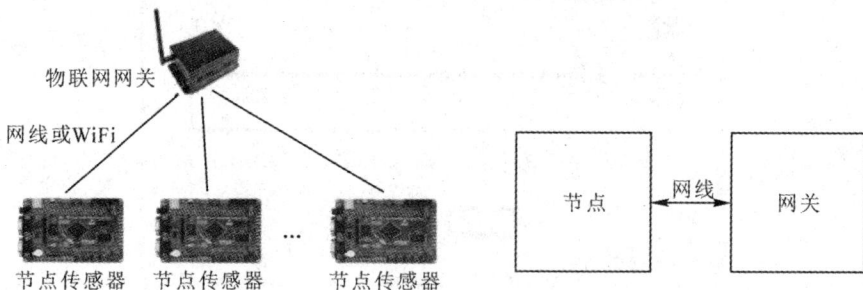

图 3-34　以太网连接方式

3.4　节点功能介绍

物联网节点的联网方式多种多样,除了在本例程项目中提到的串口和以太网的联网方式外,还有 ZigBee、Lora、NB-IoT、WiFi 等多种联网方式。节点通过不同方式连接到本地,都需要通过串口连接上网设备,最终使数据发送到网络上。每一个节点不论如何传输,并与网关相连,都有三种与网关交换信息的方式,分别是节点数据主动上传方式、节点数据被动上传方式和节点接收控制信息方式。

1. 节点数据主动上传方式

节点数据主动上传方式是不需要网关向节点发送上传采集数据命令的情况下,节点主动向网关发送节点数据,也就是节点数据定时(某一特定的时间间隔)上传,或在一定的条件下主动把采集到的数据发送到网关。在本例程项目中,节点单片机开发板将采集到的 LED 灯的状态信息以定时的方式主动上传到网关。

2. 节点数据被动上传方式

节点数据被动上传方式是节点不会自发向网关发送采集到的数据,而是网关首先发送采集命令给节点,当节点收到网关发来的采集命令信息时,节点才把采集到的数据发送到网关。在本例程项目中，节点单片机开发板接收到网关的采集命令后，通过引脚读取 LED 灯的状态，再把 LED 灯的状态信息发送给网关。

3. 节点接收控制信息方式

节点接收控制信息方式是网关向节点发送控制命令，节点收到命令后，再进行节点动作。在物联网集成系统当中，不同的设备有不同的控制命令，例如开灯、开锁等开关量是最简单的控制命令。有的设备的控制命令更为复杂，例如风扇的风速度变化、摄像头的转动角度等。在本例程项目中，节点接收网关发送的控制命令后再执行 LED 灯亮或灭动作。

3.5　基于串口的节点设计

基于串口的节点设计如图 3-35 所示。节点与网关之间用串口线连接在一起，使用串口调试助手(见图 3-36)软件模拟上位机与节点通信。在这个例程项目中，单片机开发板相当于节点传感器，串口调试助手相当于网关。单片机开发板上传数据显示到串口调试助手接收区中，利用串口调试助手的发送功能模拟上位机向单片机开发板节点发送信息，单片机开发板接收数据用相应的外设显示。在这个项目中，所要采集的信息是 STM32F4 板上 DS1 灯亮灭这一信息。当灯亮的时候，节点发送 1 到网关(串口调试助手)上；当灯灭的时候，节点发送 0 到网关(串口调试助手)上。

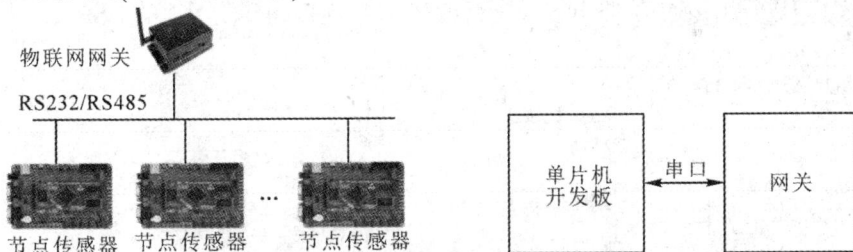

图 3-35　基于串口的节点设计

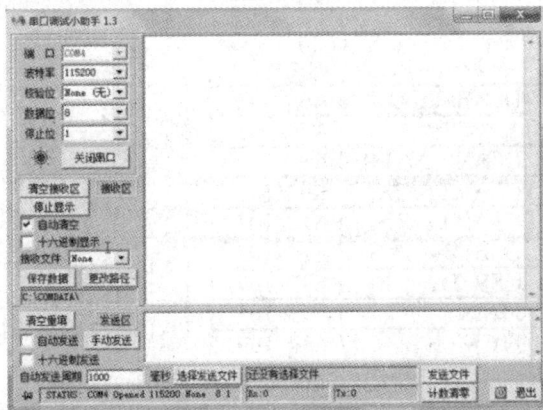

图 3-36　串口调试助手

对于控制部分来说，网关(串口调试助手)发送控制信息到节点(单片机开发板)。当网关发送 1 的时候，节点(单片机开发板)把 DS1 点亮；当网关发送 0 的时候，节点(单片机开发板)把 DS1 熄灭；当网关需要取得节点的数据时，发送 2 到节点，然后等待节点的数据返回。

3.5.1 硬件设计

本例程项目用到的硬件只有 LED DS1 与串口。LED 与控制引脚连接原理图如图 3-37 所示，在图中可以看到，LED1 是连接到 PF10 引脚上面的，控制 PF10 引脚的高低电平，就可以控制 LED1 的亮灭。

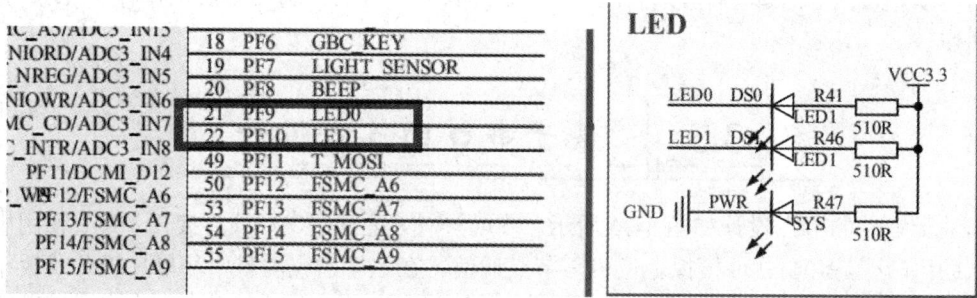

图 3-37 LED 与控制引脚连接原理图

单片机开发板上自带串口设计，本例程项目使用串口 USART1，只要把串口线连接到 STM32F4 开发板上面的串口即可。由图 3-38 可以看出，串口 USART1 所使用的引脚是 PA9、PA10，而这两个串口通信引脚是使用 CH340 串口驱动芯片实现串口与 USB 转换的，使用时，只需用 USB 口进行串口通信,把开发板配套的 USB 线连接到开发板上的 USB_232 接口即可。

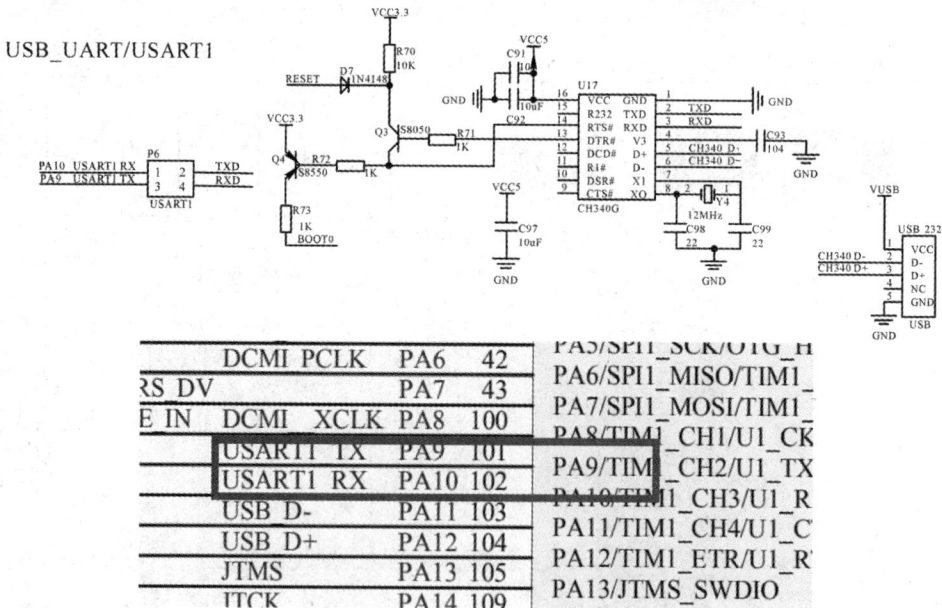

图 3-38 串口与 USB 连接图

3.5.2 软件设计

软件编写上，要使用 PF10 控制 DS1 灯，先要初始化 PF10 为输出端口以及对引脚进行相关设置，并使能这个端口的时钟。初始化 PF10 代码如下：

```
#include "led.h"
void LED_Init(void)
{
    GPIO_InitTypeDef   GPIO_InitStructure;
    RCC_AHB1PeriphClockCmd(RCC_AHB1Periph_GPIOF, ENABLE);  //使能 GPIOF 时钟
    //GPIOF10 初始化设置
    GPIO_InitStructure.GPIO_Pin = GPIO_Pin_10;              //LED0 和 LED1 对应 I/O 口
    GPIO_InitStructure.GPIO_Mode = GPIO_Mode_OUT;           //普通输出模式
    GPIO_InitStructure.GPIO_OType = GPIO_OType_PP;          //推挽输出
    GPIO_InitStructure.GPIO_Speed = GPIO_Speed_100MHz;      //100 MHz
    GPIO_InitStructure.GPIO_PuPd = GPIO_PuPd_UP;            //上拉
    GPIO_Init(GPIOF, &GPIO_InitStructure);                  //初始化 GPIO

    GPIO_SetBits( GPIO_Pin_10);                             //GPIOF10 设置高，灯灭
}
```

初始化端口后，使用下面的语句对 LED1 进行亮灯。

```
GPIO_ResetBits(GPIOF,GPIO_Pin_10);
```

初始化端口后，使用下面的语句对 LED1 进行灭灯。

```
GPIO_SetBits(GPIOF,GPIO_Pin_10);
```

程序运行时，想要 LED1 灯呈现闪烁的效果，就需要延迟函数。在这次实验中延时函数在 delay.c 里面，把文件导入到工程，在使用延时函数的 main.c 里包含#include delay.h 头文件即可使用 void delay_ms(u16 nms)，同时也可以使用 delay.c 里面的所有函数。但是要注意的是，使用延时函数前，先要在主函数里初始化函数时钟，使用 delay_init(168)。以下就是灯闪烁的代码：

```
int main(void)
{
    delay_init(168);            //初始化延时函数
    LED_Init();
    while(1)
    {
        GPIO_ResetBits(GPIOF,GPIO_Pin_10);
        delay_ms(500);
        GPIO_SetBits(GPIOF,GPIO_Pin_10);
        delay_ms(500);
    }
}
```

如果想使用宏定义来对 LED 灯进行操作，则把引脚宏定义写在 led.h 头文件里，就可以用 LED1=0 或 LED1=1 来操作 LED1 灯的亮灭了，代码如下：

```
#ifndef _LED_H
#define _LED_H
#include "sys.h"
#define LED0 PFout(10)
void LED_Init(void);        //初始化
#endif
```

1. 节点数据主动上传方式

节点数据主动上传方式是利用串口把节点数据，也就是 LED 灯开或关的状态主动上传到网关。本例程项目采用定时上传的方法，需要使用定时器 TIM3，通过串口定时上传数据。

硬件上，TIM3 属于内部资源，只需要设置软件即可正常工作。软件编写上，使用定时器中断就要引入定时器相关的固件库函数文件 stm32f4xx_tim.c 和头文件 stm32f4xx_tim.h，还要对定时器进行设置，修改 time.c 文件和 time.h 文件。

在 time.c 中对定时器进行初始化设置的代码如下：

```
void TIM3_Int_Init(u16 arr,u16 psc)
{
    TIM_TimeBaseInitTypeDef TIM_TimeBaseInitStructure;
    NVIC_InitTypeDef NVIC_InitStructure;

    RCC_APB1PeriphClockCmd(RCC_APB1Periph_TIM3,ENABLE);       //使能 TIM3 时钟

    TIM_TimeBaseInitStructure.TIM_Period = arr;         //自动装载值
    TIM_TimeBaseInitStructure.TIM_Prescaler=psc;        //定时器分频
    TIM_TimeBaseInitStructure.TIM_CounterMode=TIM_CounterMode_Up;   //向上计数
    TIM_TimeBaseInitStructure.TIM_ClockDivision=TIM_CKD_DIV1;

    TIM_TimeBaseInit(TIM3,&TIM_TimeBaseInitStructure);   //初始化定时器 TIM3

    TIM_ITConfig(TIM3,TIM_IT_Update,ENABLE);             //允许定时器 TIM3 更新中断
    TIM_Cmd(TIM3,ENABLE);        //使能定时器 TIM3

    NVIC_InitStructure.NVIC_IRQChannel=TIM3_IRQn;                //定时器 TIM3 中断
    NVIC_InitStructure.NVIC_IRQChannelPreemptionPriority=0x01;   //抢占优先级 1
    NVIC_InitStructure.NVIC_IRQChannelSubPriority=0x03;          //响应优先级 3
    NVIC_InitStructure.NVIC_IRQChannelCmd=ENABLE;
    NVIC_Init(&NVIC_InitStructure);       //初始化 NVIC

}
```

初始化设置后，只要启动定时中断，中断时间一到，就会自动执行中断服务函数。每个中断源都对应着相应的中断服务函数，本例用的是 TIM3 定时器，对应的中断服务函数

是 void TIM3_IRQHandler(void)。中断服务函数框架如下：

```
void TIM3_IRQHandler(void)
{
    if(TIM_GetITStatus(TIM3,TIM_IT_Update)==SET)          //判断是否溢出中断
    {
        //中断处理函数要处理的代码
        *******
    }
    TIM_ClearITPendingBit(TIM3,TIM_IT_Update);          //清除中断标志位
}
```

定时器 TIM3 时钟在 APB1 时钟线上，根据程序相关设置，定时器时钟为 84 MHz，设置分频系数为 8400，所以计数频率为 84 MHz/8400 = 10 kHz，计数 5000 次为 500 ms，也就是说 0.5 秒发生一次定时中断。

```
TIM3_Int_Init(5000-1,8400-1);          //定时时间为 500 ms
```

STM32F4 的串口资源非常丰富，功能也非常强劲。STM32F407ZGT6 最多可提供 6 路串口，在本次实验中使用串口 USART1。串口程序软件编写上，使用串口要引入串口相关的固件库函数文件 stm32f4xx_usart.c 和头文件 stm32f4xx_usart.h。新建 usart.c，并编写串口初始化函数。初始化设置函数如下：

```
void uart_init(u32 bound){
    GPIO_InitTypeDef GPIO_InitStructure;
    USART_InitTypeDef USART_InitStructure;
    NVIC_InitTypeDef NVIC_InitStructure;

    RCC_AHB1PeriphClockCmd(RCC_AHB1Periph_GPIOA,ENABLE);   //使能 GPIOA 时钟
    RCC_APB2PeriphClockCmd(RCC_APB2Periph_USART1,ENABLE);       //使能 USART1 时钟

    GPIO_PinAFConfig(GPIOA,GPIO_PinSource9,GPIO_AF_USART1);
        //GPIOA9，复用为 USART1
    GPIO_PinAFConfig(GPIOA,GPIO_PinSource10,GPIO_AF_USART1);
        //GPIOA10，复用为 USART1
    GPIO_InitStructure.GPIO_Pin = GPIO_Pin_9 | GPIO_Pin_10;
    GPIO_InitStructure.GPIO_Mode = GPIO_Mode_AF;          //复用功能
    GPIO_InitStructure.GPIO_Speed = GPIO_Speed_50MHz;     //速度为 50 MHz
    GPIO_InitStructure.GPIO_OType = GPIO_OType_PP;        //推挽复用输出
    GPIO_InitStructure.GPIO_PuPd = GPIO_PuPd_UP;          //上拉
    GPIO_Init(GPIOA,&GPIO_InitStructure);                 //初始化 PA9，PA10

    USART_InitStructure.USART_BaudRate = bound;           //波特率
    USART_InitStructure.USART_WordLength = USART_WordLength_8b;    //字长
    USART_InitStructure.USART_StopBits = USART_StopBits_1;        //停止位
    USART_InitStructure.USART_Parity = USART_Parity_No;           //无奇偶校验位
```

```
        USART_InitStructure.USART_HardwareFlowControl=
        USART_HardwareFlowControl_None;              //无硬件数据流控制
        USART_InitStructure.USART_Mode = USART_Mode_Rx | USART_Mode_Tx; //收发模式
        USART_Init(USART1, &USART_InitStructure);    //初始化串口 USART1
        USART_Cmd(USART1, ENABLE);                   //使能串口 USART1

        USART_ITConfig(USART1, USART_IT_RXNE, ENABLE);       //开启相关中断

        NVIC_InitStructure.NVIC_IRQChannel = USART1_IRQn; //串口 USART1 中断 1 中断通道
        NVIC_InitStructure.NVIC_IRQChannelPreemptionPriority=3;  //抢占优先级 3
        NVIC_InitStructure.NVIC_IRQChannelSubPriority =3;        //子优先级 3
        NVIC_InitStructure.NVIC_IRQChannelCmd = ENABLE;          //通道使能
        NVIC_Init(&NVIC_InitStructure);          //初始化 NVIC

    }
```

串口设置完成后，就可以采用串口发送和接收信息了。本例程项目是发送节点信息，节点采集的信息就是 LED1 灯的状态。因此，单片机开发板要把 LED1 灯的状态先读取出来，进行数据采集，然后根据灯的状态，进行开关的协议代码的发送。本例程项目采用主动上传方式发送灯的状态信息，所以定时中断处理函数中采用以下代码，每次定时器 0.5 秒时间到时，通过串口 USART 1 发送数据。

```
    void TIM3_IRQHandler(void){
        if(TIM_GetITStatus(TIM3,Tim_IT_Update)==SET)         //溢出中断
        {
            i=GPIO_ReadInputDataBit(GPIOF, GPIO_Pin_10);
            if(i==0x1) USART_SendData(USART1, (u8) '0');
                else USART_SendData(USART1, (u8) '1');       //向串口 USART1 发送数据
                while(USART_GetFlagStatus(USART1,USART_FLAG_TC)!=SET);   //等待发送结束
        }
        TIM_ClearITPendingBit(TIM3,TIM_IT_Update);           //清除中断标志位
    }
```

以上程序中，串口、定时、采集的实验代码已完成，主函数中，加入相关资源的头文件，同时补充串口初始化和定时器初始化的运行函数，使串口 USART1 和定时器 TIM3 启动工作。由于定时采集频率是每 500 ms 上传一次，为了使 LED1 灯的闪烁频率与采集频率不同步，修改闪烁频率为 700 ms 亮，700 ms 灭。完成主动上传方式采集灯的信息，主函数代码如下：

```
    int main(void)
    {
        delay_init(168);               //初始化延时函数
        LED_Init();
        uart_init(115200);
        TIM3_Int_Init(5000-1,8400-1);
```

```
        while(1)
        {
            GPIO_ResetBits(GPIOF,GPIO_Pin_10);
            delay_ms(700);
            GPIO_SetBits(GPIOF,GPIO_Pin_10);
            delay_ms(700);
        }
    }
```

把探索者开发板连接到计算机中，使用串口调试助手模拟网关查看节点主动上传方式上传的数据。单片机开发板是通过串口转 USB，使用 USB 线连接到计算机上的。打开计算机的设备管理器，查看单片机开发板连接的串口号。在本次实验中，单片机开发板连接的串口号为COM4，如图 3-39 所示。计算机中打开串口调试助手，设置端口为COM4，波特率为 115200，校验位为无，数据位为 8，停止位为 1。由于定时 700 ms LED1 灯的状态反转一次，并且串口通信时 500 ms 上传一次，所以实验效果如图 3-40 所示。整合以上代码，使单片机开发板作为节点，把节点的状态信息发送到网关(串口调试助手)，要求 1 s 上传一次数据。

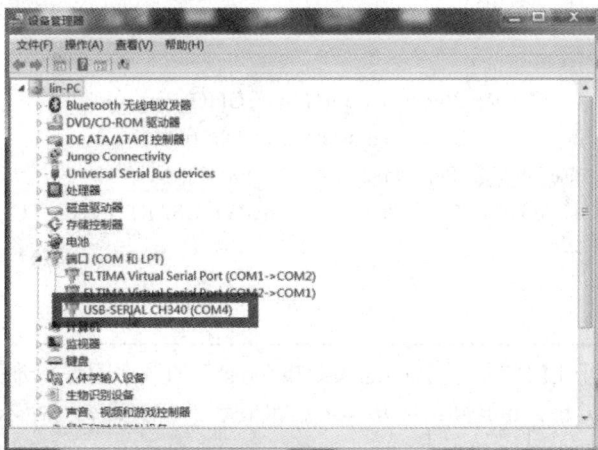

图 3-39　开发板连接的串口号

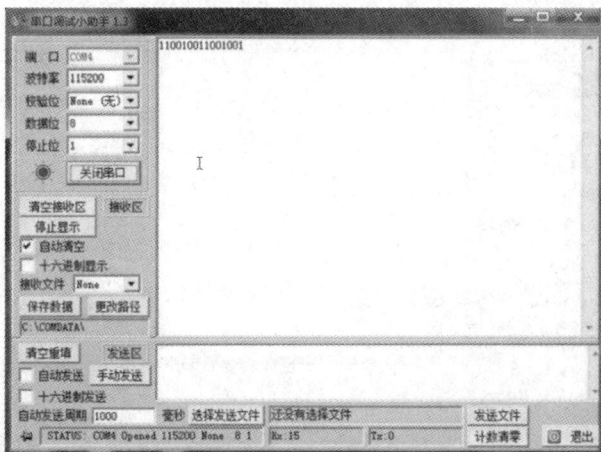

图 3-40　主动上传实验效果

2. 节点数据被动上传方式

节点数据被动上传主要的表现是在网关发送命令给节点，节点收到采集命令再向网关发送数据。在这里，需要用到单片机开发板串口的接收功能，接收到 2 的时候，读取 LED1 灯的引脚状态，并把灯的状态信息发送到网关。

在 LED1 灯使用延时闪烁的时候，为了使串口能及时收到信息并判断，程序采用串口接收中断的方式接收串口信息。在前面的程序中，串口初始化时已启动了串口接收中断，因此在串口中断处理函数中完成相关的功能代码即可，代码如下。在代码中，先是判断接收到的串口信息是否为 2。如果接收到 2，则发送 LED1 灯的状态信息。通过读取 LED1 的引脚，查看灯的状态，如果灯的状态为 0 时，灯是亮的，则发送 1，否则发送 0。

```
void USART1_IRQHandler(void)              //串口 USART1 中断服务程序
{
    u8 i，j;
    if(USART_GetFlagStatus(USART1,USART_IT_RXNE)==SET)
    {
        i = USART_ReceiveData(USART1);
        if(i=='2')
        {
            j=GPIO_ReadInputDataBit(GPIOF, GPIO_Pin_10);
            if(j==0x0) USART_SendData(USART1, (u8) '1');
            else USART_SendData(USART1, (u8) '0');
            while(USART_GetFlagStatus(USART1, USART_FLAG_TC) == RESET);
        }
    }
}
```

在单片机开发板上 LED1 灯以 700 ms 亮、700 ms 灭的频率闪烁，计算机通过串口调试助手发送 2 到单片机开发板，单片机开发板返回灯的状态。可以看到，在不确定的时间间隔内，计算机向单片机开发板发送了两个 2。第一次发送 2 时，灯为亮的状态；第二次发送 2 时，灯为灭的状态，如图 3-41 所示。

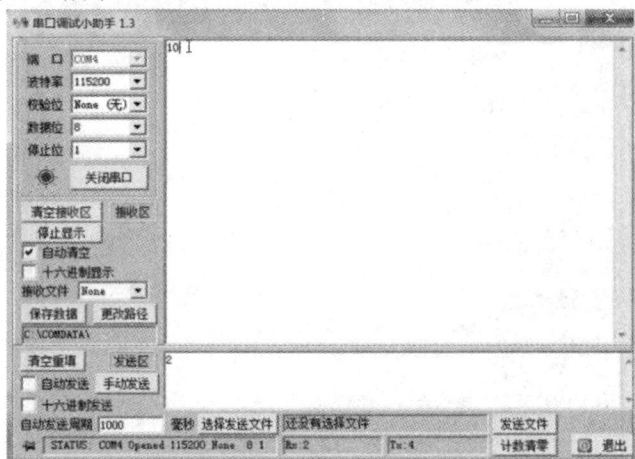

图 3-41 被动上传实验效果

3. 节点接收控制信息

在这里使用的是单片机开发板的串口接收功能，当节点接收到 1 时，打开 LED1 灯；当节点接收到 0 时，熄灭 LED1 灯。这里不采用灯自动闪烁的功能，代码测试时，先把灯闪烁的码去掉。在主函数的 while 循环中，使用查询标志位的方式查看串口是否接收到数据，如果接收到串口数据就可以判断协议码。程序除了判断开关的协议码外，这里还加上了被动上传灯状态信息的代码，具体代码如下：

```
while(USART_GetFlagStatus(USART1,USART_FLAG_RXNE)==SET)
{
    i=USART_ReceiveData(USART1);
    if(i=='1')
    {
        GPIO_ResetBits(GPIOF,GPIO_Pin_10);
    }
    else if(i=='0')
    {
        GPIO_SetBits(GPIOF,GPIO_Pin_10);
    }
    else if(i=='2')
    {

        i=GPIO_ReadInputDataBit(GPIOF, GPIO_Pin_10);
        if(i==0x0) USART_SendData(USART1, (u8) '1');
        else USART_SendData(USART1, (u8) '0');
        while(USART_GetFlagStatus(USART1, USART_FLAG_TC) == RESET);
    }
}
```

整合以上代码，使单片机开发板作为节点，连接上网关，并与网关通信，既能控制 LED1 灯，同时也把 LED1 灯的状态信息主动上传到网关。

3.6　基于以太网的节点设计

基于以太网的节点设计如图 3-42 所示。节点与网关之间用网线连接在一起，使用 TCP 调试助手(见图 3-43)软件模拟上位机与节点通信。在这个例程项目中，单片机开发板相当于节点传感器，TCP 调试助手相当于网关。单片机开发板上传数据显示到 TCP 调试助手接收区中。利用 TCP 调试助手的发送功能模拟上位机向单片机开发板发送信息，单片机开发板接收到数据后用相应的外设显示。在这个例程项目中，所要采集的信息是 STM32F4 板上 DS1 灯亮灭这一信息。当灯亮的时候，节点发送 1 到网关(TCP 调试助手)上；当灯灭的时候，节点发送 0 到网关(TCP 调试助手)上。

对于控制部分来说，网关(TCP 调试助手)发送控制信息到节点(单片机开发板)。当网关发送 1 的时候，节点(单片机开发板)把 DS1 点亮；当网关发送 0 的时候，节点(单片机开发板)把 DS1 熄灭；当网关需要取得节点的数据时，发送 2 到节点，然后等待节点的数据返回。

在节点通过网线连接的情况下，节点可以通过交换机、路由直接连接到互联网上的服务器，如 2.1.2 小节设计框架图二的架构。

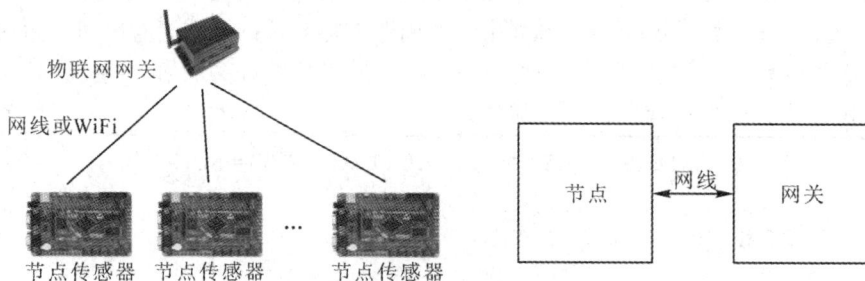

图 3-42　基于以太网的节点设计

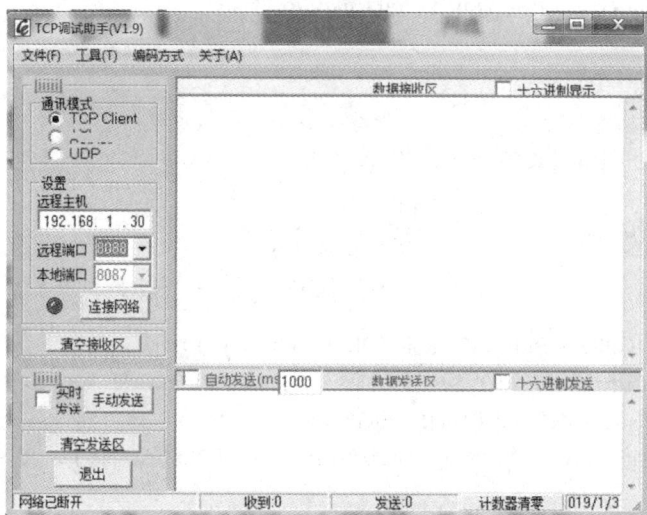

图 3-43　TCP 调试助手

3.6.1　硬件设计

本例程项目硬件用到了 LED DS1，其连接原理图如图 3-44 所示，在图中可以看到，LED1 是连接到 PF10 引脚上面的，控制 PF10 引脚的高低电平情况，就可以控制 LED1 的亮灭。

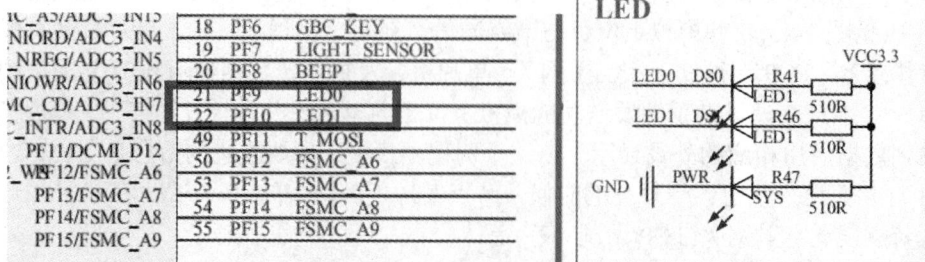

图 3-44　LED 与控制引脚连接图

除此之外，本例程项目还用到了以太网口，网口径 LAN8720A 芯片连接到 MCU 上，网络芯片 LAN8720A 把 RJ45 接口的信号转换成 MCU 能识别的 MRII 信号，如图 3-45 所示。此部分电路在单片机开发板中已连接好，直接使用即可。

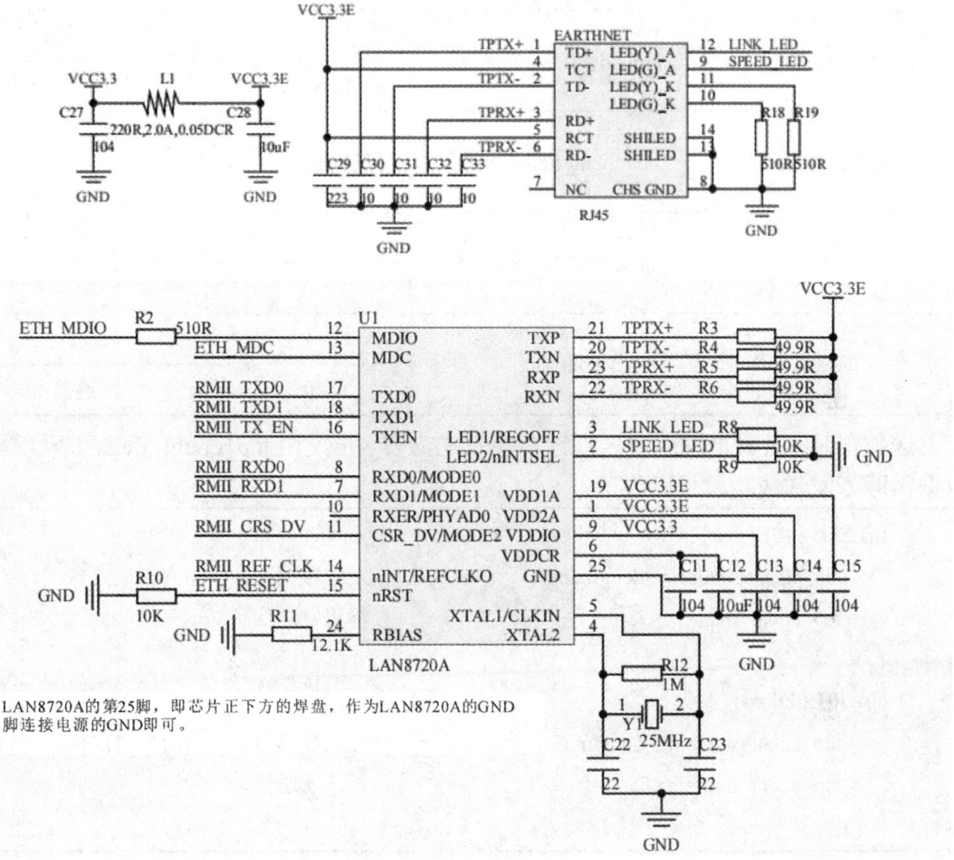

图 3-45　以太网口示意图

3.6.2　软 件 设 计

软件编写时，先要初始化 PF10 为输出端口，并使能这个端口的时钟。这部分内容在 3.5.2 小节已经讲过，在这里我们主要讲解网络通信的使用。在此之前，我们先要了解板上自带例程《实验 55 网络通信》。

《实验 55 网络通信》是一套开发板配套的网络通信学习代码，代码中有 IP 获取、网络连接、Socket 服务端接收和发送、Socket 客户端接收和发送、液晶显示等功能。我们会在此代码原有的基础上进行开发。

1. 节点为 TCP 客户端

在修改之前，我们要看懂程序，并清楚地知道程序在单片机开发板上作为 TCP 客户端模式下接收数据缓冲区、发送数据指针、接收完成标志位、标记要发送数据标志位、连接标志位和已连接标记代表的意思及用法，详见表 3-1。

表 3-1 缓冲区和标志位的含义和用法

接收数据缓冲区	u8 tcp_client_recvbuf[TCP_CLIENT_RX_BUFSIZE];		
发送数据指针	u8 *tcp_client_sendbuf		
接收完成标志位	tcp_client_flag&1<<6	1	接收到数据
		0	没接收到数据
标记要发送数据标志位	tcp_client_flag|=1<<7;	1	标记发送
		0	不标记发送
连接标志位	tcp_client_flag&1<<5	1	用连接
		0	不用连接
已连接标记	connflag	1	连接上
		0	没连接上

发送数据时，只要把发送数据指针指向发送内容，再使用 tcp_client_flag|=1<<7;标记发送数据，即可发送成功，代码如下：

```
if(LED1==0) {
    tcp_client_sendbuf="deng liang";        //发送数据指针，指向发送内容
    tcp_client_flag|=1<<7;                   //标记发送信息
}
else if(LED1==1) {
    tcp_client_sendbuf="deng mie";          //发送数据指针，指向发送内容
    tcp_client_flag|=1<<7;                   //标记发送信息
}
```

程序的发送机制是查看发送数据标志位 tcp_client_flag 是否置 1，当标志位置 1 时，程序就会把发送数据指针*tcp_client_sendbuf 指向的内容发送出去，至于是怎样查询标志位和怎么通过网络发送的，可自行查看代码相关函数，分析网络传输工作代码不是本章主要内容。

void tcp_client_test(void)函数是 TCP Client 测试的函数，包含网络连接、发送、接收的代码。要想主动发送单片机开发板节点信息，注意 tcp_client_demo.c 的 void tcp_client_test(void)函数最底下有一个延时函数，如图 3-46 所示。每一次循环都要延时 2 ms，要完成每 0.5 秒主动上传。可以在这里加上一个计数的 t1，计数 250 次，如果时间到时就运行以上代码。

接收信息的时候，只需使用 tcp_client_flag&1<<6 判断接收信息标志位是否接收到信息，当标志位置 1 时，再使用 tcp_client_recvbuf[TCP_CLIENT_RX_BUFSIZE]把所收到的信息读出来使用。至于接收完成标志位是怎样置 1 和怎么通过网络接收再保存到接收数据缓冲区的，可自行查看代码相关函数，分析网络传输工作代码不是本章主要内容。在 tcp_client_test 函数中已经有"if (tcp client flag&1<<6)"是否接收到数据的判断语句，如图 3-47 所示。

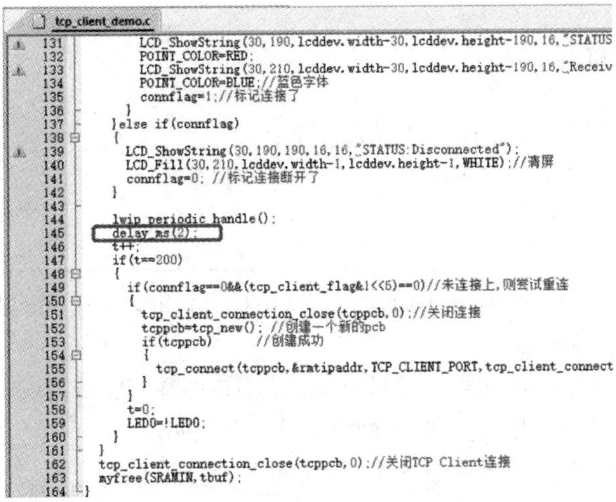

图 3-46 tcp_client_test 函数中的延时

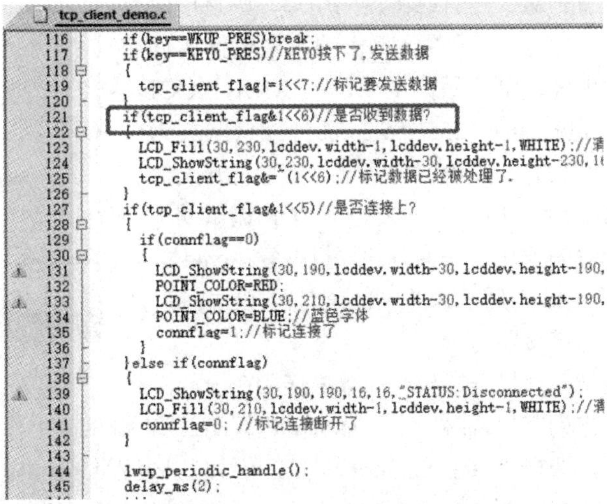

图 3-47 tcp_client_test 函数中的接收判断

```
if(tcp_client_recvbuf[0]=='0') {
    //接收到 0 的时候，关灯
    LED1=1;
}
else if(tcp_client_recvbuf[0]=='1') {
    //接收到 1 的时候，开灯
    LED1=0;
}
else if(tcp_client_recvbuf[0]=='2') {
    //接收到 2 的时候，返回灯的状态
    if(LED1==0) {
    //判断灯是亮的
            tcp_client_sendbuf="deng liang";
            tcp_client_flag|=1<<7;            //标记发送
```

```
        }
        else if(LED1==1) {
        //判断灯是灭的
                tcp_client_sendbuf="deng mie";
                tcp_client_flag|=1<<7;              //标记发送
        }
    }
```

把以上代码放到 tcp_client_test 函数的 if(tcp_client_flag&1<<6)的判断里面，就可完成接收控制与被动发送的目的。

使用节点为 TCP Client 测试前，我们先要知道远程连接的服务器端(TCP 网络调试助手)IP
地址和提供服务端口号。根据《实验 55 网络通信》的说明，
端口号已是规定了的。对于有路由器的用户，直接用网线连
接路由器，同时计算机也连接路由器，即可完成计算机与单
片机开发板的连接设置。对于没有路由器的用户，则直接用
网线连接计算机的网口，然后设置计算机的本地连接属性
(IPv4)使用固定的 IP 地址。IP 设置为 192.168.1.XXX，XXX
不能为 1 和 30；子网掩码为 255.255.255.0；默认网关为
192.168.1.1；DNS 不用设置。无论怎样连接，单片机开发板
与计算机的局域网段必须为 192.168.1.XXX。TCP 调试助手
运行设备联网地址查看的方法，先通过计算机搜索 "cmd"，
如图 3-48 所示。打开 cmd 之后输入 "ipconfig" 再按回车键，
查看以太网适配器本地链接即可。

图 3-48   打开 cmd 命令提示符

测试前先用网线把单片机开发板与计算机连接在一起。
当单片机开发板节点作为客户端时，则计算机上运行的 TCP 调试助手作为服务器。在计算机
上打开网络调试助手，选择 "TCP Server 模式"。单片机开发板 Client 模式固定连接的端口号
为 8087，所以网络调试助手设置本地端口号为 8087，如图 3-49 所示。设置完成后，点击 "开
始监听" 按钮，等待单片机开发板客户端程序的连接。

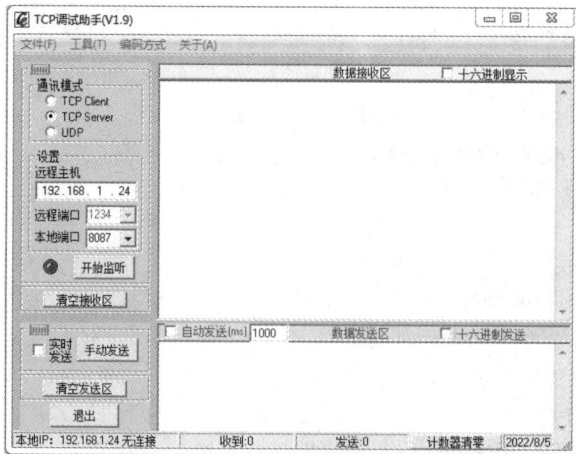

图 3-49   TCP 网络调试助手客户端模式

单片机开发板程序启动方法是：单片机开发板程序运行后，选择 Client 模式，并使用 KEY0/KEY2 来设置远程 Server 端的 IP 地址(TCP 调试助手的 IP)。连接的端口号不用设置，程序固定连接为 8087 的端口号。然后，通过 KEY UP 确定设置的 IP，随后单片机开发板会不断尝试连接这一个固定的远程 IP(端口号 8087)。

完成连接后，TCP 调试助手数据接收区每 0.5 秒出现一次单片机开发板主动上传灯的状态。数据接收区显示的数据是 0，表示灯是灭的。在数据发送区输入"1"，发送到单片机开发板，点亮 LED 灯。这时，数据接收区接收到的数据显示为 1，表示灯是亮的，如图 3-50 所示。把主动发送代码屏蔽，在数据发送区输入"2"，发送到单片机开发板，采集灯的状态。这时 LED 灯是亮的，TCP 调试助手数据接收区显示状态为 1，如图 3-51 所示。

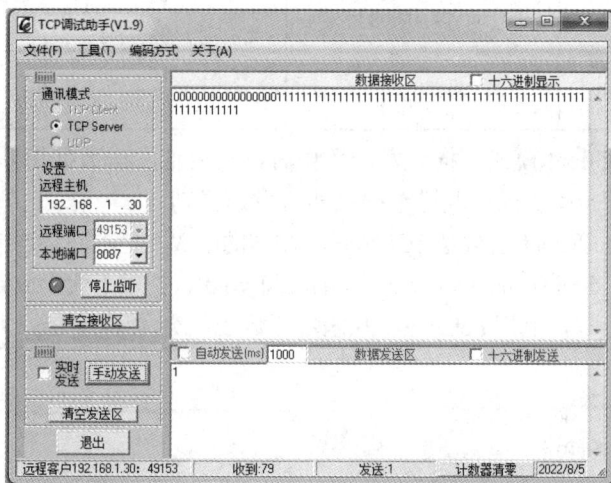

图 3-50　主动上传灯的状态

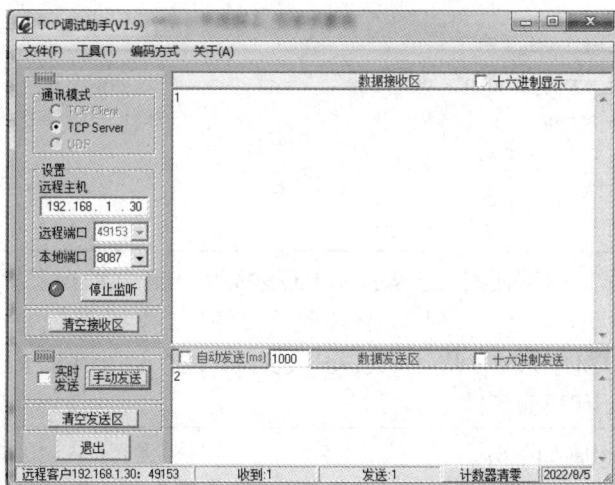

图 3-51　被动上传灯的状态

2. 节点为 TCP 服务端

节点作为服务端时，网络调试助手就要选择客户端模式。想要修改单片机开发板程序根据例程项目要求执行，首先要看懂程序，并清楚知道程序在 TCP 服务端模式下接收数据缓冲区、发送数据指针、接收完成标志位、标记要发送数据标志位等代表的意思及用法，详见表 3-2。

表 3-2 缓冲区和标志位的含义和用法

接收数据缓冲区	u8 tcp_server_recvbuf[TCP_SERVER_RX_BUFSIZE];		
发送数据指针	u8 *tcp_server_sendbuf		
接收完成标志位	tcp_server_flag&1<<6	1	接收到数据
		0	没接收到数据
标记要发送数据标志位	tcp_server_flag|=1<<7;	1	标记发送
		0	标记不发送
连接标志位	tcp_server_flag&1<<5	1	用连接
		0	不用连接
已连接标记	connflag	1	连接上
		0	没连接上

与上一小节的 Client 模式一样，发送数据时，只要把发送数据指针指向发送内容，再使用 tcp_server_flag|=1<<7;标记发送数据，即可发送成功。

void tcp_server_test(void)函数是 TCP Server 测试的函数，包含网络连接、发送、接收的代码。找到 tcp_server_demo.c 的 void tcp_server_test(void)，把以下代码放到函数的最底下，与 TCP Client 编程模式一样，利用 delay_ms(2);函数计数 250 次，使程序 0.5 秒主动上传灯的状态。

```
        t1++;
        if(t1==250){
            if(LED1==0) {
                tcp_server_sendbuf="deng liang";        //发送数据指针，指向发送内容
                tcp_server_flag|=1<<7;                  //标记发送信息
            }
            else if(LED1==1) {
                tcp_server_sendbuf="deng mie";          //发送数据指针，指向发送内容
                tcp_server_flag|=1<<7;                  //标记发送信息
            }
            t1=0;
        }
```

接收信息的时候，只需使用 tcp_server_flag&1<<6 判断接收信息标志位是否接收到信息。当接收信息标志位置 1 时即为接收到数据，数据存放在 tcp_server_recvbuf[TCP_SERVER_RX_BUFSIZE]。从 tcp_server_recvbuf[TCP_SERVER_RX_BUFSIZE]把收到的信息读出来使用。代码如下：

```
        if(tcp_server_flag&1<<6)                        //是否接收到信息
        {
            if(tcp_server_recvbuf[0]=='0') {
                //接收到 0 的时候，关灯
                LED1=1;
            }
```

```
        else if(tcp_server_recvbuf[0]=='1') {
        //接收到 1 的时候，开灯
        LED1=0;
    }
        else if(tcp_server_recvbuf[0]=='2') {
        //接收到 2 的时候，返回灯的状态
        if(LED1==0) {
        //判断灯是亮的
            tcp_server_sendbuf="deng liang";
            tcp_server_flag|=1<<7;                      //标记发送
        }
            else if(LED1==1) {
        //判断灯是灭的
            tcp_server_sendbuf="deng mie";
            tcp_server_flag|=1<<7;                      //标记发送
        }
        }
    }
}
```

　　void tcp_server_test(void)函数运行前，程序通过 DHCP 获取 IP(如果获取不成功，则使用静态 IP)作为服务端地址。IP 地址获取之后，通过按钮选择 TCP Server 模式，端口号固定为 8088，等待客户端连接。对于有路由器的用户，单片机开发板直接用网线连接路由器，同时计算机也连接路由器，即可完成计算机与单片机开发板的连接设置。对于没有路由器的用户，则直接用网线连接计算机的网口与单片机开发板的网口。然后设置计算机的本地连接属性(IPv4)为使用固定的 IP 地址。IP 设置为 192.168.1.XXX，XXX 不能为 1 和 30；子网掩码为 255.255.255.0；默认网关为 192.168.1.1；DNS 不用设置。此时，在计算机端使用 TCP 调试助手(见图 3-52)TCP Client 模式连接单片机开发板，输入单片机开发板的远程 IP 地址及服务端口号 8088，点击"连接网络"按钮。连接成功后，会显示连接上的客户端的 IP，此时就可以互相发送信息了。

图 3-52　TCP 调试助手服务端模式

课 后 作 业

1. 请以单片机开发板上 KEY2 按钮的状态作为节点信息，使用串口主动上传的方式把按钮状态发送到网关。在这次实验中，手动控制 KEY2 按键是否处于被按下的状态，规定按下时为 1，弹起时为 0，观察串口调试助手接收按键信息是否正确。

2. 用串口调试助手控制蜂鸣器开关，发送 1 为打开蜂鸣器，发送 0 为关闭蜂鸣器。单片机开发板被动发送蜂鸣器状态，收到 3 时，单片机开发板给串口调试助手发送蜂鸣器的状态。

具体如表 3-3 所示，协议也可以自行指定。

表 3-3　题 2 表

实际按键的状态	按下	弹起	
协议代码	1	0	
控制蜂鸣器的状态	蜂鸣器开	蜂鸣器关	向节点要数据
协议代码	1	0	3

3. 请以单片机开发板上按钮的状态作为节点信息，使用单片机开发板作为网络通信客户端，使用网络发送方式主动把按钮状态发送到网关。在这次实验中，在实验板上选择一个按键，手动控制按键是否处于被按下的状态，规定按下时为 3，弹起时为 4，在网络调试助手上查看单片机开发板。

4. 使用网络调试助手控制蜂鸣器开关，发送 6 为打开蜂鸣器，发送 7 为关闭蜂鸣器。单片机开发板作为网络通信服务端被动发送蜂鸣器状态，收到 8 时，单片机开发板给串口调试助手发送蜂鸣器的状态。

具体如表 3-4 所示，协议也可以自行指定。

表 3-4　题 4 表

实际按键的状态	按下	弹起	
协议代码	3	4	
控制蜂鸣器的状态	蜂鸣器开	蜂鸣器关	向节点要数据
协议代码	6	7	8

第4章

例程项目网关设计

在本书例程项目中，节点信息向上传输有两种连接方式，一种是通过以太网的方式连接，另一种是通过串口的方式连接。串口的连接，或者说通过非网络节点连接方式把信息传输到网络上时，需要用到本地网关。网关的作用是实现不同传输网络之间的转换。本章主要讲述串口的协议转换成 TCP/IP 的本地网关的设计与实现。

4.1 网关概述

网关(Gateway)又叫作网间连接器、协议转换器。网关是在采用不同体系结构或协议的网络之间进行互通时，用于提供协议转换、路由选择、数据交换等网络兼容功能的设施。

网关在传输层上用以实现网络互连，是最复杂的网络互连设备，仅用于两个高层协议不同的网络互连。网关既可以用于广域网互连，也可以用于局域网互连。实际上，网关是一种充当转换重任的计算机系统或设备，在使用不同的通信协议、数据格式或语言，甚至体系结构完全不同的两种系统之间，起到翻译器的作用。与网桥只是简单地传达信息不同，网关对收到的信息要重新打包，以适应目的系统的需求。同时，网关也可以提供过滤和安全功能。大多数网关运行在 OSI 7 层协议的顶层——应用层。

由此来说，路由器也是网关的一种，两个网络的通信必须经过路由器。比如：一个网络上有 N 台设备，另一个网络也有 N 台设备，若一个网络要与另一个网络的计算机进行通信，没有路由器将无法找到目标设备。IP 地址为 192.168.1.X 的 A 网络的计算机想要与 IP 地址为 192.168.2.X 的计算机通信，就要先把数据包发送到路由器，再由路由器发送到目标计算机上。如果两个网络之间连接通过的不止一个路由器，则数据包会先在路由器间发送，直到找到目标计算机网络，然后找到目标计算机进行通信。

我们的例程项目中，节点信息向上传输有两种方式，一种是通过串口传输。这种方式要把信息传到网络上的服务器端，就需要用到网关。网关的作用是把串口的协议转换成 TCP/IP 的协议，使其信息能在网络上传输，从而到达局域网内的服务器上。但是要到远程的服务器上，还需要路由器的帮助。数据通过路由器找到目标服务器，从而与远程服务器通信。另一种传输方式是直接连接网络，因为这种方式下节点已经通过以太网络接口接到网络上，不需要本地网关进行转换，所以直接连接本地的服务器就可以了。这种方式下如果需要连接到远程服务器，同样还需要借助路由器的作用。

4.2 ‖ RS232 转 TCP 网关设计

串口常用的通信接口标准有 232、485、422，本例程项目为实验方便，以计算机串口接口标准 RS232 为例进行实验。在本例程项目中，网关的位置是在节点与服务器之间，如图 4-1 所示。单片机 LED 灯的状态数据信息通过串口上传，服务器通过 TCP/IP 接收信息。网关要把节点状态数据信息转换成 TCP/IP 的信息，向上传递到服务器；同时，还要把服务器发送的控制信息转换成串口信息，下发到单片机节点。

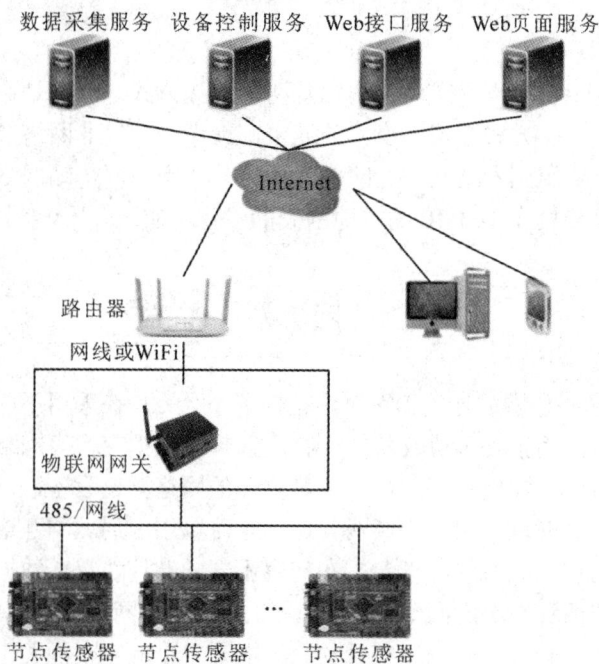

图 4-1　网关在系统中的位置

网关的功能主要有：

(1) 使用串口接收单片机节点的信息。

(2) 把接收到的信息使用 TCP/IP 发送到服务器。

(3) 使用 TCP/IP 接收服务器信息。

(4) 把接收到的信息使用串口发送到单片机节点。

网关功能示意图如图 4-2 所示。

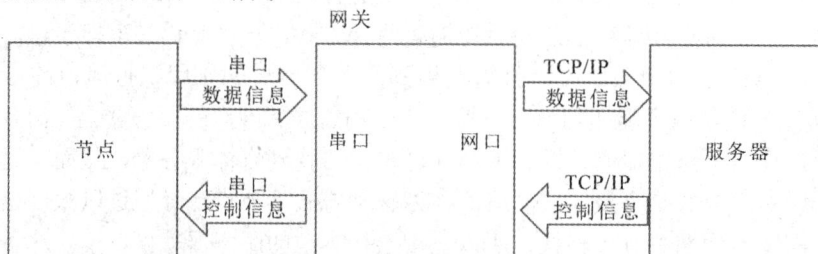

图 4-2　网关功能示意图

从上述网关功能的描述中可以看出，需要一个串口类，负责串口的连接、发送和接收。TCP/IP 建立的连接需要 Socket 套接字，所以还需要一个基于 Socket 的类，提供网口连接、发送和接收的方法。TCP/IP 是 TCP(传输控制协议)和 IP(网际协议)，提供点对点的连接机制。使用 Socket 建立连接分为服务端和客户端两部分，建立连接后，Socket 服务端与 Socket 客户端成对通信。网关可以是 Socket 服务端，也可以是 Socket 客户端。同样，服务器可以是 Socket 服务端，也可以是 Socket 客户端。当网关是 Socket 服务端时，服务器就是 Socket 客户端；而当网关是 Socket 客户端时，服务器就是 Socket 服务端。Socket 服务端与 Socket 客户端的通信过程如图 4-3 所示。

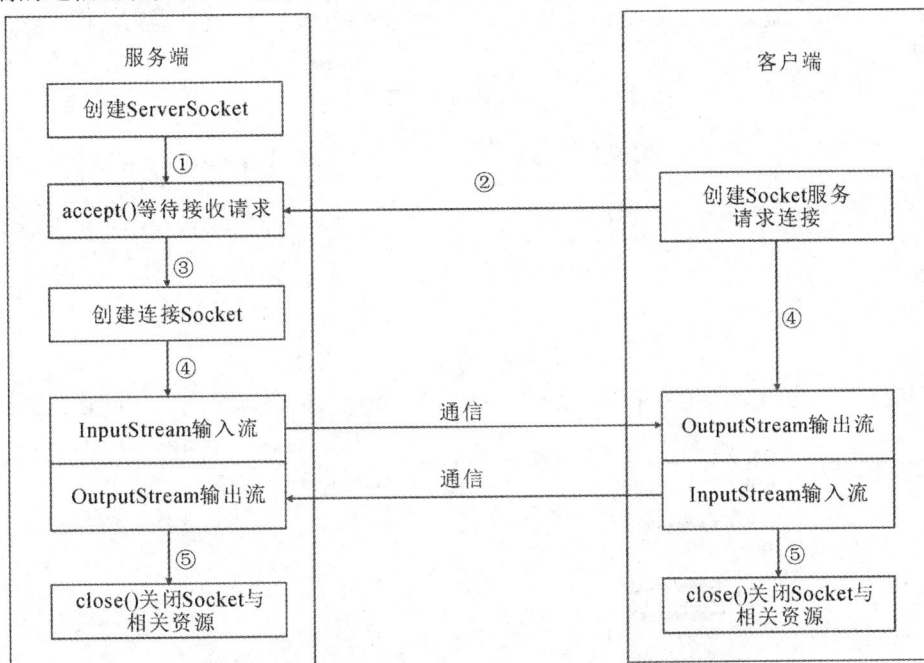

图 4-3　Socket 服务端与 Socket 客户端通信示意图

4.3　网关串口通信的实现

使用串口通信前，先要进行串口初始化，设置串口号、串口通信参数，然后才能打开串口。通信的方式是通过串口的输入流对象的方法接收信息，通过输出流对象的方法发送信息。串口接收信息时，通过串口消息事件处理机制通知有串口数据到达。也就是说，当系统监听到串口接收到信息时，就会发送接收串口信息的通知，程序收到通知后，读出接收到的信息。

4.3.1　初始化串口

RS232 转 TCP 网关设计中，使用 Java 语言来编写程序。首先打开 Java 开发环境 Eclipse，在页面左上角点击菜单栏中的"File"，在下拉菜单中选择"New"，在弹出的菜单中选择"Java Project"，新建工程，如图 4-4 所示。

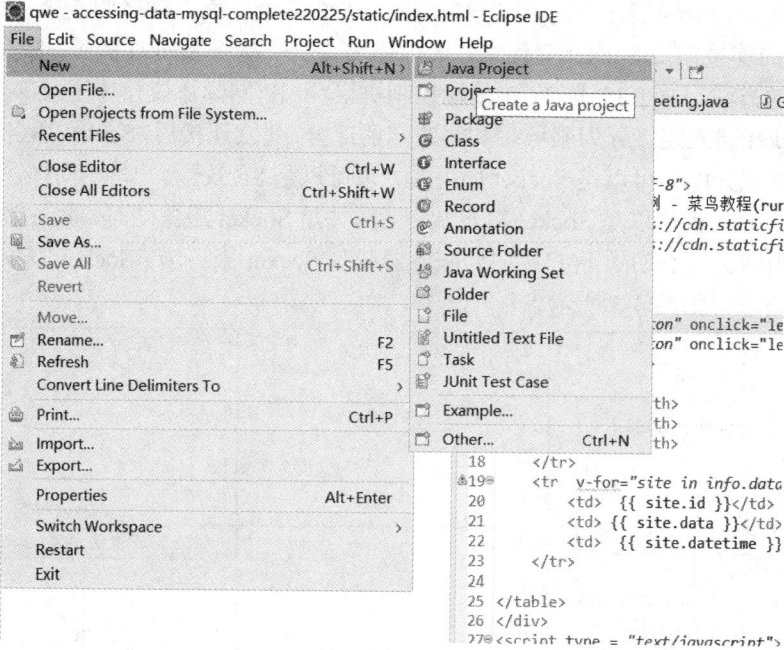

图 4-4　新建工程

在弹出的页面中填入工程名称"gw"，点击"Finish"按钮，完成工程创建，如图 4-5 所示。

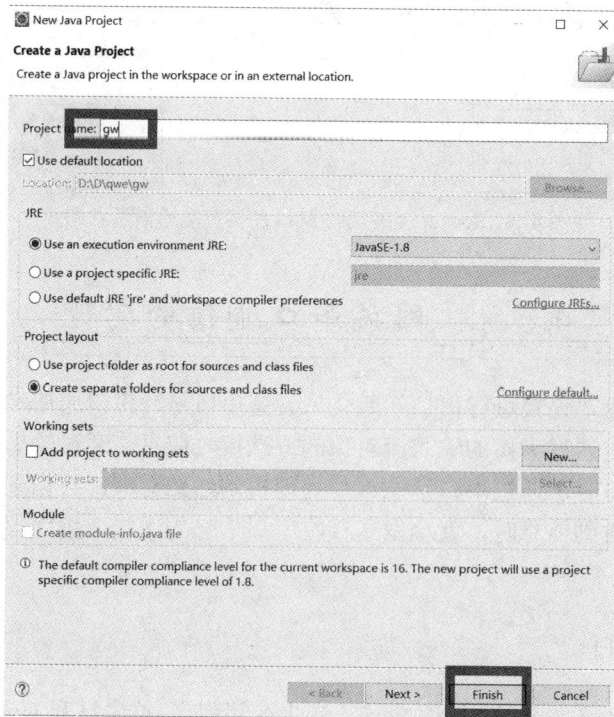

图 4-5　工程命名及完成工程创建

在编写代码前，要导入一个支持 Java 串口通信操作的 jar 包"RXTXcomm.jar"。可以在官网上根据自己的 Eclipse 版本选择 64 位或 32 位的进行下载,也可以在本书附带的程序中进行复制(本书附带程序是 32 位的版本)。RXTXcomm.jar 里定义了一些跟串口相关的类。先在工程名称上点击鼠标右键,在工程中新建一个文件夹,如图 4-6 所示选择文件夹类型,在弹出的页面中填写文件夹名称为"lib",如图 4-7 所示。

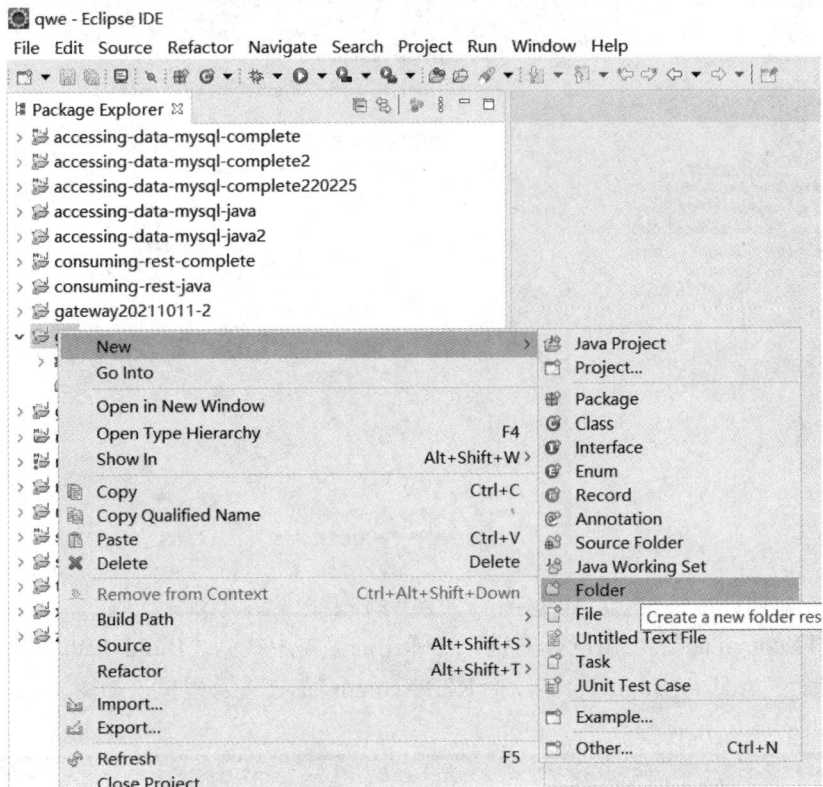

图 4-6 选择文件夹类型

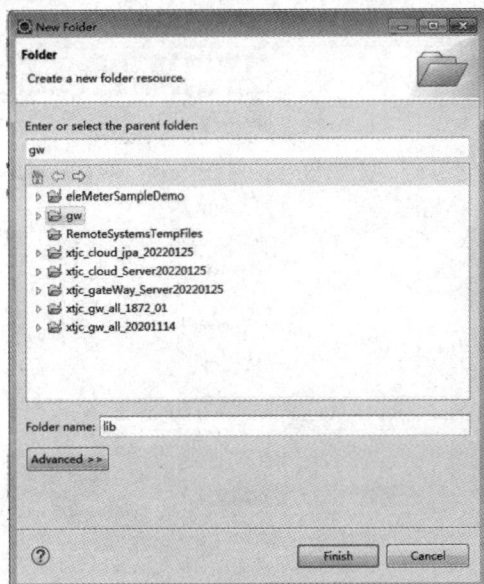

图 4-7 输入文件夹名称

在 lib 文件夹上点击鼠标右键，把 "RXTXcomm.jar" 库拷贝到 lib 文件夹里，如图 4-8 所示。

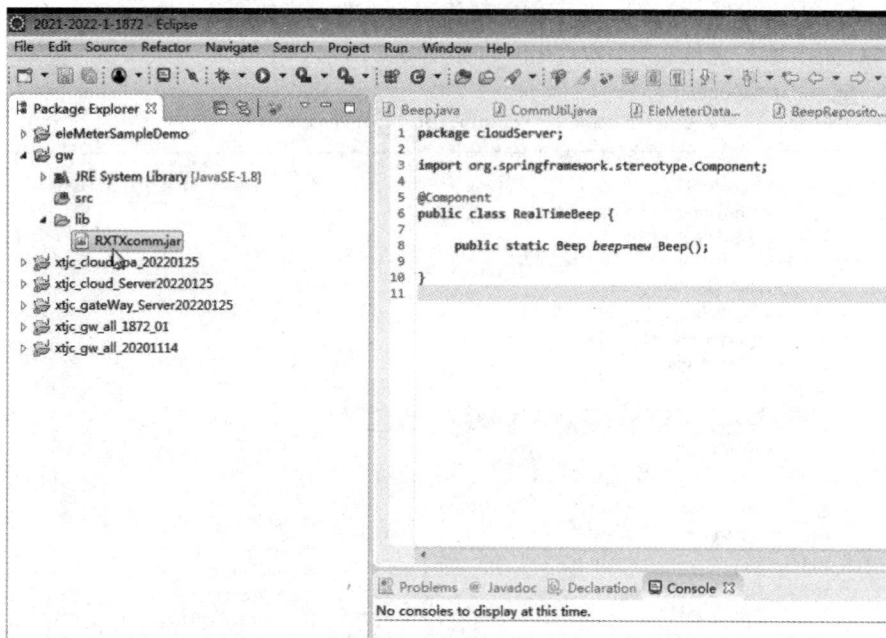

图 4-8　把库拷贝到文件夹里

在 RXTXcomm.jar 上点击鼠标右键，在弹出的菜单中找到 "Build Path"，然后在弹出的选项中选择 "Add to Build Path"，把 RXTXcomm.jar 导进工程里，如图 4-9 所示。库导入成功后如图 4-10 所示。

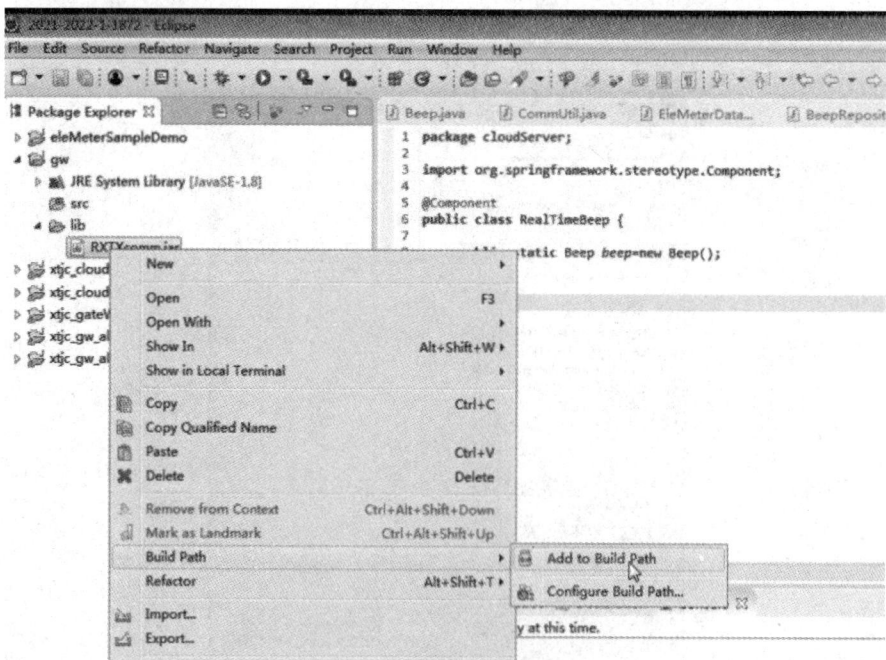

图 4-9　添加库的连接路径

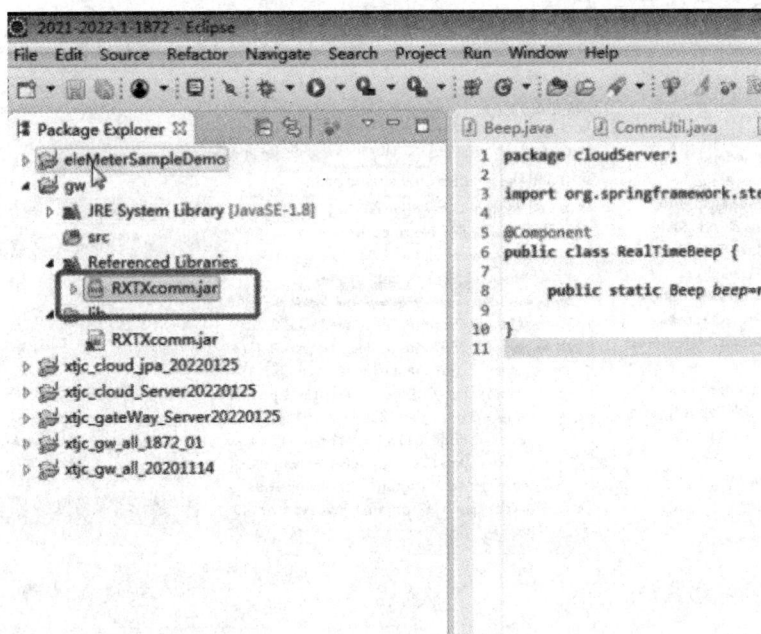

图 4-10 完成库的添加

下面将对硬件设备进行操作所必需的连接串口的两个库 rxtxParallel.dll 和 rxtxSerial.dll 添加到工程里。在工程文件 gw 上点击鼠标右键建立文件夹"dll"，然后把 rxtxParallel.dll 和 rxtxSerial.dll 拷贝到新建的 dll 文件夹里，完成后如图 4-11 所示。

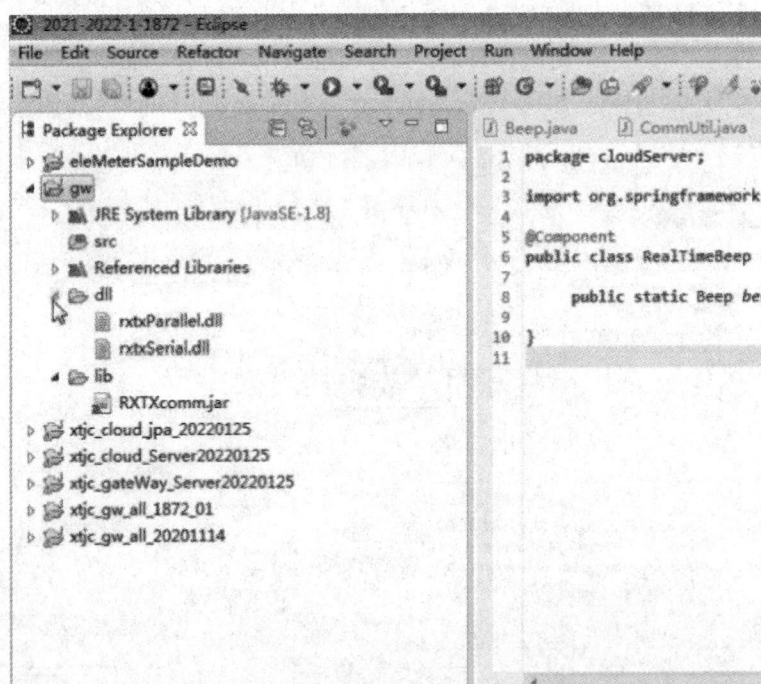

图 4-11 新建文件夹并添加串口连接库

在工程名"gw"上点击鼠标右键，选择"Build Path"，再选择"Configure Build Path..."，

弹出如图 4-12 所示的页面。

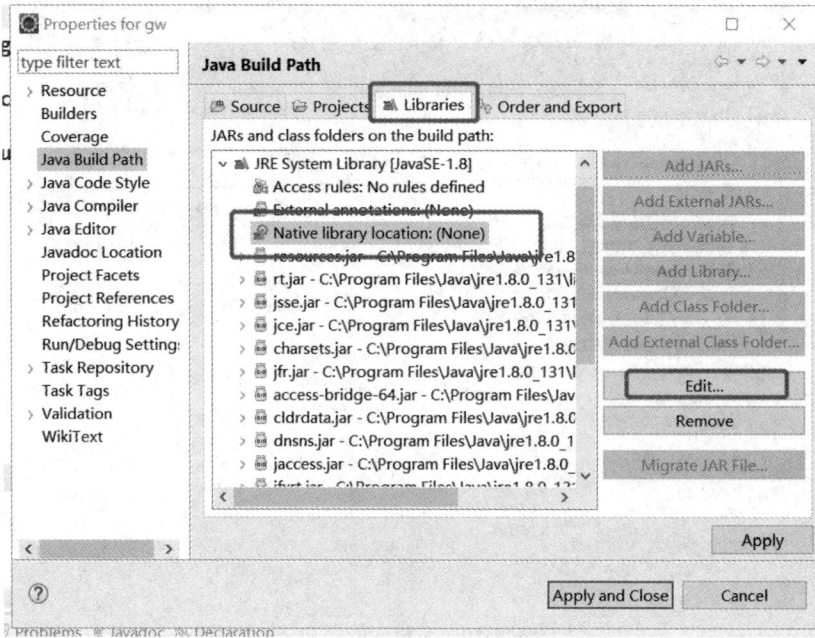

图 4-12　选择本地库编辑

　　在弹出的页面中选择 dll 库的路径。工程是在工作空间中，选择"Workspace..."，然后选择正确的文件夹路径，如图 4-13 所示。

　　完成后如图 4-14 所示，然后点击"OK"按钮，关闭页面。

　　在工程文件夹"src"上点击鼠标右键，在弹出的菜单中选择"New"，再点击"Package"建立包。在弹出的页面中填入包的名字"gateway"，然后点击"Finish"按钮完成包的创建，如图 4-15 所示。

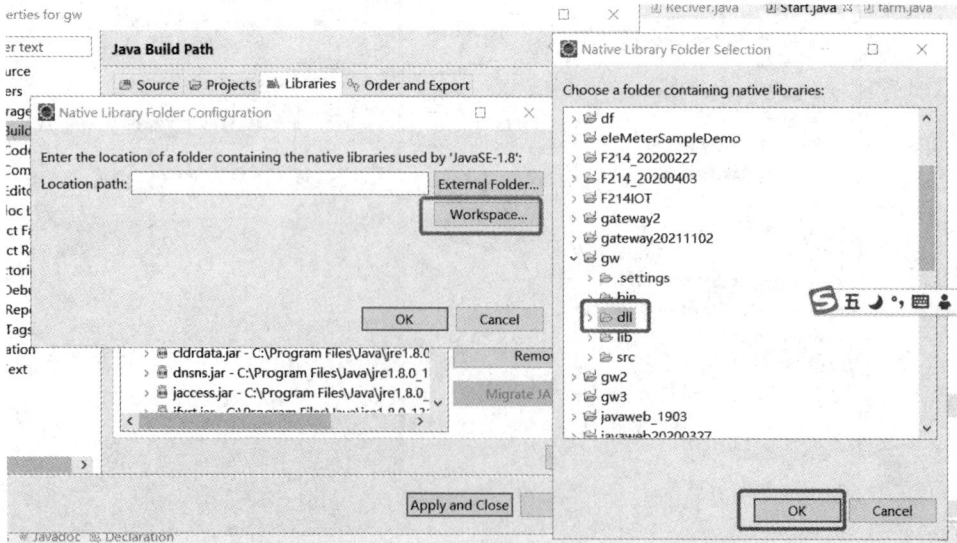

图 4-13　选择 dll 路径

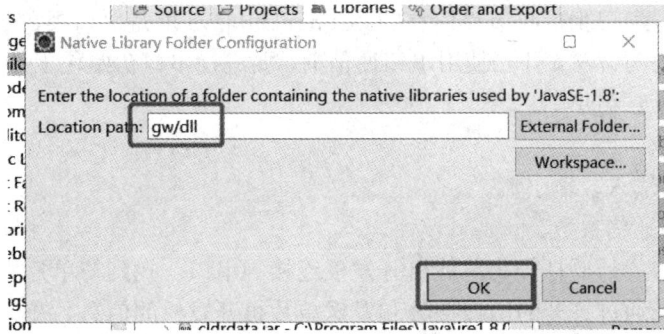

图 4-14　完成路径选择

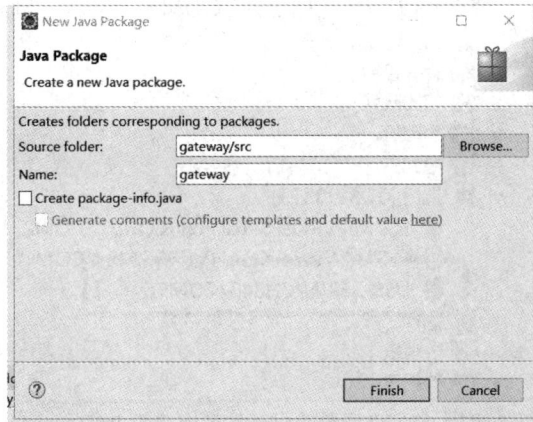

图 4-15　新建包

在包上点击鼠标右键，在弹出的菜单中选择"New"，再选择"Class"，创建 Java 类。在弹出的页面中填入类的名称"CommUtil"，点击"Finish"按钮，完成串口类的创建，如图 4-16 所示。

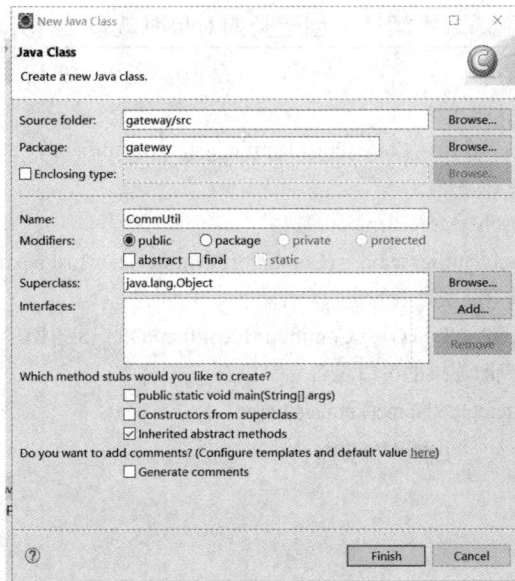

图 4-16　新建类

网关是要通过串口来接收节点信息的。CommUtil.java 就是串口类，在这个类中需要添加关于串口的属性与方法。开始使用串口通信前，要进行串口初始化工作，具体流程如下：

(1) 找到硬件连接的串口。

(2) 打开串口。

(3) 取得串口输入、输出流。

(4) 设置串口通信参数。

其中打开串口，是要打开与单片机开发板连接的串口。找到与单片机开发板连接的是哪一个串口，才能通过打开的串口接收和发送单片机开发板的信息。在计算机设备管理器查看单片机开发板连接的串口号，如图 4-17 所示。在本例程项目中，单片机开发板连接网关的串口号为"COM5"，那么网关就可以通过"COM5"与单片机开发板进行通信了。

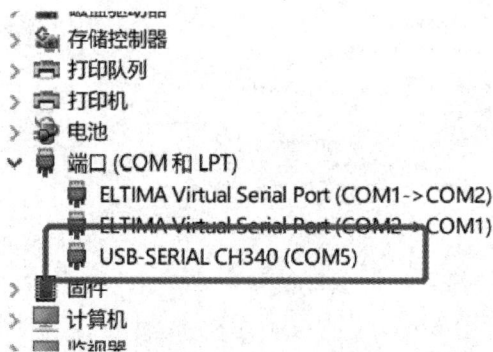

图 4-17 查看单片机开发板连接的串口号

先在 CommUtil 类中添加 SerialPort serialPort 和 CommPortIdentifier portId 两个属性。CommPortIdentifier 类主要负责端口的初始化和开启，并管理它们的占有权。CommPortIdentifier 类具有打开串口的方法。SerialPort 类具有关于串口参数的静态成员变量和方法，其中包括取得输出、输入流的方法以及设置通信参数的方法。串口初始化和打开串口的代码在类的构造函数中运行，创建类的对象时就直接打开串口，代码如下：

```
Public CommUtil() {
    //得到当前连接上的端口
    Enumeration portList = CommPortIdentifier.getPortIdentifiers();
    String name="COM5";
    while (portList.hasMoreElements()) {
        CommPortIdentifier temp = (CommPortIdentifier) portList.nextElement();
        // 判断端口类型是否为串口
        if (temp.getPortType() == CommPortIdentifier.PORT_SERIAL) {
            // 判断连接的串口是否为串口 5
            If (temp.getName().equals(name)) {
                portId = temp;
            }
        }
    }
    try {          //打开串口
```

```
            serialPort = (SerialPort) portId.open("My"+name, 2000);
        } catch (PortInUseException e) {

        }
    }
```

使用 CommPortIdentifier.getPortIdentifiers()取得连接到设备的所有端口，再使用 while 循环判断每一个端口元素是否为串口。如果是串口，就进一步判断是否为 COM5，因为单片机开发板就连接在计算机的 COM5 的串口上。两个条件若都满足，就把串口对象保存到当前类的属性 CommPortIdentifier portId 中。用 portId 串口对象的 open 方法打开串口。open 方法有两个参数：第一个参通常设置为应用程序的名字，在这里设置成"My COM5"；第二个参数是打开串口的延迟时间，以毫秒为单位，这里的参数为"2000"毫秒。使用这个方法会返回一个 SerialPort 类型的串口引用对象。

有了串口引用对象，就可以设置串口的通信参数并取得输入、输出流。在类的属性中加上两个变量 InputStream inputStream 和 OutputStream outputStream，存放输入、输出流对象。输入、输出流作为类的属性可方便调用。在类的构造函数中所要添加的设置串口的通信参数以及取得输入、输出流的代码如下：

```
    try {            // 获得串口通信的输入、输出流
            inputStream = serialPort.getInputStream();
            outputStream = serialPort.getOutputStream();
    } catch (IOException e) {
    }
    try {  // 设置串口读写参数
            serialPort.setSerialPortParams(115200, SerialPort.DATABITS_8,
                    SerialPort.STOPBITS_1, SerialPort.PARITY_NONE);
    } catch (UnsupportedCommOperationException e) {
    }
```

使用 serialPort 对象的方法 getInputStream()和 getOutputStream()，取得输入流和输出流，保存到类的属性中。输入流用于接收串口另一端(单片机开发板)发送来的信息，输出流用于发送信息到串口另一端(单片机开发板)。再使用 setSerialPortParams 方法设置通信参数：波特率为115200，8 位数据位，1 位停止位，无校验位。

4.3.2　串口接收信息

串口接收信息采用的是串口消息处理机制，在使用输入流读取串口信息前要先确认是否接收到串口信息。串口信息的到来是一个随机性的事件，接收串口信息采用消息通知的方式。当串口接收到消息时，就会生成串口接收消息通知。类监听到这一通知，就会把消息抛向类中相应的函数让其处理。由此可见，当串口程序收到消息后，处理消息的函数是自动执行的。

添加串口消息处理有如下三个步骤：

(1) 在端口控制类(如 CommUtil)加上"implements SerialPortEventListener"。

(2) 复写 public void serialEvent(SerialPortEvent e)方法，在其中对事件进行判断。

(3) 添加监视器 serialPort.addEventListener(this)。

不是所有的类都能监听串口消息，如果想让某一个类能监听串口消息，当前类就得继承串口事件监视器接口 SerialPortEventListener。继承这一接口后，在当前类复写接口方法——串口事件处理的函数 public void serialEvent(SerialPortEvent e)。有了这一函数，当前类就拥有了处理串口事件的能力。可是设备上的串口不止一个，必须指定这一函数处理的串口消息来自 COM5。这时需要当前的串口 COM5 引用的对象 serialPort 添加监视器，指定监视 COM5 的活动——serialPort.addEventListener(this)。

首先，在端口控制类 CommUtil 加上"implements SerialPortEventListener"，继承串口事件监视器接口。

然后，在端口控制类 CommUtil 里面添加函数 serialEvent(SerialPortEvent event)，代码如下：

```java
public void serialEvent(SerialPortEvent event) {
    int numBytes=0;
    String data;
    switch (event.getEventType()) {
    case SerialPortEvent.BI:
    case SerialPortEvent.OE:
    case SerialPortEvent.FE:
    case SerialPortEvent.PE:
    case SerialPortEvent.CD:
    case SerialPortEvent.CTS:
    case SerialPortEvent.DSR:
    case SerialPortEvent.RI:
    case SerialPortEvent.OUTPUT_BUFFER_EMPTY:
        break;
// 当有可用数据时读取数据
    case SerialPortEvent.DATA_AVAILABLE:
        byte[] readBuffer = newbyte[200];
        try {
            while (inputStream.available() > 0) {
                numBytes = inputStream.read(readBuffer);
            }
            data=readBuffer.toString();
            System.out.println("my data："+data);
        } catch (IOException e) {
            e.printStackTrace();
        }
        break;
    }
}
```

当串口有消息到达时，操作系统就会以串口事件作为参数，自动调用 serialEvent (SerialPortEvent event)函数。该函数先是使用 event.getEventType()取得的消息类型作为 switch 的条件，判断是哪一类型的串口消息。串口消息类型非常多，只需处理 SerialPortEvent.DATA_AVAILABLE 类消息，也就是串口接收到有效数据的情况。串口有数据到达时，使用输入流的 inputStream 的 read(readBuffer)方法读取收到的串口数据。最后把接收到的串口数据打印到控制台。

read(byte[] b)表示从输入流中读取一定数量的字节，并将其存储在缓冲区数组 b 中，以整数形式返回实际读取的字节数。如果数组 b 的长度为 0，则不读取任何字节并返回 0；否则，尝试读取至少一个字节。如果因为流位于文件末尾而没有可用的字节，则返回值 –1；否则，至少读取一个字节并将其存储在数组 b 中。

将读取的第一个字节存储在元素 b[0]中，下一个存储在元素 b[1]中，以此类推。读取的字节数最多等于数组 b 的长度。设 k 为实际读取的字节数；这些字节将存储在 b[0]～b[k–1]的元素中，不影响 b[k]～b[b.length–1]的元素。

最后，使用串口引用对象 serialPort 的 addEventListener(this) 方法，为 COM5 添加事件监听器。使用 notifyOnDataAvailable(true)方法添加通知类型，放到类 CommUtil 构造函数中运行，代码如下：

```
try {
            serialPort.addEventListener(this);          // 给当前串口添加一个监听器
} catch (TooManyListenersException e) {
}
serialPort.notifyOnDataAvailable(true);                 // 当有数据时通知
```

现在测试一下串口接收的方法。在工程中添加一个主类，命名为 Start，在创建类时添加 main 函数，如图 4-18 所示。

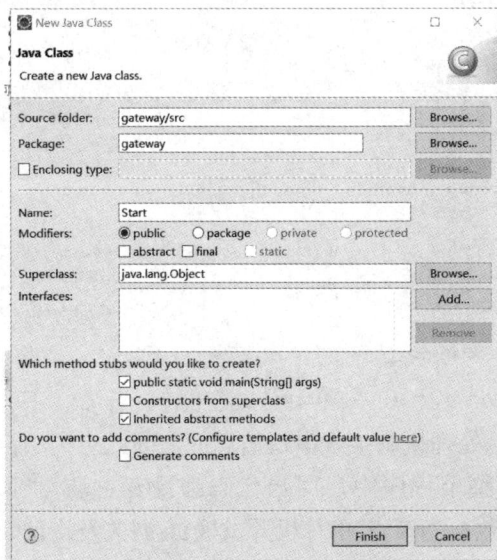

图 4-18　新建主类

构造串口类 CommUtil 的对象，添加如下代码：

```
package gateway;
public class Start {
    public static void main(String[] args) {
        CommUtil commUtil=new CommUtil();
        while(true);
    }
}
```

然后运行代码，如图 4-19 所示。

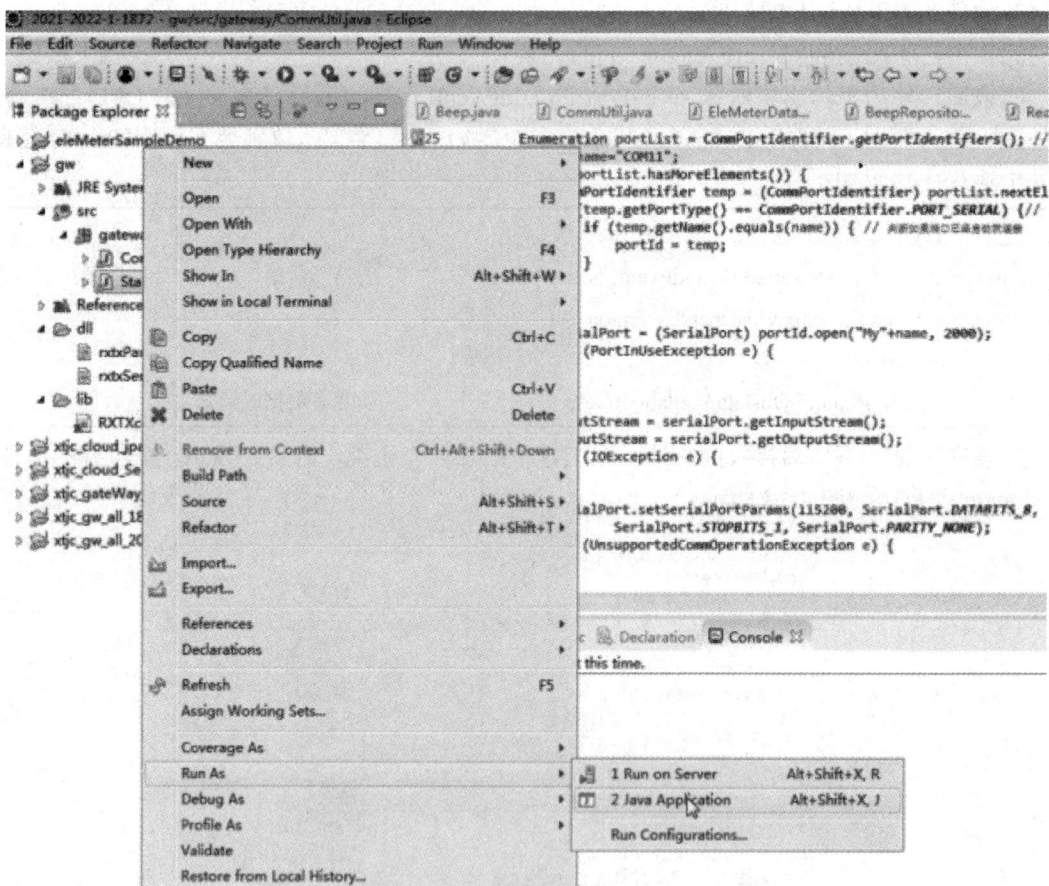

图 4-19　运行代码

由于串口是通过消息处理机制接收串口信息的，因此主类中只需要构造串口类对象，不用启动任何函数。在整个程序中，用户代码都没有主动运行 public void serialEvent (SerialPortEvent event)函数。当节点(单片机开发板)向网关发送信息时，网关的串口就会接收到数据并直接打印到控制台，如图 4-20 所示。

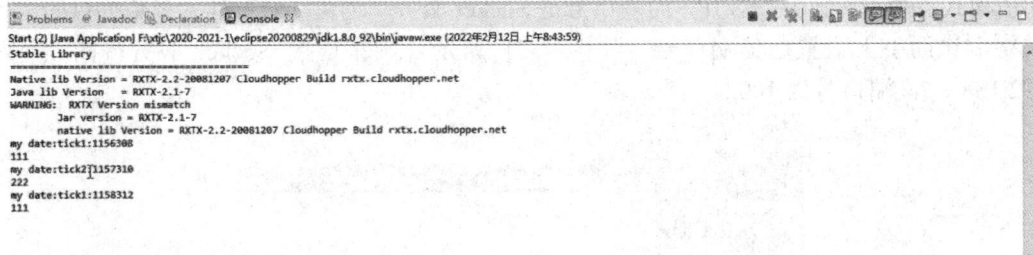

图 4-20　运行结果

4.3.3　串口发送信息

串口发送信息与串口接收信息的方式不一样。串口发送信息是一个主动的过程。串口对象的 outputStream 属性有发送的方法，通过使用对象名调用发送方法发送。在 CommUtil 类中，建立发送的方法是以发送信息作为传入参数的方式，使用串口的输出流的方法，用函数封装发送。在 CommUtil 类中创建函数 sendtomcu，代码如下：

```
Public void sendtomcu(String string) {
    if(outputStream!=null)
        try {
            outputStream.write(string.getBytes());
        } catch (IOException e) {
            e.printStackTrace();
        }
}
```

由图 4-2 可以看出，网关是负责在服务器和单片机开发板之间传递数据的。网关中网络端口接收到的数据经串口发送到单片机开发板。也就是说，串口发送的内容是 Socket 对象接收的数据。在这里，我们还没建立 Socket 对象，测试代码的工作将在后面章节进行介绍。

4.4　网关网络通信的实现

在网络通信中，与服务器连接时网关具有两种角色，一种是网关作为客户端，另一种是网关作为服务端。本节主要讲述网关分别作为 Socket 的服务端或者客户端时建立连接、发送和接收数据的方法。由于服务器还没有创建，因此在进行网关测试时将会使用网络调试助手模拟服务器接收和发送信息。

4.4.1　网关作为客户端

网关作为客户端向服务器发送信息，需要用到 Socket 通信。节点通过串口发送信息，网关使用串口接收信息。网关接收到串口信息后，再使用 Socket 客户端把信息发送给服务器。创建 Socket 客户端，连接服务器的 Socket 服务端时，需要知道服务器 Socket 服务端的 IP 及端口号。现使用网络调试助手模拟服务器。打开网络调试助手，选择 TCPServer

通信模式，就能看到服务器 IP，而端口号是 Socket 服务端创建的时候作为参数提供的。在网络调试助手上设置通信端口号。如图 4-21 所示，确认连接 Socket 服务端的 IP 为 192.168.1.5，端口号为 1002。

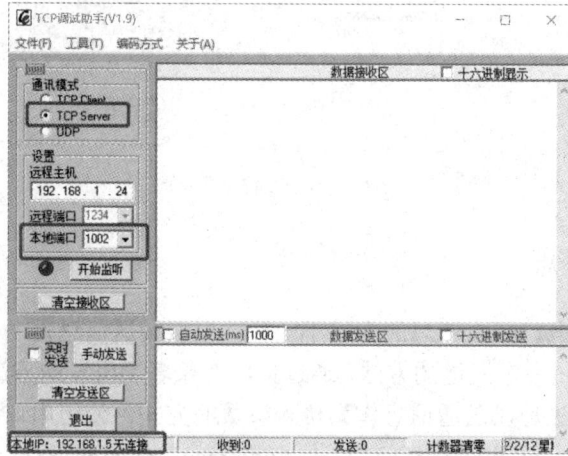

图 4-21　TCP 调试助手模拟服务器

在这里必须清楚服务器与 Socket 服务端的概念。物联网集成系统中的服务器是一个设备，运行着服务器程序。服务器程序有收集信息、下发命令、存储信息及访问网络等作用。Socket 服务端是 Socket 通信中的一个角色。在网关与服务器通信时，使用 Socket 通信。当网关作为 Socket 服务端时，服务器就要作为 Socket 客户端；而当网关作为 Socket 客户端时，服务器就要作为 Socket 服务端。一般来说，网关在本地局域网中，而服务器则在远程网络上。建立 Socket 连接时，网关作为 Socket 客户端连接远程网络上的作为 Socket 服务端的服务器。

如果知道要连接的 Socket 服务端 IP 与端口号，下一步就可以在程序上编写 Socket 客户端程序，与 Socket 服务端(网络调试助手)进行通信。在"gateway"上点击鼠标右键，创建 Socket 客户端"SocketClient"类，在类里添加输入、输出流和 Socket 客户端对象作为 SocketClient 类的属性。在构造函数中创建 Socket 客户端对象连接服务端，并通过该对象取得通信的输入流和输出流。代码如下：

```
public class SocketClient {
    private OutputStream outToServer;        //输出流
    private InputStream inFromServer;        //输入流
    public SocketClient() {
        try {
            Socket client = new Socket("192.168.1.5", 1002);
            //创建 Socket 客户端，通过设定参数连接 Socket 服务端
            outToServer = client.getOutputStream();
            inFromServer = client.getInputStream();
        } catch (Exception e) {
                        e.printStackTrace();
        }                    }
    }
```

1. Socket 客户端发送信息

创建输出流后，就可以使用输出流的 write 方法发送信息。把发送信息的语句封装成函数，以便需要时能调用函数发送信息到服务器。在 SocketClient 类中添加函数 sendtoCloud，代码如下：

```
public void sendtoCloud(String data) {
    try {
        if(outToServer!=null)
                outToServer.write(data.getBytes());
    } catch (IOException e) {
            e.printStackTrace();
    }
}
```

网关的功能是转发信息，即把串口收到的信息通过 Socket 客户端发送到服务器。也就是说，sendtoCloud(String data)函数是要把串口收到的信息发送出去。由前面小节的内容可以知道，串口是通过 CommUtil 类中的 serialEvent(SerialPortEvent event)函数接收信息的，接收到的串口信息存放到函数的局部变量 String data 中。sendtoCloud(String data) 的参数也是 String 类型，以串口接收的数据 data 作为参数，调用 sendtoCloud(String data)函数把信息发送给服务器。

但是在 CommUtil 类中，调用 SocketClient 类的函数并没有那么简单。需要先把 SocketClient 类的对象传到 CommUtil 类中，再通过 SocketClient 类对象调用函数 sendtoCloud(String data)。在 CommUtil 类中添加 SocketClient sc=null 属性，还要有一个取得 SocketClient 对象的方法。在 CommUtil 类添加函数，代码如下：

```
Public void addSC(SocketClient dd) {
        this.sc=dd;
}
```

在函数 serialEvent(SerialPortEvent event)中添加代码，使用 SocketClient 的对象 sc 调用函数 sendtoCloud(String data)，把接收到的串口信息发送出去。在是否接收到串口信息的判断语句中添加的代码如下：

```
case SerialPortEvent.DATA_AVAILABLE:
    byte[] readBuffer = newbyte[200];
    try {
        while (inputStream.available() > 0) {
            numBytes = inputStream.read(readBuffer);
        }
        data=readBuffer.toString();
```

```
            System.out.println("my data："+data);
        if(sc!=null)
        {
            sc.sendtoCloud(data);
        }
    } catch (IOException e) {
        e.printStackTrace();
    }
    break;
```

从上面的代码可以看出，SocketClient 对像 sc 还是空的，剩下的工作就是传递 SocketClient 对象。在主类 Start 中添加代码，构造 SocketClient 对象，再使用 commUtil 类的 addSC(SocketClient dd)方法获得 SocketClient 对象。代码如下：

```
public class Start {
    public static void main(String[] args) {
        CommUtil commUtil=new CommUtil();
        SocketClient socketClient =new SocketClient();
        commUtil.addSC(socketClient);
        while(true);
    }
}
```

如此便完成了串口接收单片机开发板发送的信息，并通过网口发送到服务器(网络调试助手)的功能。测试代码时，先启动网络调试助手，使其进入监听状态，如图 4-22 所示。再启动网关程序。网关启动后，可以看到控制台显示收到的单片机开发板主动上传的灯的状态信息，如图 4-23 所示。同时模拟服务器的网络调试助手连接成功，左下角远程客户端 IP 为 192.168.1.5，端口号为 52430，显示网关程序与网络调试助手运行在同一个设备上。网络调试助手模拟的服务器可以与网关程序运行在不同设备上，但要注意修改网关 Socket 客户端连接的 IP，才使得 Socket 客户端成功连接到 Socket 服务端。收到的网关转发的灯的状态信息如图 4-24 所示。

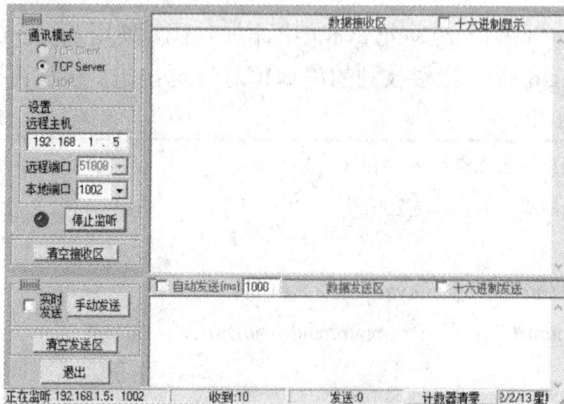

图 4-22　网络调试助手服务端监听连接

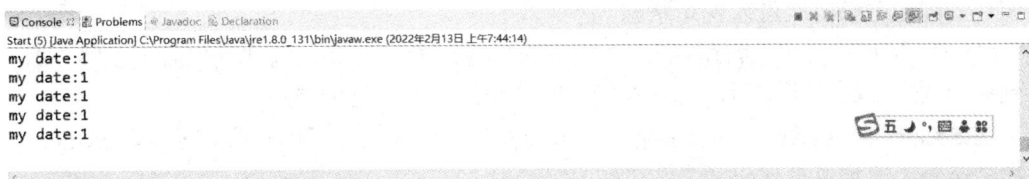

图 4-23　网关程序运行效果

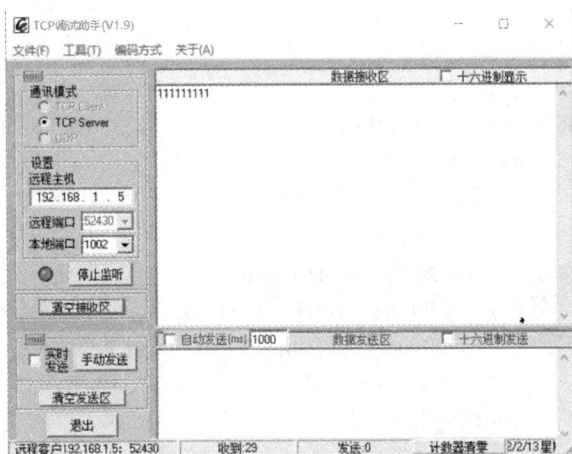

图 4-24　网络调试助手服务端与网关连接成功

2. Socket 客户端接收信息

经前面介绍，网关已经完成转发节点信息到服务器的功能，服务器发送过来的信息同样也要通过串口发送到节点。这里我们将先完成网关接收服务器信息的功能。服务器发送信息的时刻是不可预估的，这样就需要创建一个线程监视 Socket 客户端输入流是否有数据到达。

Java 支持多线程编程，一个进程中可以并发多个线程。进程是指运行中的应用程序，线程是指进程里一个独立的执行过程。线程不能独立运行，线程只能是进程的一部分。一个进程中可以并行多个不同的线程，执行不同的任务。多个线程共同使用操作系统分配给进程的内存空间。进程中的所有非守护线程(用户线程)结束，进程才能结束。多线程是多任务的一种特别的形式，但多线程使用了更小的资源开销。

多线程编程能达到充分利用 CPU 的目的。线程有生命周期，从产生到死亡，分成以下五个状态：

(1) 新建状态。使用 new 关键字和 Thread 类或其子类建立一个线程对象后，该线程对象就处于新建状态。它保持这个状态直到使用 start()方法启动这个线程。

(2) 就绪状态。当线程对象调用了 start()方法之后，该线程就进入就绪状态。就绪状态的线程处于就绪队列中，要等待 JVM 中线程调度器的调度。

(3) 运行状态。如果就绪状态的线程获取了 CPU 资源，就可以执行 run()方法，此时线程处于运行状态。当线程不需要运行时，它可以变为阻塞状态、就绪状态和死亡状态。

(4) 阻塞状态。如果一个运行的线程执行了 sleep(睡眠)、suspend(挂起)等方法，暂时失去所占用资源，则该线程就从运行状态进入阻塞状态。在睡眠时间已到或重新获得设备资源后，线程可以再次进入就绪状态。

(5) 死亡状态。一个运行状态的线程完成任务或者其他终止条件发生时，该线程就切换到终止状态。终止状态后，线程不能重新启动，其生命周期结束。

在 SocketClient.java 中可以多启动一个线程来进行网络信息的接收。在 SocketClient 类的构造函数中添加以下代码：

```java
new Thread(new Runnable() {
    @Override
    public void run() {
        while(true) {
            if(inFromServer!=null) {
                try {
                    int n = inFromServer.available();
                    if(n>0) {
                        byte[] res=new byte[n];
                        inFromServer.read(res);
                        System.out.println("cloud to gate way content:" +new String(res));
                    }
                } catch (Exception e) {
                    e.printStackTrace();
                }
            }
        }
    }
}).start();
```

从上面代码可以看出，在构造函数启动时创建一个匿名的线程，直接运行 start 方法，使其处于就绪状态。待线程获取 CPU 资源就会运行 run 方法。此方法是使用一个 while 的死循环，在循环中使用 inFromServer.available()语句查看输入流是否收到数据。如果收到数据，就使用输入流的 read 方法把数据读出，显示到控制台。

但是，接收到服务器发送的信息，并显示到控制台不是程序的根本目的。程序还需要把接收到的数据经串口转发到节点。这里还需要一个串口对象，利用串口对象的 sendtomcu 方法可以发送串口信息。在当前 SocketClient 中加入串口对象作为类的属性，对象初始为空，即 CommUtil commUtil=null。SocketClient 类中需要一个通过传递参数的方式，获取工程主类实例化后的 CommUtil 对象的方法。在 SocketClient 类中加入 addCOM 函数，代码如下：

```java
public void addCOM(CommUtil commUtil2) {
    this.commUtil=commUtil2;
}
```

可以通过 CommUtil 对象的 sendtomcu 方法转发 Socket 客户端收到的数据。Socket 客户端接收数据是在线程里实现的，可以在线程接收数据后直接使用串口对象的发送方法把数据发送到节点。代码如下：

```
new Thread(new Runnable() {
    @Override
    public void run() {
        while(true) {
            if(inFromServer!=null) {
                try {
                    int n = inFromServer.available();
                    if(n>0) {
                        byte[] res=new byte[n];
                        inFromServer.read(res);
                        System.out.println("cloud to gate way content:" +new String(res));
                        if(commUtil!=null)
                            commUtil.sendtomcu(new String(res));
                    }
                } catch (Exception e) {
                    e.printStackTrace();
                }
            }
        }
    }
}).start();
```

在主类中把已构造的 CommUtil 对象经 SocketClient 类的 addCOM 函数传递到 SocketClient 的对象中，供 SocketClient 的接收线程使用。主类中的代码如下：

```
public class Start {
    public static void main(String[] args) {
        CommUtil commUtil=new CommUtil();
        SocketClient socketClient=new SocketClient();
        commUtil.addSC(socketClient);
        socketClient.addCOM(commUtil);
        while(true);
    }
}
```

至此，本节代码全部完成。测试代码时先启动网络调试助手，再启动网关程序。连接成功后，在网络调试助手的发送框输入要发送的数据，查看程序运行时的控制台。网关程序控制台显示如图 4-25 所示。

图 4-25　运行效果

使用网络调试助手向网关发送 1，经网关转发到单片机开发板，可以查看到单片机开发板上 LED 灯点亮了。同理，使用网络调试助手向网关发送 0，可以查看到单片机开发板上的 LED 灯熄灭了。

4.4.2　网关作为服务端

网关分别作为 Socket 服务端和 Socket 客户端的代码大致相同，只是在得到 Socket 对象的方式上不同。由图 4-3 可知，网关作为 Socket 客户端时是直接创建 Socket 对象的，但作为 Socket 服务端时，则是要先创建 ServerSocket 对象，然后使用 ServerSocket 对象的 accept()方法等待客户端请求，当连接成功后，返回 Socket 的对象。

鉴于网关作为服务端的代码与 4.4.1 小节的代码区别不大，这里不再赘述。复制工程 gw，如图 4-26 所示。在工程项目浏览器上点击"Copy"，弹出如图 4-27 所示的页面，点击"Paste"按钮，此时在工程项目浏览器上就会多出一个名称为"gw2"的 Java 项目。对这个项目进行改造，可以得到网关作为服务端的程序。

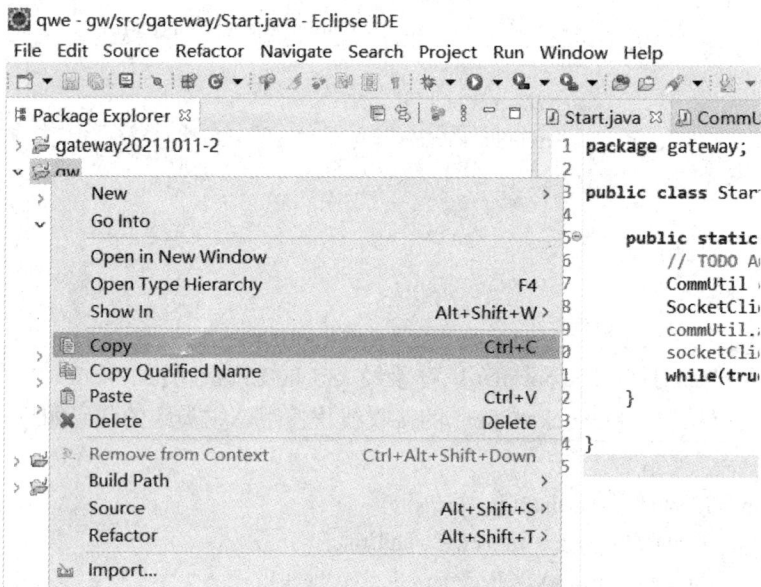

图 4-26　复制工程

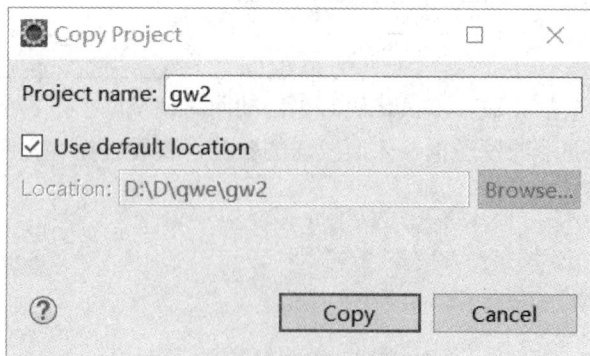

图 4-27　修改工程名称

在这个新的项目里，重命名 SocketClient 类为"SocketServer"。在 SocketClient.java 上点击鼠标右键，在弹出的菜单中找到"Rename"，如图 4-28 所示。在弹出的页面中填入新的类名"SocketServer",并勾选"Update references",再点击"Finish"按钮,如图 4-29 所示。

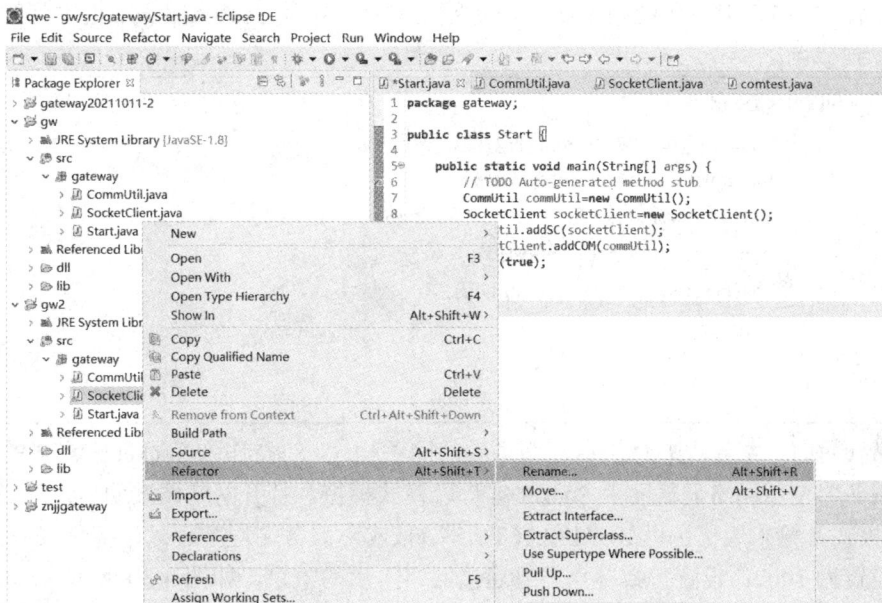

图 4-28 重命名类

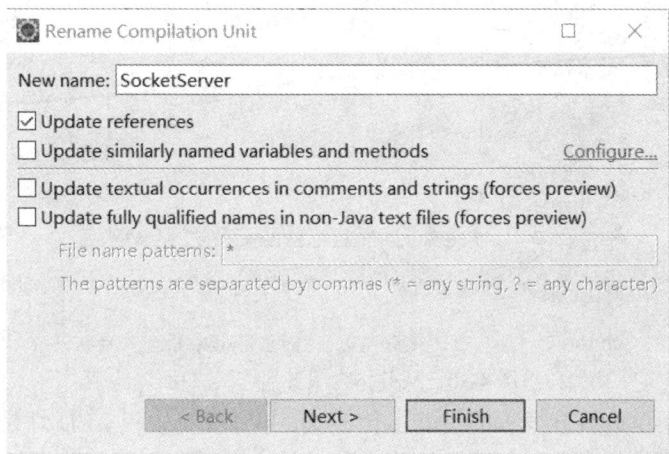

图 4-29 填写重命名类的名称

把 SocketServer 类的构造函数中的如下代码:

```
Socket client = new Socket("192.168.1.5", 1002);
```

替换成以下代码(其他代码不变):

```
ServerSocket serverSocket = new ServerSocket(1002);
Socket server = serverSocket.accept();
```

这样就完成了 SocketServer 类的创建。由于编程思想和方法都与网关作为客户端时一样,并且系统已帮我们把整个工程中的"SocketClient"替换成了"SocketServer",所以其他代码不需要修改。

以下主类中的代码功能是：构造串口对象和 Socket 服务端对象用于通信。然后把 Socket 服务端对象传递到串口对象中，帮助串口把接收到的节点数据转发到 Socket 客户端的服务器上。最后，把串口对象传递到 Socket 服务端对象中，帮助 Socket 服务端把收到的服务器数据转发到节点。

```java
public class Start {
    public static void main(String[] args) {
        CommUtil commUtil=new CommUtil();
        SocketServer socketServer =new SocketServer();
        commUtil.addSC(socketServer);
        socketServer.addCOM(commUtil);
        while(true);
    }
}
```

测试代码时，先启动作为 Socket 服务端的网关程序，等待作为 Socket 客户端的服务器连接。服务器使用网络调试助手 Socket 客户端模式模拟。打开网络调试助手，选择"TCP Client"模式，输入远程主机 IP"192.168.1.5"(按实际服务端程序运行设备联网 IP 输入)，端口号设置为 1002。设置参数并点击"连接网络"后的效果，如图 4-30 所示。

图 4-30 网关作为服务端连接成功

测试过程使用单片机开发板的主动上传模式。单片机开发板 LED 灯是熄灭的，单片机开发板主动上传灯的状态为 0。网关接收到灯的状态并转发到服务器，服务器收到灯的状态为 0。服务器发送控灯的命令 1，网关接收到控灯命令，转发到单片机开发板。单片机开发板接收到 1，打开 LED 灯。单片机开发板 LED 灯点亮以后，单片机开发板主动上传灯的状态为 1。网关运行情况如图 4-31 所示，服务器运行情况如图 4-32 所示。

图 4-31 网关运行情况

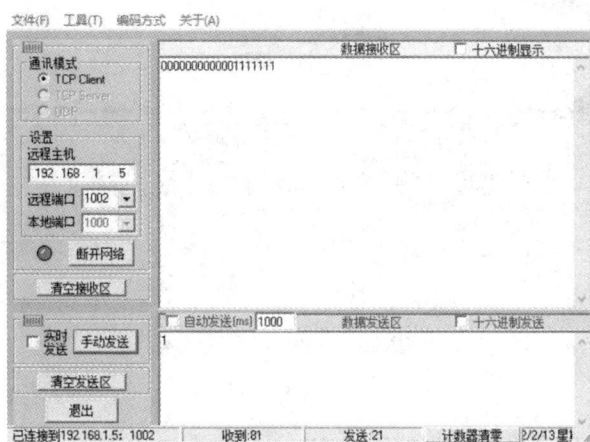

图 4-32　服务器运行情况

　　本章主要讲述的是网关的设计与实现，按照网关的转发功能编写实现代码。网关通过串口与单片机开发板通信，通过网络接口与服务器通信。网络通信使用 Socket 进行，分为 Socket 服务端和 Socket 客户端。如果网关使用 Socket 服务端建立连接，则服务器必须是 Socket 客户端，反之亦然。Socket 服务端与 Socket 客户端只是建立通信的角色，与本例程项目中信息存储与控制功能的服务器不是同一个概念。

课 后 作 业

一、采集单片机开发板中按钮的状态

　　1. 在第 3 章采集单片机开发板中按钮状态程序的基础上，配合网关程序，将网关作为 Socket 服务端，使得作为 Socket 客户端的服务器(网络调试助手模拟)能采集按钮的状态。

　　2. 按钮状态码按第 2 章的协议记录。

二、采集控制单片机开发板中蜂鸣器的状态

　　1. 在第 3 章采集控制单片机开发板中蜂鸣器状态程序的基础上，配合网关程序，将网关作为 Socket 客户端，使得作为 Socket 服务端的服务器(网络调试助手模拟)能采集蜂鸣器的状态。

　　2. 配合网关程序，将网关作为 Socket 客户端，使得作为 Socket 服务端的服务器(网络调试助手模拟)能开关蜂鸣器。

　　3. 控制蜂鸣器的响起和停止协议按第 2 章的要求。

第 5 章

认 识 MySQL

本章介绍本书例程项目中用到的数据库 MySQL。在本例程项目中，节点上传灯的数据信息到服务器，服务器把信息存储到 MySQL 数据库中。前端页面通过查询 MySQL 数据库，得到灯的历史开关状态信息。另外，操作页面控制灯的命令信息也会保存到 MySQL 数据库中，供用户使用前端页面进行查询。在使用 MySQL 之前，先通过本章简单了解一下 MySQL 数据库的功能。

5.1 MySQL 概 述

MySQL 是一种小型的开源的关系型数据库管理系统，由瑞典 MySQL AB 公司开发，属于 Oracle 旗下产品。它体积小、速度快、成本低，且其功能能够满足稍微复杂的应用，这些特性使得 MySQL 成为世界上最受欢迎的开放源代码数据库，深受中小型企业欢迎。在 Web 应用方面，MySQL 是关系数据库管理系统(Relational Database Management System，RDBMS) 普遍使用的应用数据库软件之一。

数据库(Database)是按照数据结构组织、存储和管理数据的仓库。每个数据库都有一个或多个不同的 API 用于创建、访问、管理、搜索和复制所保存的数据。对于大量的数据而言，建立数据库存储数据比将数据存储到文件里，访问速度更快，管理更方便。

关系型数据库是建立在关系模型基础上的数据库，借助于集合代数等数学概念和方法来处理数据库中的数据。关系型数据库由不同的表单组成，每张表单表示为不同且关联的数据表格。表格中每一列为要表达的数据域，每行就是一条记录，许多的行和列组成一张表单。

MySQL 数据库基本术语有：

(1) 数据库：一些关联表的集合。

(2) 数据表：表中有行和列，以电子表格的形式表现。

(3) 列：一列(字段)代表着一类数据属性，包含了同一类型的数据值。

(4) 表头：每一列的名称。

(5) 行：一行(元组或记录)是各个数据属性的一条数据，包括每个数据属性的值。

(6) 主键：唯一的，一个数据表中只能包含一个主键。它的值用于唯一的标识表中的某一条记录。

(7) 外键：用于关联两个表，表示两个表的相关关系。

(8) 值：行的具体信息，每个值必须与该列的数据类型相同。

(9) 冗余：存储两倍数据，冗余降低了性能，但提高了数据的安全性。

(10) 复合键：也叫组合键，将多个列作为一个索引键，一般用于复合索引。

(11) 索引：对数据库表中一列或多列的值进行排序的一种结构，类似于书籍的目录。使用索引可快速访问数据库表中的特定信息。

(12) 参照完整性：要求关系中不允许引用不存在的实体。参照完整性与实体完整性是关系模型必须满足的完整性约束条件，目的是保证数据的一致性。

对于本书例程项目而言，仅使用数据库的简单功能，因此只需了解表头、行(记录)、列(字段)、值、主键。表头、行(记录)、列(字段)、值、主键的关系如图 5-1 所示。

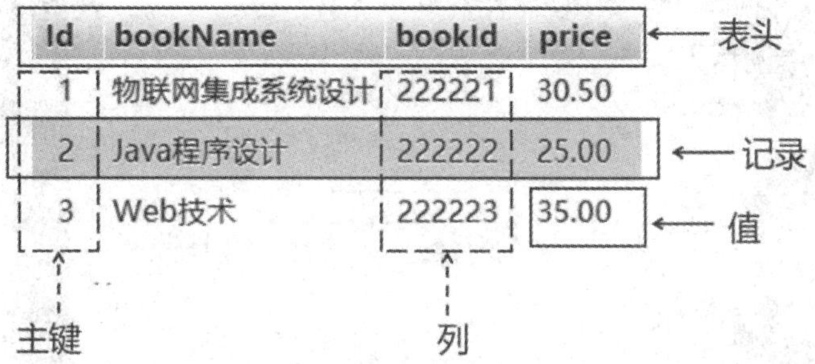

图 5-1 数据库中的表格

5.2 MySQL 下 载

在这里我们介绍一种 MySQL 的下载方式，就是使用 PhPStudy 下载。PhPStudy 是一个 PHP 调试环境的程序集成包，其中就集成了我们需要的 MySQL。

5.2.1 PhPStudy 简介

PhPStudy 集成最新的 Apache+PHP+MySQL+phpMyAdmin+ZendOptimizer，是 PHP 环境调试的好帮手，只安装一次就有以上软件，无需配置即可使用，是非常方便、好用的 PHP 调试环境软件。PhPStudy 不仅包括 PHP 调试环境，还包括了开发工具、开发手册等，即使是新手，也很容易学会。

总之，对 PHP 的使用者来说，不需要进行 Windows 下烦琐的环境配置，只安装 PhPStudy 这一个集成包，就可以很顺利地搭建服务器环境。

5.2.2 PhPStudy 下载

进入 PhPStudy 官网页面，选择合适的版本下载，如图 5-2 所示。下载后解压安装，注意要关闭杀毒软件，否则有可能将下载的软件杀毒清除。

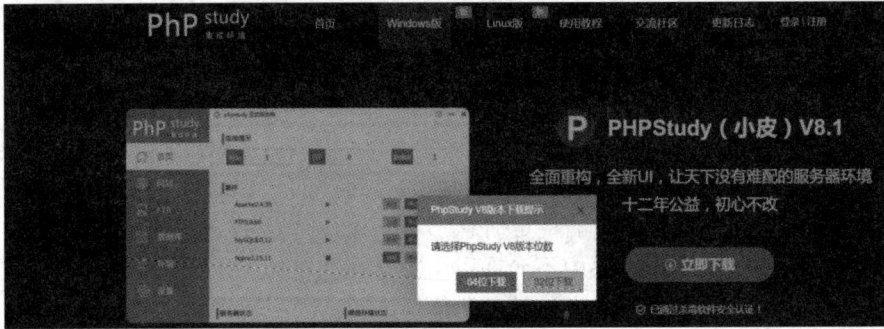

图 5-2　PhPStudy 官网

解压后，启动下载的 phpstudy_x64_8.1.1.3.exe(以下载版本为准)，如图 5-3 所示。

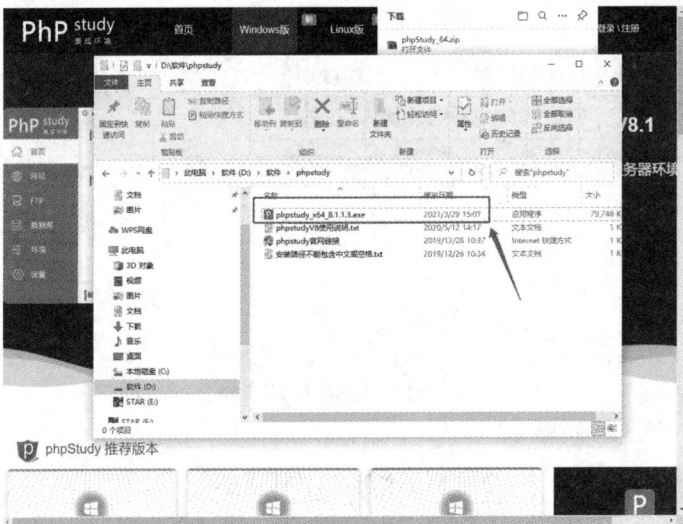

图 5-3　PhPStudy 下载

选择自定义安装，安装路径不能包含中文或者空格，否则可能会导致程序运行出错。确定以上步骤后，点击"立即安装"按钮即可，如图 5-4 所示。

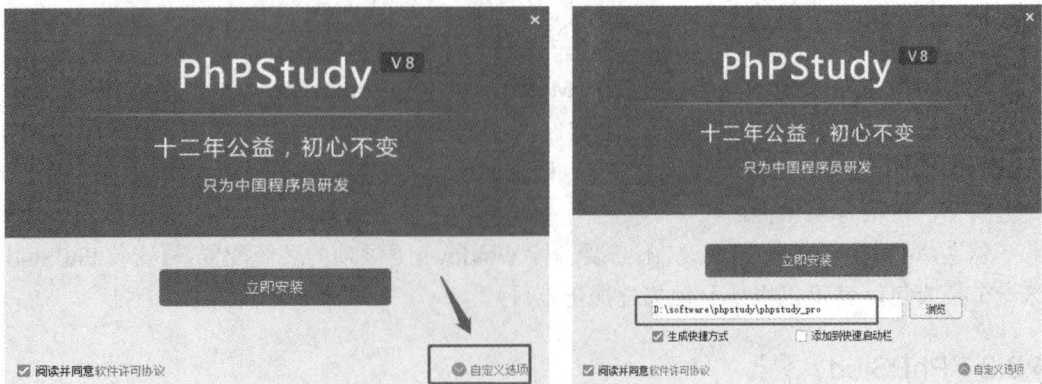

图 5-4　PhPStudy 安装

安装后，启动 Apache 和 MySQL。启动后，Apache2.4.39 和 MySQL5.7.26 显示为蓝色三角形，如图 5-5 所示。

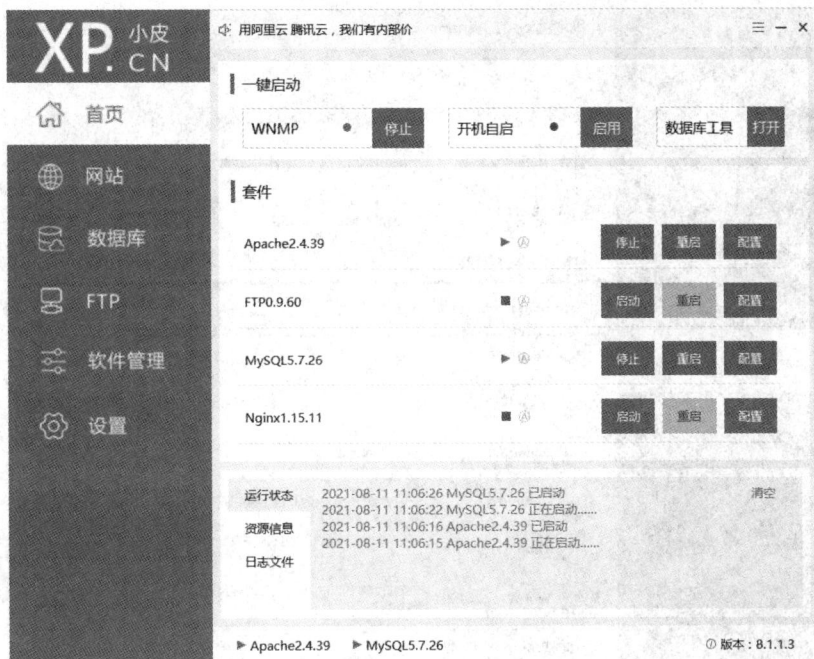

图 5-5　PhPStudy 运行

　　如果 Apache 启动不了，则要注意一下是不是默认端口被系统占用。解决方法是打开注册表编辑器，找到 "HKEY_LOCAL_MACHINE\SYSTEM\CurrentControlSet\Services\HTTP"，点击选择 "HTTP"，在窗口右边找到参数 "Start"，双击 "Start"，在弹出的窗口中把 "数值数据" 修改为 4，如图 5-6 所示。

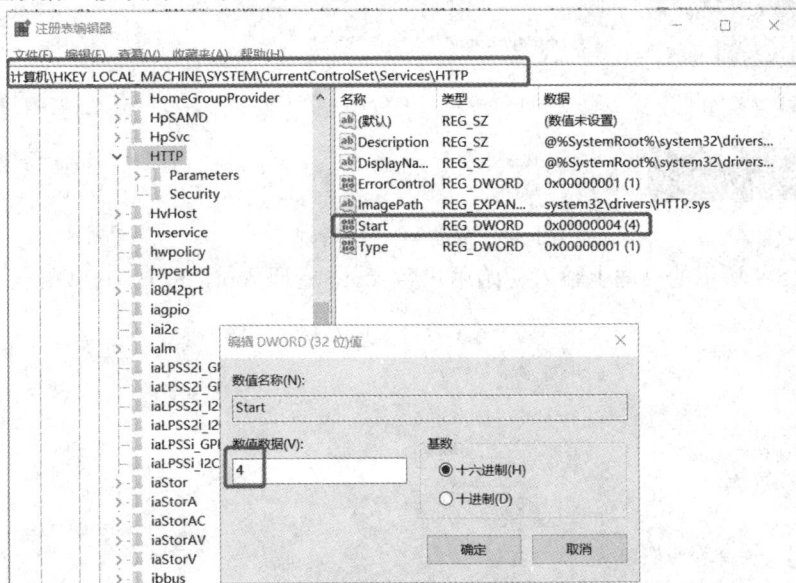

图 5-6　修改端口

　　下面安装 MySQL 管理工具，打开软件管理，找到 "phpMyAdmin4.8.5"，安装 "mysql管理工具"，如图 5-7 所示。MySQL 管理工具是一个操作 MySQL 的页面，在数据库启动的情况下，可以使用这个工具登录和操作数据库。

图 5-7　安装 MySQL 管理工具

安装好 MySQL 管理工具后，点击"管理"，如图 5-8 所示。**注意：**要在 Apache 和 MySQL 启动的情况下，才能打开 MySQL 管理工具。MySQL 管理工具的另一种打开方法是在浏览器地址栏中输入"http://localhost/phpMyAdmin4.8.5/"，访问页面。

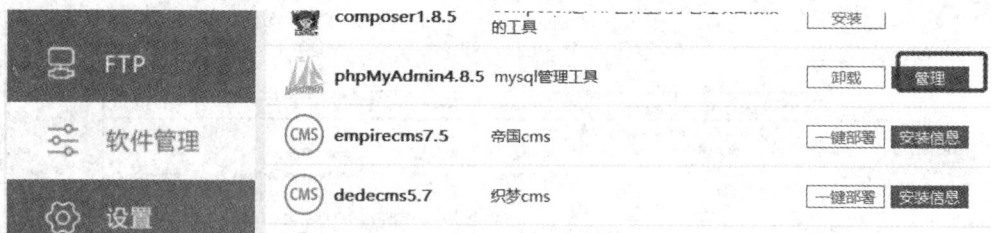

图 5-8　启动 MySQL 管理工具

在如图 5-9 所示的页面上输入初始用户名 root，密码 root，进入 MySQL 管理界面，如图 5-10 所示。

图 5-9　登录 MySQL 页面

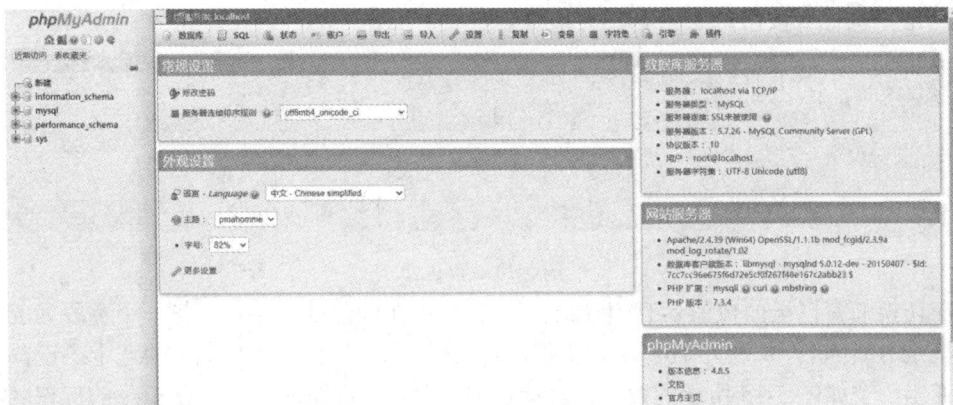

图 5-10　MySQL 管理界面

5.3　MySQL 使 用

使用数据库就是建立数据库，建立表，增加、删除、修改、查找记录的过程。在没有各种 MySQL 管理工具之前，是使用 cmd 窗口，输入 SQL 命令操作的。操作数据库的方式多种多样，也越来越方便。现在，我们通过学习 MySQL 管理工具熟悉数据库。

5.3.1　MySQL 管理工具使用

可以看到 MySQL 管理工具界面的左边有系统已建的数据库，现在我们以管理图书为例，创建属于自己的数据库。建立一个名称为 library 的数据库，建立一个名称为 book 的表，表中字段为 Id、bookName、bookId、price，用于储存和管理图书。首先，点击如图 5-11 所示的"新建"。

在数据库名的输入框内填入数据库名称"library"，然后点击"创建"按钮，如图 5-12 所示。

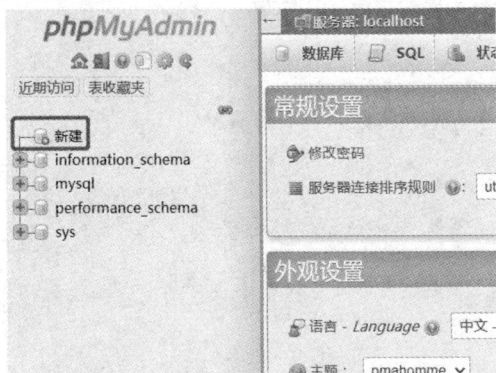

图 5-11　新建数据库

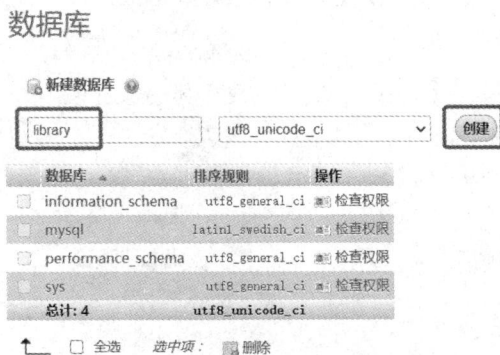

图 5-12　输入数据库名称

这时，会发现左边出现了刚新建的数据库 library，此时数据库就建立成功了，但此刻数据库里面是空的。下一步是在数据库中建立表，点击窗口左边的数据库"library"，在窗口的右边输入框内填写表的名字，再确认一下字段数(字段数也可以在下一个页面中修改)，然后点击"执行"按钮，如图 5-13 所示。

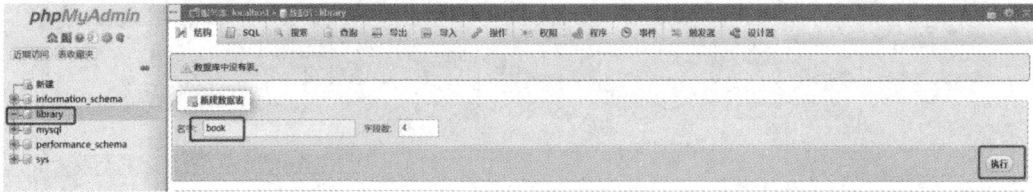

图 5-13　新建表

在切换的窗口里面按图 5-14 进行填写。在此页面创建四个字段，第一个字段为 Id，数据类型是 BIGINT，长度为 10，作为主键，无符号，把自动增加"A_i"勾选上。设置主键时会弹出一个如图 5-15 所示的窗口，直接点击"执行"按钮即可。Id 是记录的标识。第二个字段为 bookName，数据类型为 VARCHAR，长度为 200，用于存放书名。第三个字段为 bookId，数据类型为 BIGINT，长度为 10，用于存放书的编号。第四个字段为 price，数据类型为 DECIMAL，长度为 6，其中小数位长度为 2，用于存放书的价格。最后点击图 5-14 中的"保存"按钮执行。

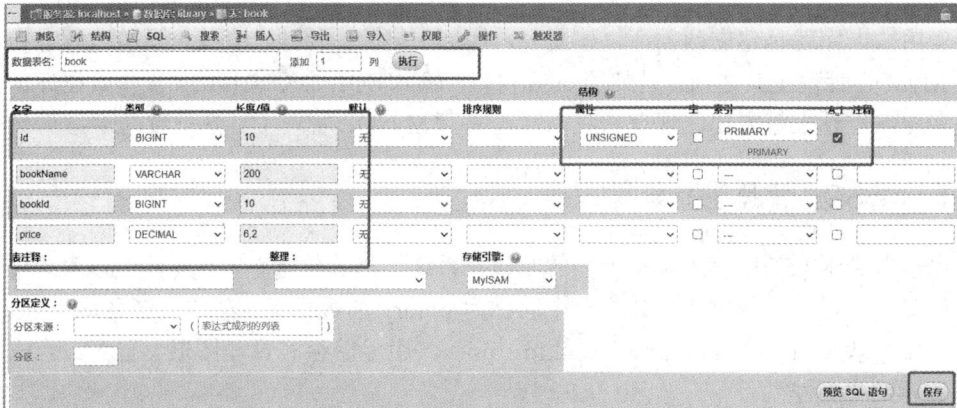

图 5-14　新建字段

图 5-15　主键设置

MySQL 支持多种数据类型，大致可以分为三类：数值、日期/时间和字符串(字符)。

MySQL 支持所有标准 SQL 数值数据类型，这些类型包括严格数值数据类型

(INTEGER、SMALLINT、DECIMAL 和 NUMERIC)，以及近似数值数据类型(FLOAT、REAL
和 DOUBLE PRECISION)。作为 SQL 标准的扩展，MySQL 也支持整数类型 TINYINT、
MEDIUMINT 和 BIGINT。DECIMAL(M,D)用于表示有小数的数值，M 代表数值的总位数，
D 代表小数位数，M 的范围是 1~65，D 的范围是 0~30，要求 D 小于或等于 M。例如：
当定义 DECIMAL(10，2)时，表示 10 位数值位，其中 2 位是小数位。MySQL 数值数据类
型如表 5-1 所示。

表 5-1　MySQL 数值数据类型

类　型	用　途	大小/Bytes
TINYINT	小整数值	1
SMALLINT	大整数值	2
MEDIUMINT	大整数值	3
INT 或 INTEGER	大整数值	4
BIGINT	极大整数值	8
FLOAT	单精度、浮点数值	4
DOUBLE	双精度、浮点数值	8
DECIMAL	小数值	对 DECIMAL(M,D)，如果 M>D，则为 M+2，否则为 D+2

表示时间值的日期和时间数据类型为 DATETIME、DATE、TIMESTAMP、TIME 和
YEAR，具体介绍如表 5-2 所示。每个时间类型有一个有效值范围和一个零值。零值是特
定的某一日期，当数值为 MySQL 不能表示的值时，使用零值。TIMESTAMP 类型有专有
的自动更新特性，将在后面介绍。

表 5-2　MySQL 日期/时间数据类型

类　型	大小/Bytes	格　式	用　途
DATE	3	YYYY-MM-DD	日期值
TIME	3	HH:MM:SS	时间值或持续时间
YEAR	1	YYYY	年份值
DATETIME	8	YYYY-MM-DD HH:MM:SS	混合日期和时间值
TIMESTAMP	4	YYYYMMDD HHMMSS	混合日期和时间值，时间戳

字符串数据类型指 CHAR、VARCHAR、BINARY、VARBINARY、BLOB、TEXT、
ENUM 和 SET。CHAR(n)和 VARCHAR(n)括号中的 n 代表字符的个数，n 为多少就表示可
以储存多少个字符。CHAR(n)是定义固定长度的存储空间，无论存储数据的长度多少，所
占的空间就是 n 个字符。而可变长度的 VARCHAR(n)，则是定义了最大可存储的字符数 n，
n 必须是介于 1~8000 之间的数值，实际占的空间是视存储的内容定的，还需要使用 1 或 2
个额外字节记录字符串的长度。例如：当定义的是 CHAR(10)，输入的是 abc 这三个字符
时，则占的空间是 10 个字节，包括 7 个空字节；而 VARCHAR(10)，输入 abc 三个字符，
那么实际存储大小为 3 个字节加上记录字符串长度的字节。BINARY 和 VARBINARY 类
似于 CHAR 和 VARCHAR，但存储的类型是二进制字符串，而非字符型字符串。CHAR 的
检索速度比 VARCAHR 快，从空间上考虑，使用 VARCAHR 较合适；但从效率上考虑，
使用 CHAR 较合适。BLOB 是一个二进制对象，可以容纳可变数量的数据。有四种 BLOB

类型：TINYBLOB、BLOB、MEDIUMBLOB 和 LONGBLOB，它们的区别在于可容纳存储的范围不同。有四种 TEXT 类型：TINYTEXT、TEXT、MEDIUMTEXT 和 LONGTEXT。MySQL 字符串数据类型如表 5-3 所示。

表 5-3　MySQL 字符串数据类型

类　　型	大小/bytes	用　　途
CHAR	0～255	定长字符串
VARCHAR	0～65 535	变长字符串
TINYBLOB	0～255	不超过 255 个字符的二进制字符串
TINYTEXT	0～255	短文本字符串
BLOB	0～65 535	二进制形式的长文本数据
TEXT	0～65 535	长文本数据
MEDIUMBLOB	0～16 777 215	二进制形式的中等长度文本数据
MEDIUMTEXT	0～16 777 215	中等长度文本数据
LONGBLOB	0～4 294 967 295	二进制形式的极大文本数据
LONGTEXT	0～4 294 967 295	极大文本数据

表创建完成之后，就可以插入一条记录。在窗口的左边选择数据库“book”，再点击上方菜单栏的“插入”，如图 5-16 所示。

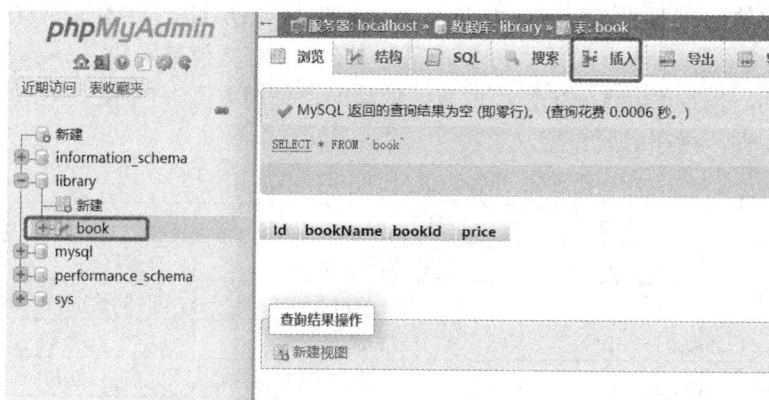

图 5-16　插入记录

在窗口上填入一条记录的信息(Id 不用填写，它会自动生成)。填写完成后，点击“执行”按钮，如图 5-17 所示。

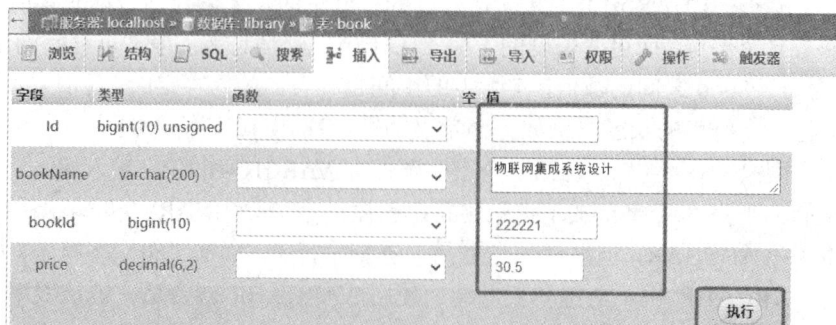

图 5-17　填写记录内容

点击窗口左边的 book 表，在窗口里就可以看到刚插入的一条记录，如图 5-18 所示。同时可以看到对于记录，有编辑、复制、删除、导出的功能可以选择，只要选中记录，就可以使用这些功能。

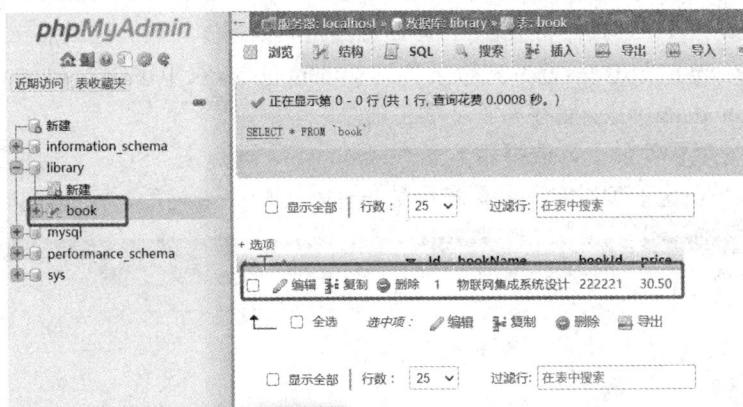

图 5-18 管理记录

如需对表进行其他操作，则可以选择数据库在窗口里显示的表，表的旁边有插入、清空、删除等功能，如图 5-19 所示。

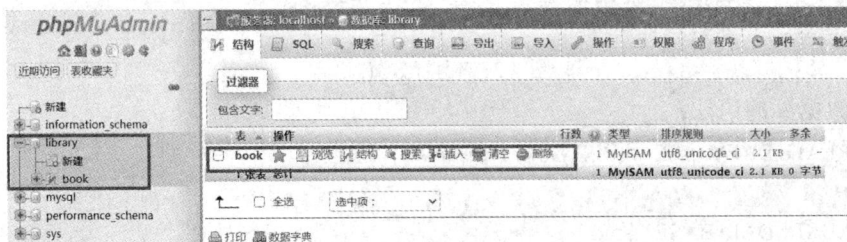

图 5-19 管理表

如需删除数据库，则可以点击上方的数据库菜单，选择要删除的数据库，再点击"删除"即可，如图 5-20 所示。

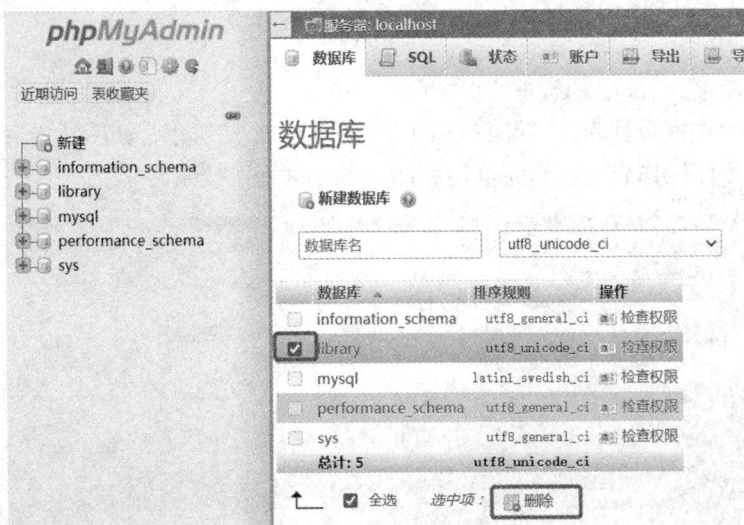

图 5-20 删除数据库

5.3.2　使用 SQL 语言操作数据库

在上一小节中，对数据库、表、记录的所有操作，都是通过输入框的输入和按键的点击完成的。在本小节中，我们将会使用 SQL 语言完成数据库、表、记录的相关操作，建立一个名称为 student 的数据库，建立一个名称为 student 的表，表中字段为 Id、name、studentId、age、submission_date，用于储存和管理学生信息。

在数据库管理软件最上方选择服务器"localhost"，再点击"SQL"，出现 SQL 编辑框，如图 5-21 所示。在这里可以对服务器增删数据库，编辑完语句后，点击"执行"按钮。

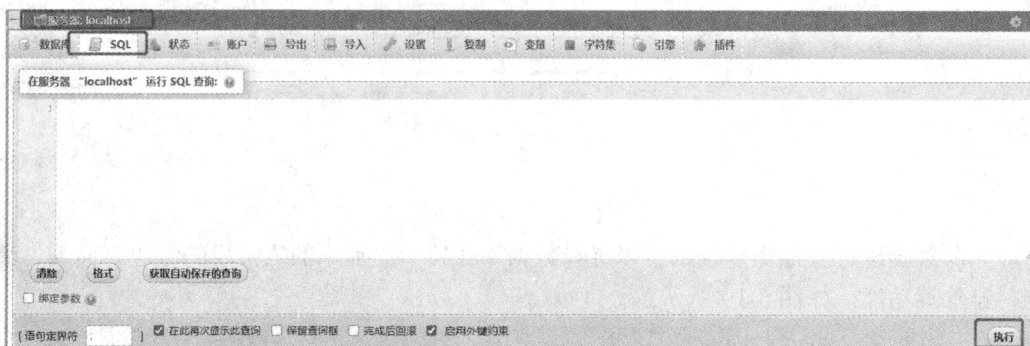

图 5-21　运行 SQL 语言

创建数据库的语法：

CREATE DATABASE 数据库名;

例如：

CREATE DATABASE　student;

在服务器中创建名为 student 的数据库。

删除数据库的语法：

DROP DATABASE 数据库名;

例如：

DROP DATABASE room;

在服务器中删除名为 room 的数据库。

在窗口左边选择数据库，再点击"SQL"，出现 SQL 编辑框，如图 5-22 所示。在这里，可以对特定数据库操作表，编辑完语句后，点击"执行"按钮。

图 5-22　SQL 编辑框

创建表的语法：

CREATE TABLE table_name (column_name column_type);

例如：

CREATE TABLE IF NOT EXISTS student(

Id INT UNSIGNED AUTO_INCREMENT,

name VARCHAR(100) NOT NULL,

studentId VARCHAR(40) NOT NULL,

age INT UNSIGNED NOT NULL,

submission_date DATE,

PRIMARY KEY (Id)

)ENGINE=InnoDB DEFAULT CHARSET=utf8;

在数据库 student 中建数据表 student。该数据表有 5 个字段，分别是 Id、name、studentId、age、submission_date。期中 Id 和 age 是无符号的 INT 型，name 和 studentId 是可变字符型，submission_date 是 DATE 型，代表日期。其中，Id 作为主键，不为空，可自增。

删除表的语法：

DROP TABLE 表名;

例如：

DROP TABLE room;

删除名为 room 的表。

在窗口左边选择数据表，再点击"SQL"，出现 SQL 编辑框，如图 5-23 所示。在这里，可以对特定数据表操作。编辑完语句后，点击"执行"按钮。可以看到编辑框下面有一些按钮：SELECT、INSERT、UPDATE、DELETE，分别代表对数据表进行查询、插入、更新、删除一条记录。

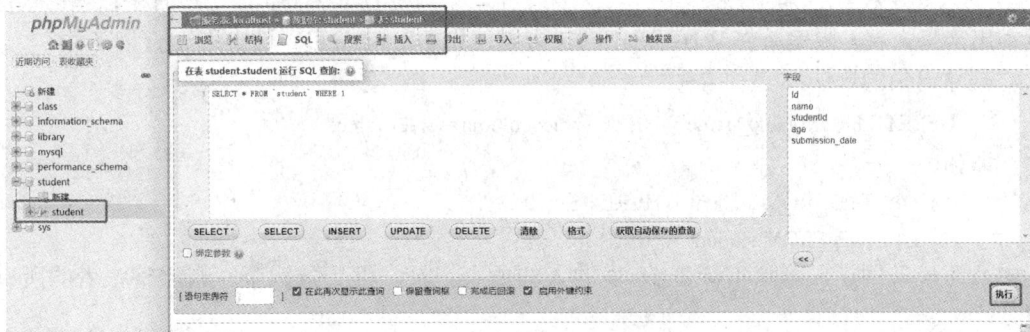

图 5-23　特定数据表运行 SQL 语言

插入记录的语法：

INSERT INTO table_name (field1, field2,...,fieldN) VALUES(value1, value2,..., valueN);

例如：

INSERT INTO student(Id, name, studentId, age, submission_date) VALUES (1," 王 小 红 ","5001",17, NOW())

在 student 表中插入一条记录，对于字段 Id、name、studentId、age 和 submission_date，值分别为 1、王小红、5001、17、NOW( )。其中 name、studentId 字段值的类型为字符型，插入值时需使用引号。MySQL 是对 SQL 的扩展，在 MySQL 中允许使用单引号和双引号两种符号。submission_date 字段类型是日期；NOW()是指取得当前系统日期。

修改记录的语法：

UPDATE table_name SET column1=value1,column2=value2,..., WHERE some_column=some_value;

例如：

(1) UPDATE student SET name="王小二",age=16 WHERE name="王小红"

(2) UPDATE student SET age=18 WHERE name="王小二"OR name="小五"

(3) UPDATE student SET age=19 WHERE name="王小二"AND age=18

其中，在第一条例子里，在 student 表中更新一条记录，更新的记录是 WHERE 限定的，名字为王小红的那一条记录需要更新。把名字修改为王小二，年龄修改为 16 岁。更新记录时，不需要修改的字段可以忽略。更新记录的限定条件也可以是多个，如果是限定条件"或者"，则使用 OR 连接；如果限定条件是"并且"，则使用 AND 连接。在第二条例子里，更新记录限定条件是名字叫王小二或者小五的人。如果查询出来不止一条记录，程序就会把多条记录一起修改，把年龄都修改成 18。在第三条例子里，更新记录限定条件是名字叫王小二并且年龄是 18 岁的人，将其年龄修改成 19。

查询记录的语法：

SELECT column_name,column_name FROM table_name [WHERE Clause][LIMIT N][OFFSET M]

例如：

(1) SELECT Id, name, studentId FROM student WHERE age=18

(2) SELECT * FROM student WHERE age=18

(3) SELECT * FROM student WHERE 1

其中，在第一条例子里，查询出来的表格不是显示所有字段和所有记录，而是只要查询年龄是 18 岁的人，并且只显示 Id、name、studentId 这三个字段。在第二条例子里，查询年龄是 18 岁的人，并且显示所有字段。在第三条例子里，不限定查询条件，显示所有字段，也就是查询出来整张表。限定条件 WHERE，同样可以使用 OR 和 AND，合并两个查询条件。

删除记录的语法：

DELETE FROM table_name WHERE some_column=some_value;

例如：

(1) DELETE FROM student WHERE age=19

(2) DELETE FROM student WHERE 1

其中，第一条例子，删除年龄是 18 岁的人的所有记录。第二条例子，删除整张表的所有记录。

课 后 作 业

1. 在菜鸟教程网站里学习数据库的相关语句及操作，完成数据库的学生表设计与创建。

2. 在菜鸟教程网站里学习数据库的相关语句及操作，完成数据库的学生表记录的增删改查操作。

3. 学习菜鸟教程网站关于数据库的内容，了解数据库的更多知识。

第6章

SpringBoot 框架介绍

本章主要内容是介绍 SpringBoot 的特点及与本书例程项目相关的 SpringBoot 工程，掌握 gs-rest-service-main、gs-scheduling-tasks-main、gs-consuming-rest-main 和 gs-mysql-service-main 的功能及应用。

6.1　SpringBoot 概 述

Spring 是一个开源代码的 J2EE 应用程序框架，Boot 的意思是启动，SpringBoot 就是启动 Spring 项目。SpringBoot 是由 Pivotal 团队研发的全新框架，包含启动项目的一些库的集合。SpringBoot 简化了 Spring 应用的初始搭建过程以及开发过程，使开发人员不需编辑复杂的文件，也能达到快速开发的目的。

6.1.1　SpringBoot 简介

SpringBoot 框架，最先在 2002 年被一个叫 Rod Johnson 的程序员提出并创建。从大小和开销上来说，Spring 是 Java EE 编程领域的一个轻量级开源框架。Spring 是实现快速便捷开发的应用型框架，简化企业级编程开发的复杂性。Spring 是一个开源容器框架，它集成各类型的工具，通过核心的 Bean Factory 实现了底层的类的实例化和生命周期的管理。在整个框架中，各类型的功能被抽象成一个个的 Bean，这样就可以实现各种功能的管理，包括动态加载和切面编程。

SpringBoot 定位在其他流行的 Framework 没有的领域，致力于提供一种管理业务功能对象的方法。Spring 是全面化和模块化的具有分层的体系结构，单独使用它任何部分的功能，都能形成稳定的架构。例如，仅使用 Spring 来简化 JDBC 的使用，或用来管理所有的业务对象。同时，SpringBoot 设计了易于测试的底层代码，是用于测试驱动工程理想的 Framework。

Spring 是一站式解决方案，工程不需要过多的 Framework，就能用于典型应用的大部分基础结构。以前在写 Spring 项目的时候，需要配置各种 XML 文件。随着 Spring3、Spring4 的相继推出，约定配置逐渐成了开发者的共识，大家也渐渐地从写 XML 转为写各种注解，在 Spring4 的项目里，甚至可以一行 XML 都不写。虽然 Spring4 已经可以做到不使用 XML，但写一个大项目需要非常多的包，Maven 配置需要写几百行，也是一件很可怕的事。但现在，快速开发一个网站的语言非常多，如 Node.JS、PHP 等，并且脚本语言渐渐流行了起来(Node.JS、Ruby、Groovy、Scala 等)且具有各自的优势，Spring 的开发模式显得越来越笨重。在这种环境下，SpringBoot 伴随着 Spring4 一起出现了。SpringBoot 并不是一个全新的框架，它不是 Spring 解决方案的一个替代品，而是 Spring 的一个封装。所以，以前可以用 Spring 做的事情，现在用 SpringBoot 都可以做。SpringBoot 是一个非常好的微服务开发框架，能快速搭建起一个系统。同时，使用 Spring Cloud(Spring Cloud 是一个基于 SpringBoot 实现的云应用开发工具)来搭建一个分布式的网站。

1. SpringBoot 的优点

(1) 使编码变得简单。SpringBoot 采用 JavaConfig 的方式对 Spring 进行配置，并且提供了大量的注解，极大地提高了工作效率。

(2) 使配置变得简单。SpringBoot 提供许多默认配置，当然也提供自定义配置，但是所有的 SpringBoot 的项目都只有一个配置文件：application.properties/application.yml。使用 SpringBoot 可以不用担心配置出错找不到问题所在。SpringBoot 配置的图片如图 6-1 所示。

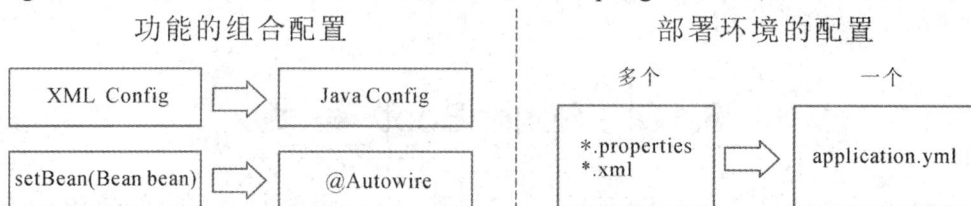

图 6-1　SpringBoot 配置

(3) 使部署变得简单。SpringBoot 内置了三种 Servlet 容器，分别是 Tomcat、Jetty、Undertow。我们只需要 Java 的运行环境就可以运行 SpringBoot 的项目了，SpringBoot 的项目可以打成一个 jar 包，然后通过 Java -jar xxx.jar 来运行(SpringBoot 项目的入口是一个 main 方法，运行该方法即可)。

(4) 使监控变得简单。SpringBoot 提供了 actuator 包，可以使用它来对应用进行监控。

2. SpringBoot 的特点

(1) 创建功能独立的 Spring 应用程序。

(2) 嵌入 Tomcat，无须部署 war 文件。

(3) 简化 Maven 配置。

(4) 大量默认配置，简化 Spring 开发。

(5) 提供生产就绪功能，如指标、健康检查和外部配置。

(6) 不需要编写 XML 就能实现 Spring 所有配置要求。

6.1.2　开发工具下载

在 Spring 的官网上有最新的 Spring 项目版本和技术，且有相应的项目实例可以学习，每个项目实例都有说明指南，能为项目开发者提供非常大的帮助。

在下载 Spring 项目实例前，我们必须要准备 Spring 的开发工具 Eclipse。Eclipse 开发工具是用于打开 Spring 项目实例、在项目实例的基础上开发并使其运行的工具，是一款免费的开发软件。同时也需要安装 Java 开发环境 JDK。如果 Eclipse 和 JDK 已经安装完成，则可以跳过 Eclipse 下载安装步骤。Eclipse 的下载安装步骤如下：

(1) 可以点击如图 6-2 所示的方框内容进行下载。

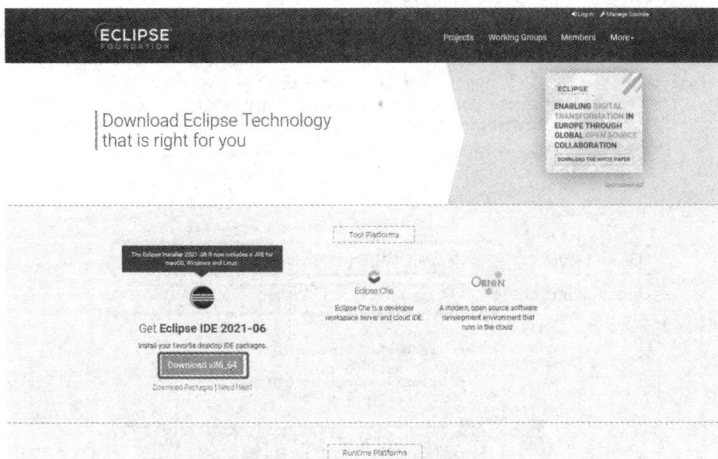

图 6-2　Eclipse 下载

(2) 跳转到以下页面，如图 6-3 所示，点击页面上的方框内容后自动下载。

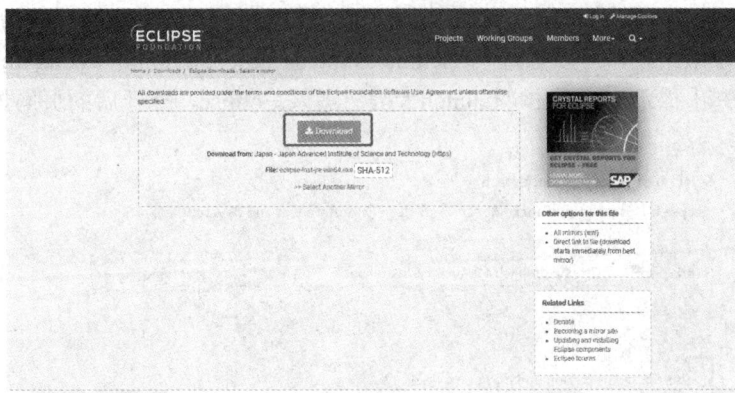

图 6-3　Eclipse 下载

(3) 下载 Eclipse 完成后，点击如图 6-4 所示的图标进行安装。

(4) 打开安装界面后，选择如图 6-5 所示的方框内容进行安装。

图 6-4　Eclipse 安装图标

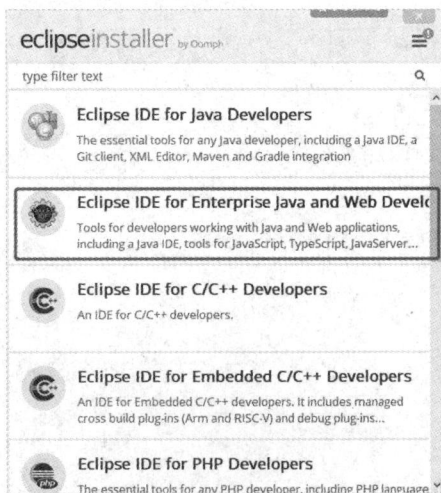

图 6-5　Eclipse 安装界面

(5) 选择开发环境及安装目录，点击"INSTALL"按钮，如图 6-6 所示。

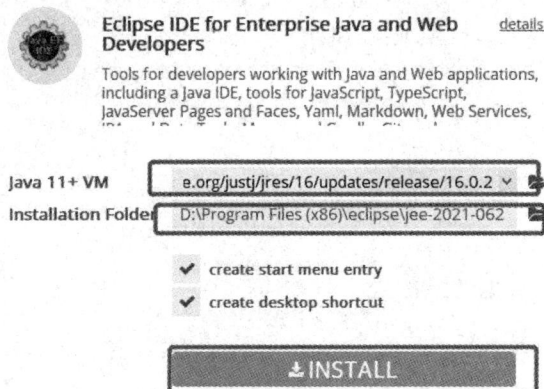

Eclipse IDE for Enterprise Java and Web Developers   details

Tools for developers working with Java and Web applications, including a Java IDE, tools for JavaScript, TypeScript, JavaServer Pages and Faces, Yaml, Markdown, Web Services,

Java 11+ VM   e.org/justj/jres/16/updates/release/16.0.2

Installation Folder   D:\Program Files (x86)\eclipse\jee-2021-062

✔ create start menu entry
✔ create desktop shortcut

⬇ INSTALL

图 6-6　Eclipse 安装

(6) 安装完成后，打开 Eclipse 桌面快捷方式，弹出如图 6-7 所示的窗口。点击"Browse"按钮修改工程目录路径，可以勾选"Use this as the default and do not ask again"使其下次打开软件时不再弹出提示。再点击"Launch"按钮进入 Eclipse，打开后的页面如图 6-8 所示。

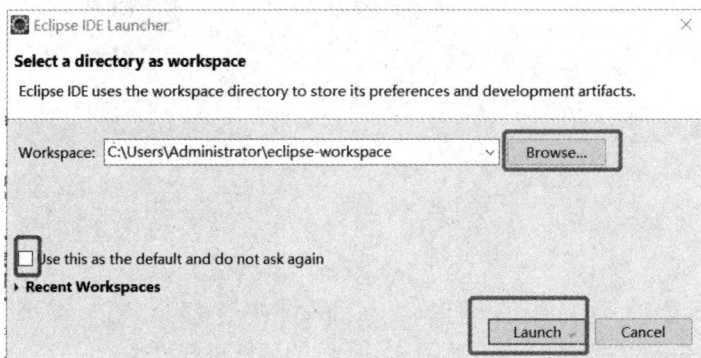

Eclipse IDE Launcher

Select a directory as workspace

Eclipse IDE uses the workspace directory to store its preferences and development artifacts.

Workspace: C:\Users\Administrator\eclipse-workspace   Browse...

☐ Use this as the default and do not ask again
▸ Recent Workspaces

Launch   Cancel

图 6-7　修改工程目录

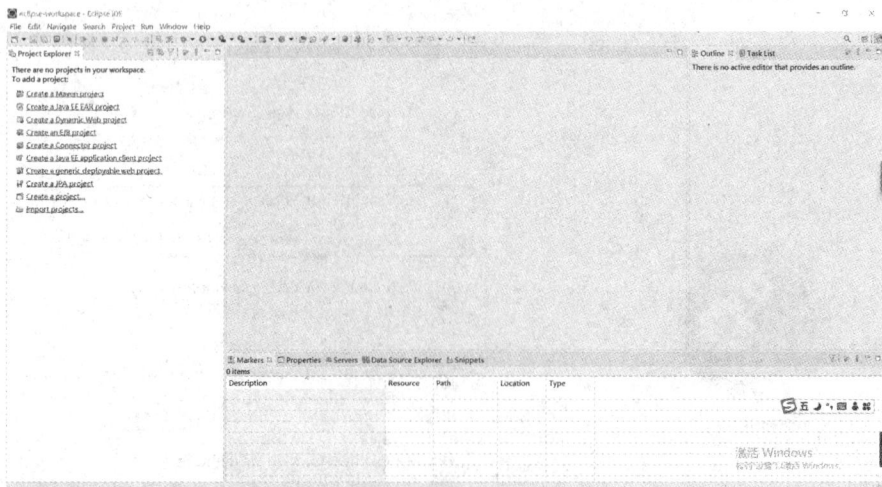

图 6-8　Eclipse 页面

在 Eclipse 官网上软件除了最新版外，也有一些历史版本，其中还有免安装版本，大家选择合适的版本使用即可。在本次开发过程中，对 Eclipse 版本的要求并不严格，各种版本都适用。

6.1.3　SpringBoot 项目实例下载运行

打开 Spring 官网，点击菜单栏上的"Learn"，再点击"Guides"，如图 6-9 所示。进入如图 6-10 所示的界面后往下拉，找到 SpringBoot 的项目实例。

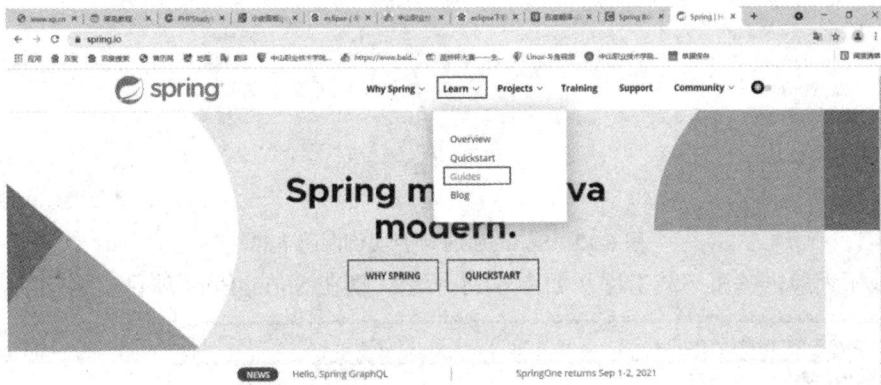

图 6-9　Spring 官网

图 6-10　SpringBoot 项目实例界面

点击任一实例，跳转到 Github 仓库，如图 6-11 所示；下载它的源码，如图 6-12 所示。

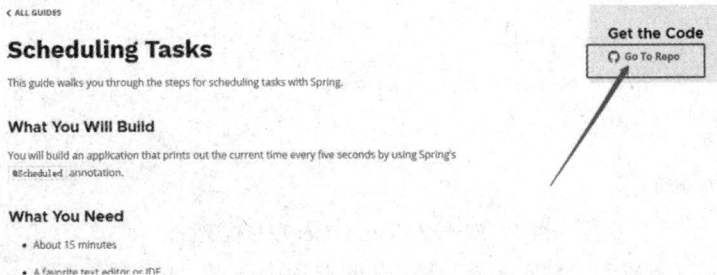

图 6-11　SpringBoot 项目实例下载

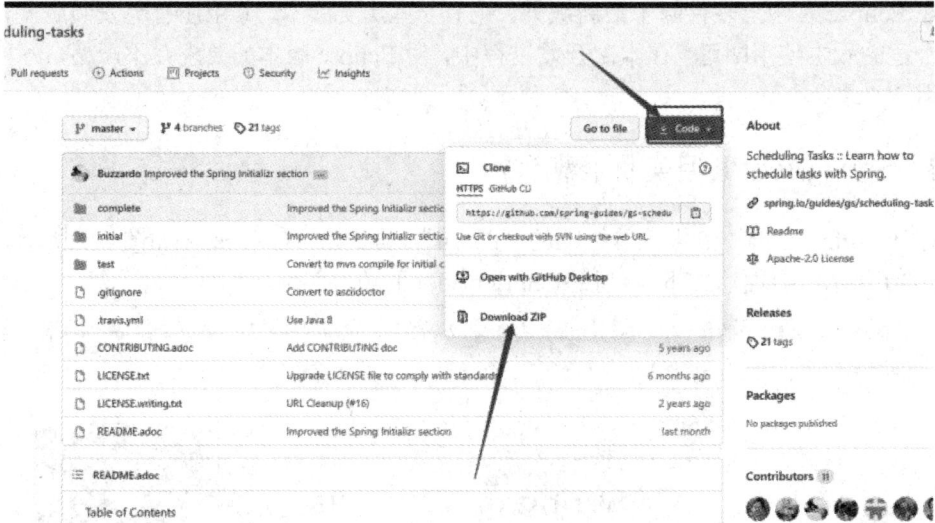

图 6-12　SpringBoot 项目实例源码下载

下载压缩包，解压下载工程，如图 6-13 所示。现在 SpringBoot 项目实例就准备好了。

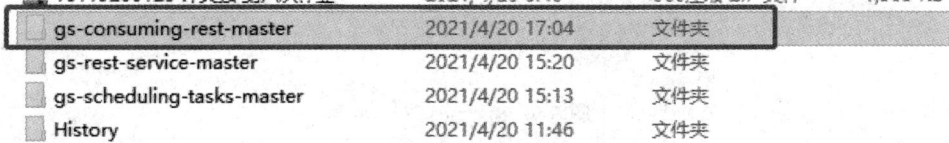

gs-consuming-rest-master	2021/4/20 17:04	文件夹
gs-rest-service-master	2021/4/20 15:20	文件夹
gs-scheduling-tasks-master	2021/4/20 15:13	文件夹
History	2021/4/20 11:46	文件夹

图 6-13　SpringBoot 项目实例压缩包

有了 SpringBoot 实例之后，工程要在运行环境 Eclipse 下编辑运行。打开 Eclipse，在菜单栏中找到"File"，点击下拉菜单当中的"Import"选项，如图 6-14 所示。

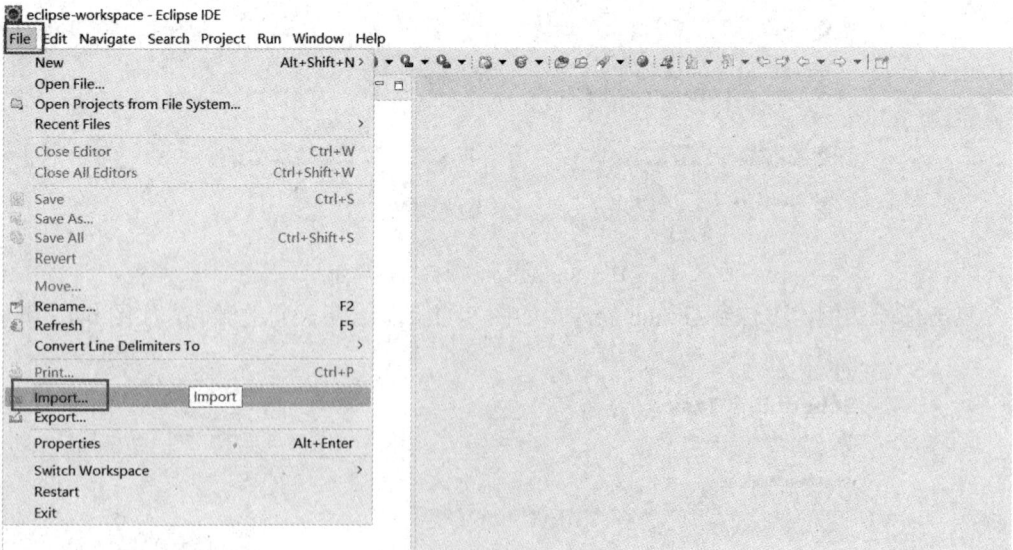

图 6-14　导入 SpringBoot 项目实例(1)

在弹出的窗口中找到"Maven"，在打开的选项中选择"Existing Maven Projects"，再点击"Next"按钮进入下一步，如图 6-15 所示。

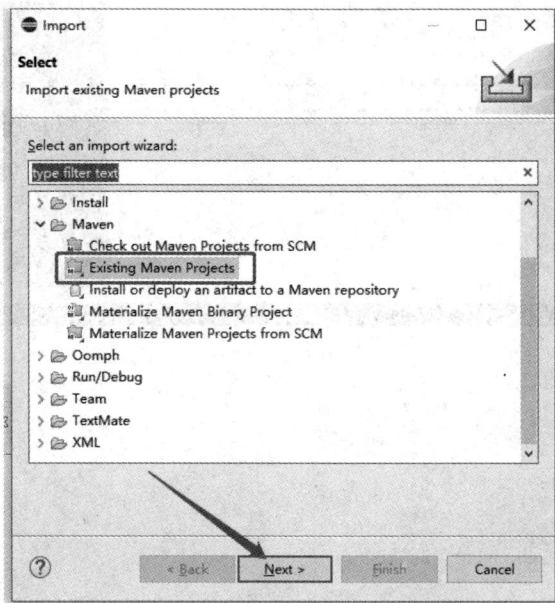

图 6-15　导入 SpringBoot 项目实例(2)

　　点击 "Browse..." 按钮，找到之前下载的 SpringBoot 工程的路径，勾选导入完整工程，点击 "Finish" 按钮，如图 6-16 所示。

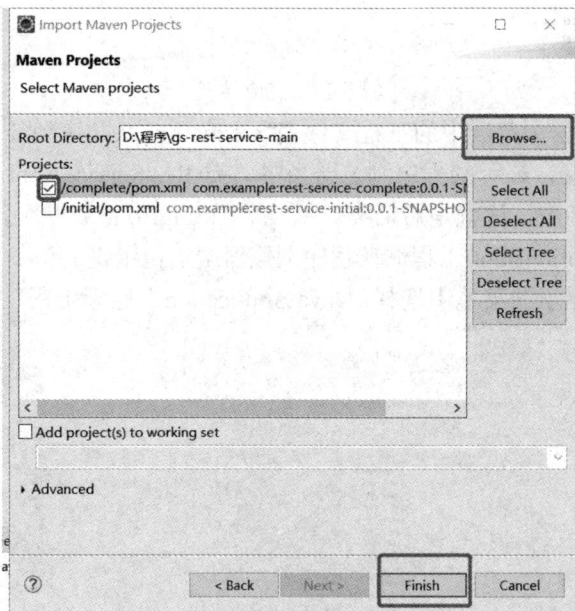

图 6-16　选择项目实例路径

　　如果工程是第一次导入，就要等待其下载相应的压缩包支持项目，否则项目会出错。在 Eclipse 窗口的右下角能看到下载的进度，点击后会显示具体的安装过程，如图 6-17 所示。下载完工程所需要的包后，完成工程的导入过程，工程显示在左边的项目浏览器当中，如图 6-18 所示。

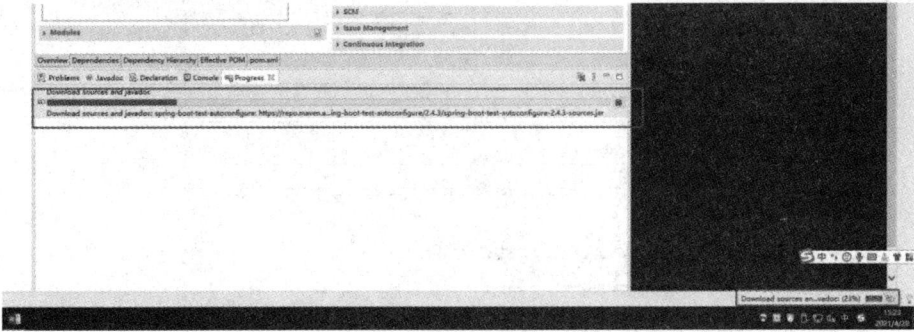

图 6-17　下载库

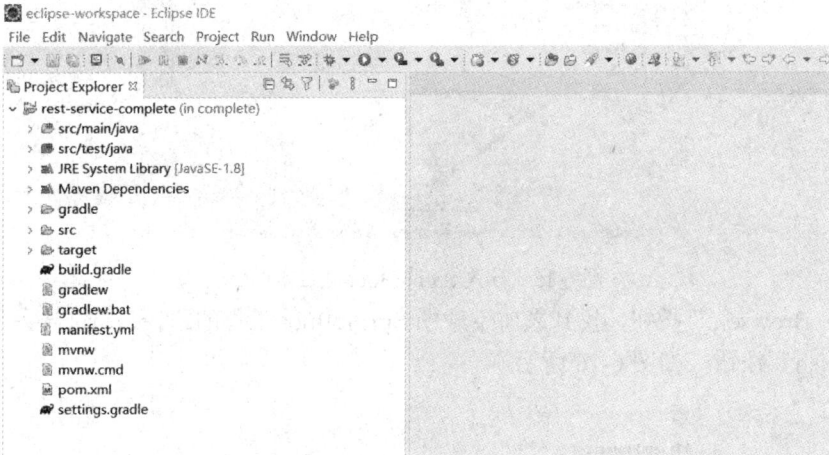

图 6-18　完成导入

点击屏幕左边工程浏览器中的工程文件夹"src/main/java"，找到"RestServiceApplication.java"文件，双击打开，显示到程序浏览器当中。类 RestServiceApplication 中只有一个函数，名为 main 的主函数，这就是启动类。每一个 SpringBoot 工程都会有一个含有 main 的启动类，用于启动 SpringBoot 工程。在程序浏览器中点击鼠键右键，在弹出的菜单中找到"Run As"，在右边显示的菜单中选择"Java Application"运行工程，如图 6-19 所示。

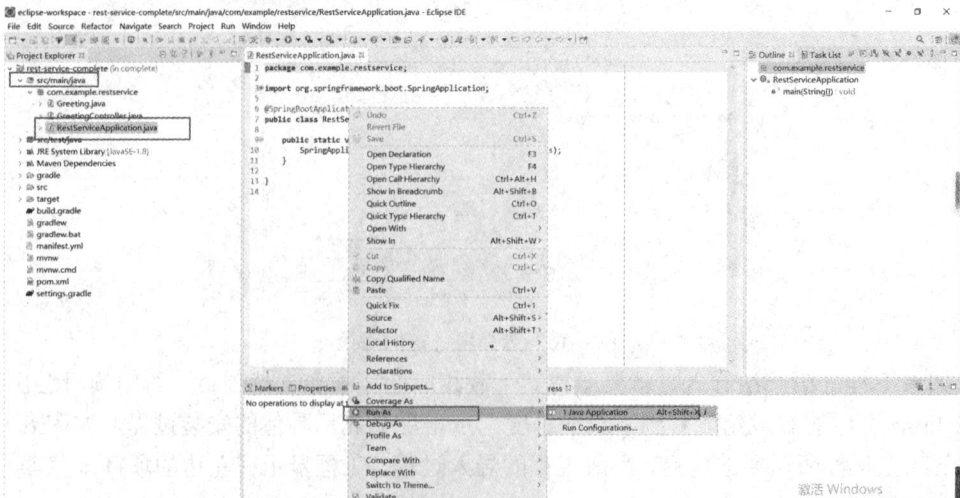

图 6-19　项目实例运行

运行后，屏幕下方的控制台显示的启动信息如图 6-20 所示，表示程序正常启动运行。

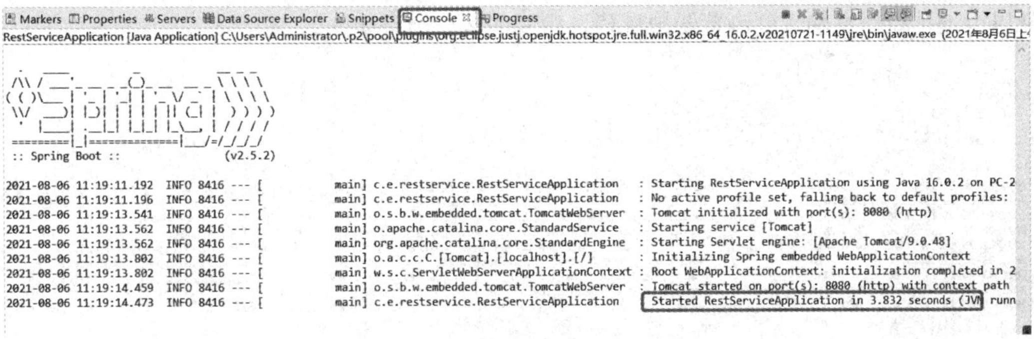

图 6-20　运行成功

以上就是在 Eclipse 开发软件导入、运行 SpringBoot 工程项目实例的过程。在官网上下载任意项目实例，其导入和运行过程都是一样的，都是按照这个过程导入和运行的。

6.2　gs-rest-service-main 服务

在讲解 gs-rest-service-main 服务之前，需要先在官网上下载项目实例，如图 6-21 所示，然后按照 6.1.3 小节所讲的内容把工程导入到 Eclipse 当中，导入完成后运行工程。

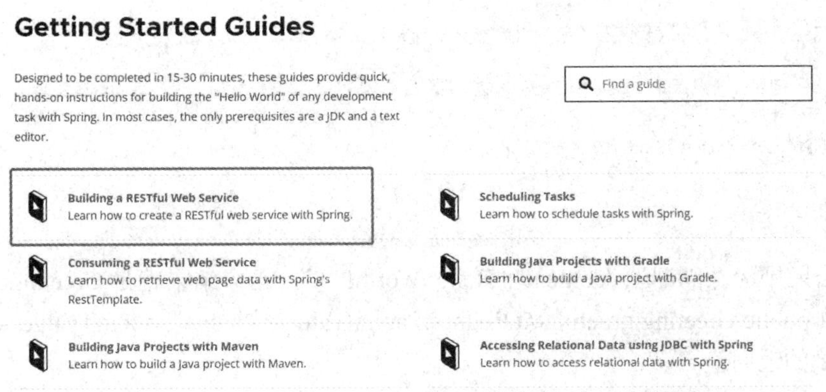

图 6-21　gs-rest-service-main 实例下载

这个程序的功能是使用 Spring 创建"Hello，World"RESTful Web 服务。程序功能简单的来说，就是为程序中某一函数配置一个 URL，通过在浏览器中输入该 URL，运行程序中的函数，运行函数后返回的数据显示在浏览器页面。下面介绍本实例 GreetingController.java 中的函数 greeting 是怎么通过 URL 运行的。

运行程序后，首先，查看屏幕下方的控制台显示的启动信息，找到 Web 服务的端口号：8080，如图 6-22 所示。然后，查看运行程序计算机 IP 地址，找到联网的 IP 地址。如果实例是在本机上运行的，则也可以用测试 IP127.0.0.1 代替本机联网 IP。最后，查看控制器 GreetingController.java 中的 greeting 函数的 Get 请求标识符。Get 请求注解后的标识符为"/greeting"，如图 6-23 所示。使用以上 IP、端口号、Get 请求注解后的标识符，按格式"IP+:

+端口号+Get 请求注解后的标识符"形成地址栏信息，例如本实例的 127.0.0.1:8080/greeting。把以上地址栏信息输入到浏览器地址栏，得到的运行结果如图 6-24 所示。

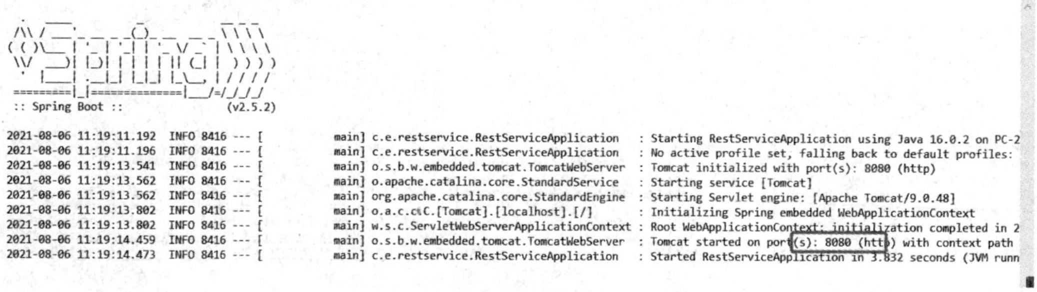

图 6-22　查看端口

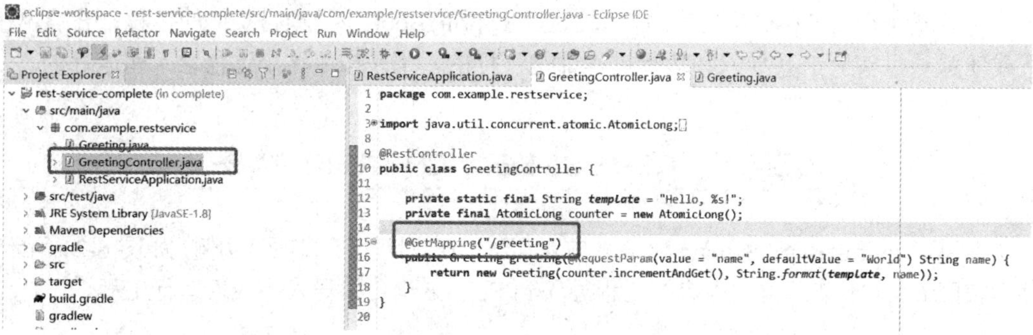

图 6-23　查看映射

```
{"id":1,"content":"Hello, World!"}
```

图 6-24　运行结果

运行结果显示"{"id":1, "content":"Hello, World! "}"，这个结果就是 GreetingController. java 中函数 public Greeting greeting(@RequestParam(value = "name", defaultValue = "World") String name)的返回值。

这是一种新的函数运行方式，函数的调用不再是使用函数名在程序中调用。也就是说，只要用@GetMapping 把函数标注清楚，知道运行服务器的计算机 IP 和提供服务的端口号，就可以通过浏览器输入地址来请求运行 Java 程序中的函数，而函数返回值会显示到返回的页面上。

总的来说，gs-rest-service-main 是一个使用 URL 请求，运行函数的例程。如果函数有返回值，就会显示到 URL 请求的页面。要使 URL 与函数有映射关系，则函数必须使用 @GetMapping 注解标注。比如 greeting()函数使用了@GetMapping("/greeting")，就是把这个函数与/greeting 关联起来。但是，只有/greeting 是不能指向这个函数的。程序为这个函数提供 RESTful Web 服务，就必须要知道这个服务运行的 IP 和端口号，再加上/greeting，才能指向函数，使得函数运行。在以上实验中，服务是在本机上运行的，使用本机 IP127.0.0.1(非本机运行时，使用运行服务联网 IP 地址访问)，查看运行时的端口号 8080。

在浏览器地址栏输入"127.0.0.1:8080/greeting"，才是完整映射。在程序运行的情况下，页面就会得到函数运行的返回值。

6.2.1　创建 RESTful Web 服务

这一小节介绍如何创建自己的 RESTful Web 服务，完成使用 URL 映射运行函数的功能。

@GetMapping 注释用来保证/greeting 的 HTTP GET 请求映射到 greeting()方法。创建 RESTful Web 服务，只要在 GreetingController.java 文件里的 GreetingController 类中定义一个新函数，再使用@GetMapping 注释这个函数就能完成 HTTP GET 请求映射到函数功能。现在 GreetingController 类中定义了一个新的函数 Hello()，使用@GetMapping 注解，使/hello 的 HTTP GET 请求映射到 Hello()方法，如图 6-25 所示。

```java
package com.example.restservice;

import java.util.concurrent.atomic.AtomicLong;

@RestController
public class GreetingController {

    private static final String template = "Hello, %s!";
    private final AtomicLong counter = new AtomicLong();

    @GetMapping("/greeting")
    public Greeting greeting(@RequestParam(value = "name", defaultValue = "World") String name) {
        return new Greeting(counter.incrementAndGet(), String.format(template, name));
    }

    @GetMapping("/Hello")
    public String Hello() {
        return "Hello World!" ;
    }
}
```

图 6-25　新建映射函数

使用浏览器，在地址栏中输入"127.0.0.1:8080/Hello"，执行结果如图 6-26 所示。页面显示了 Hello()的返回值"Hello World！"。注意用注解@GetMapping 把函数标注清楚，不能有重复的标识请求，不然对于函数是指向不明的，运行时也会发生错误。

图 6-26　运行效果

6.2.2　创建控制器类

为了工程中的类写得有条理，功能归一，往往不只需要一个控制器类。在需要多个控制器类的情况下，可以复制 GreetingController.java，粘贴到当前包 com.example.restservice，重命名一个控制器类，把相关功能的函数放到此类中。

复制 GreetingController.java 并将其重命名为 HelloController.java。在这个新的类当中，我们把一些不要的代码删除，留下关键代码，修改函数内容。可以看到复制后的 HelloController.java 类中有一个 HelloController 函数，如图 6-27 所示。在浏览器地址栏中输入"127.0.0.1:8080/Hello2"访问函数，运行结果如图 6-28 所示。

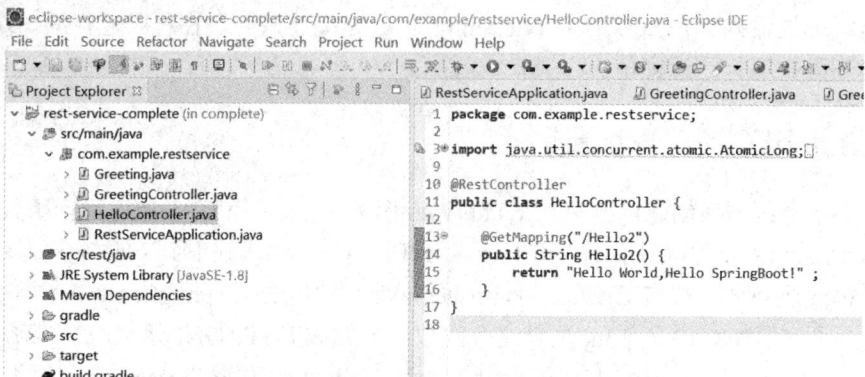

图 6-27　创建控制器类

Hello World,Hello SpringBoot!

图 6-28　运行效果

我们一向的做法是，先定义类，然后构造这个类的对象，通过类的对象调用类的方法。在本实例中，GreetingController 和 HelloController 两个类中的函数可以调用，说明两个类的对象是存在的。但是本实例代码中没有使用过 new 这一方法构造这两个类的对象。那么究竟对象是怎么构造的，是何时构造的呢？

现在我们来看看，在两个控制器类中加上构造函数测试一下，如图 6-29 所示。如果类的对象被构造，构造函数运行，就会把测试语句打印到控制台。在运行程序后，可以看到两个控制器类的构造函数是被执行了。这说明两个控制器类是真的被构造过的，如图 6-30 所示。可以注意到，控制器类是被@RestController 注解过的，而构造类的对象就是@RestController 发挥作用的结果。也就是说，不使用 new 来构造类的对象，而使用了@RestController 注解来构造类的对象。

```java
package com.example.restservice;

import java.util.concurrent.atomic.AtomicLong;

@RestController
public class GreetingController {

    private static final String template = "Hello, %s!";
    private final AtomicLong counter = new AtomicLong();

    GreetingController(){

        System.out.println("GreetingController被构造了");
    }

    @GetMapping("/greeting")
    public Greeting greeting(@RequestParam(value = "name", defa
        return new Greeting(counter.incrementAndGet(), String.f
    }

    @GetMapping("/Hello")
    public String Hello() {
        return "Hello World!" ;
    }
}
```

```java
package com.example.restservice;

import java.util.concurrent.atomic.AtomicLong;

import org.springframework.web.bind.annotation.GetMapping;
import org.springframework.web.bind.annotation.RestController;

@RestController
public class HelloController {

    HelloController(){

        System.out.println("HelloController被构造了");
    }

    @GetMapping("/Hello2")
    public String Hello2() {
        return "Hello World,Hello SpringBoot!" ;
    }
}
```

图 6-29　程序自动构造类

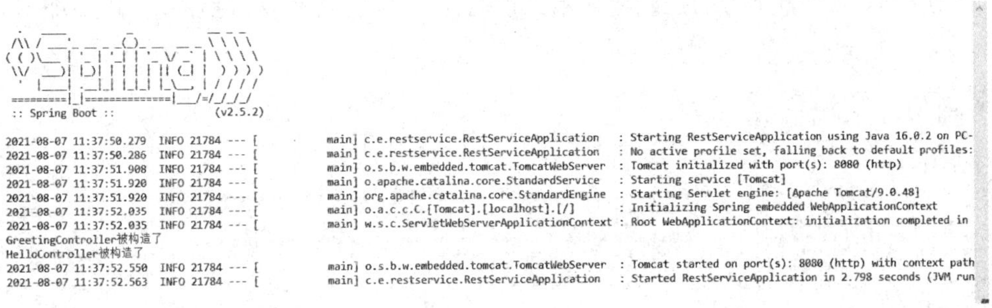

图 6-30　运行效果

@RestController 注解的作用就是表明了这个类是一个控制器类，且能够被组件扫描功能发现。被@RestController 注解过的类，成为一个 Restful 请求的处理器。在注解@SpringBootApplication 的启动类启动时，@RestController 注解的类就会被构造成一个匿名对象。所以我们看到，当程序启动时，构造函数就执行了。

接下来，可以利用这一机制，生成控制器，使用映射的 URL 进行访问控制器中的函数，从而运行函数。需要注意的是，控制器类必须在类上加@RestController 注解。

6.2.3　修改端口号

程序运行时，默认端口号为 8080。在运行不止一个 RESTful Web 服务程序，或者 8080端口号被其他服务程序占用的情况下，可以修改程序提供服务的端口号，以防止端口冲突。编写一个属性文件，就可以修改端口号。新建文本文件，内容为 server.port=8081，修改文件名和后缀为 application.properties。这就是把端口号修改成 8081(见图 6-31)，如果没有属性文件，则工程会使用默认端口号 8080。把这个文件复制到工程浏览器与包同一个目录下，也就是 src 文件夹下面(不能放到工程包里面)。这个路径是属性文件的默认路径，否则工程会找不到属性文件。

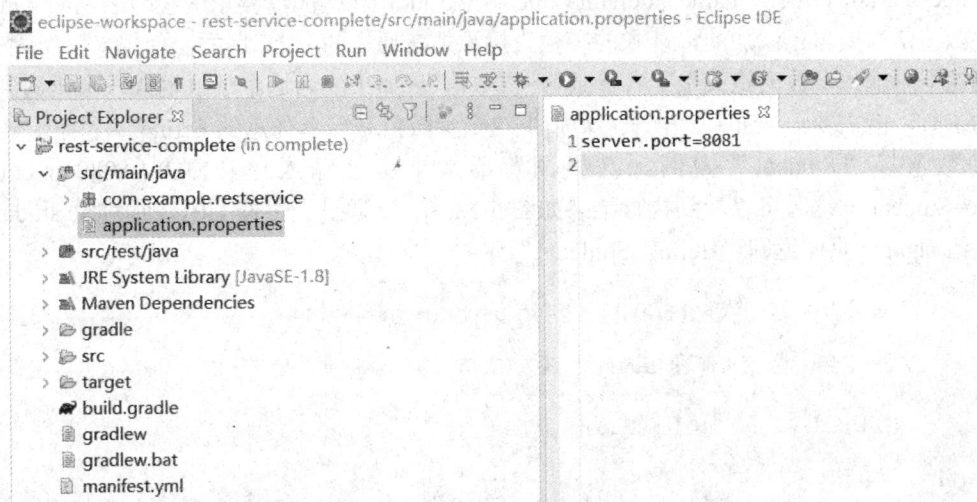

图 6-31　修改端口号

启动工程，在屏幕下方的控制台显示工程运行成功，并显示修改后的端口号，如图 6-32 所示。

```
  .   ____          _            __ _ _
 /\\ / ___'_ __ _ _(_)_ __  __ _ \ \ \ \
( ( )\___ | '_ | '_| | '_ \/ _` | \ \ \ \
 \\/  ___)| |_)| | | | | || (_| |  ) ) ) )
  '  |____| .__|_| |_|_| |_\__, | / / / /
 =========|_|==============|___/=/_/_/_/
 :: Spring Boot ::                (v2.5.2)

2021-08-07 11:27:52.995  INFO 7688 --- [   main] c.e.restservice.RestServiceApplication   : Starting RestServiceApplication using Java 16.0.2 on PC-2
2021-08-07 11:27:52.999  INFO 7688 --- [   main] c.e.restservice.RestServiceApplication   : No active profile set, falling back to default profiles:
2021-08-07 11:27:54.358  INFO 7688 --- [   main] o.s.b.w.embedded.tomcat.TomcatWebServer  : Tomcat initialized with port(s): 8081 (http)
2021-08-07 11:27:54.373  INFO 7688 --- [   main] o.apache.catalina.core.StandardService   : Starting service [Tomcat]
2021-08-07 11:27:54.373  INFO 7688 --- [   main] org.apache.catalina.core.StandardEngine  : Starting Servlet engine: [Apache Tomcat/9.0.48]
2021-08-07 11:27:54.499  INFO 7688 --- [   main] o.a.c.c.C.[Tomcat].[localhost].[/]       : Initializing Spring embedded WebApplicationContext
2021-08-07 11:27:54.499  INFO 7688 --- [   main] w.s.c.ServletWebServerApplicationContext : Root WebApplicationContext: initialization completed in 1
GreetingController被构造了
HelloController被构造了
2021-08-07 11:27:55.010  INFO 7688 --- [   main] o.s.b.w.embedded.tomcat.TomcatWebServer  : Tomcat started on port(s): 8081 (http) with context path
2021-08-07 11:27:55.024  INFO 7688 --- [   main] c.e.restservice.RestServiceApplication   : Started RestServiceApplication in 2.578 seconds (JVM runn
```

图 6-32 运行效果

6.2.4 参数传递

在原下载的例程中，函数 Greeting greeting(@RequestParam(value = "name", defaultValue = "World") String name)是有参数要求的。如果不管@RequestParam(value = "name", defaultValue = "World")这一串注解的话，这个函数就变得比较能看得懂 Greeting greeting(String name)。可以看出，这样一个函数，运行时需要一个字符串参数 name，但是函数是通过/greeting 的 HTTP GET 请求映射到 greeting()方法运行的，所以参数的输入与 HTTP GET 请求相关，需要在页面 URL 映射上加上参数。

```
@GetMapping("/greeting")
    public Greeting greeting(@RequestParam(value = "name", defaultValue = "World") String
name) {
        return new Greeting(counter.incrementAndGet(), String.format(template, name));
    }
```

@RequestParam 注解将请求参数绑定到控制器的方法参数上。在这个例子中的 @RequestParam(value = "name", defaultValue = "World")可以看出，要求的参数名字叫 name，而参数值是需要自己添加的。请求的参数直接添加在原来的 URL 后面，使用"？"隔开。在浏览器中输入参数的格式是"？参数名=参数值"。如果要为这个映射输入一个传递到函数的参数，就需要给 name 赋一个参数值，这个参数值是一个任意的 String 字符串。传递的参数值以"Student"为例，这样浏览器地址栏就输入"127.0.0.1:8080/greeting?name=Student"，这时可以看到执行结果如图 6-33 所示，通过浏览器 URL 映射把"Student"赋值给 name，页面返回"Hello，Student！"。

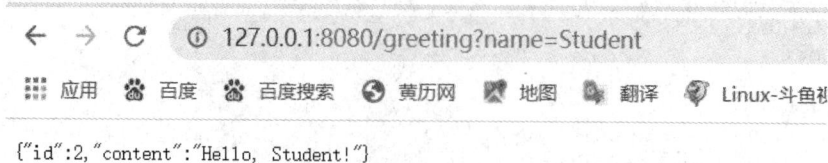

← → C ① 127.0.0.1:8080/greeting?name=Student

⠿ 应用 🐾 百度 🐾 百度搜索 🌐 黄历网 🗺 地图 🔧 翻译 🐟 Linux-斗鱼礼

{"id":2,"content":"Hello, Student!"}

图 6-33 运行效果

在之前多次执行时，我们没有输入过参数，只是输入"127.0.0.1:8080/greeting"。对比

一下之前没有参数传递的执行结果{"id":1, "content":"Hello, World!"}，与现在执行的结果
{"id":2, "content":"Hello, Student!"}，参数 Student 出现在之前 World 的位置。之前我们没有
输入参数时，它是使用了默认值 World。根据@RequestParam(value = "name", defaultValue =
"World")可以看出，当要求参数时，我们可以使用@RequestParam 注解设定一个默认值。
这种情况下，执行没有输入参数的 URL，也不会出错。程序会把参数的默认值补充到指定
的参数上。参数的默认值不是必需的，也可以不设定默认值。

在以下代码中，函数 Hello3 需要传递两个参数，一个参数名为 user，另一个参数名为
hobby。user 这个参数使用@RequestParam 注解了，并设定了一个 value 值为 name。这就是
说，在函数中，参数名称为 user，而 name 就是在浏览器中输入的名称，两者对应起来。而
另一个参数 hobby 并没有使用@RequestParam 注解，在浏览器中传递参数的名称默认与在函
数中使用的参数名称一致，都是以 hobby 为参数名的。这两个参数都没有默认值。当有两个
参数时，浏览器中输入的参数间以&隔开。现在给这两个参数传递的参数值分别是 Lily 和冲
浪，这样我们在浏览器地址栏输入的就是 127.0.0.1:8080/Hello3?name=Lily&hobby=冲浪，执
行结果如图 6-34 所示。但如果浏览器地址栏输入的是 127.0.0.1:8080/Hello3?user=
Lily&hobby=冲浪，这样则是执行不出来的，因为在程序当中，我们已经用@RequestParam
注解过 user 这个参数，把参数标注成了 name，所以浏览器只认识 name。

```
@GetMapping("/Hello3")
    public String Hello3(@RequestParam(value = "name")String user,String hobby) {

        return user+"喜欢"+hobby ;

    }
```

图 6-34　运行效果

在函数需要传递参数时，可以不用@RequestParam 标注参数。但如果参数被
@RequestParam 标注过，这时候就要特别注意浏览器这边所需要的参数名称是否与函数中
的参数名称相符，否则会造成错误。无论传递多少个参数，浏览器地址栏输入参数间都要
以&隔开。

6.3　gs-scheduling-tasks-main 介绍

在讲解 gs-scheduling-tasks-main 之前，需要先在官网上下载例程，如图 6-35 所示，然
后按照 6.1.3 小节内容把工程导入到 Eclipse 当中，再运行。

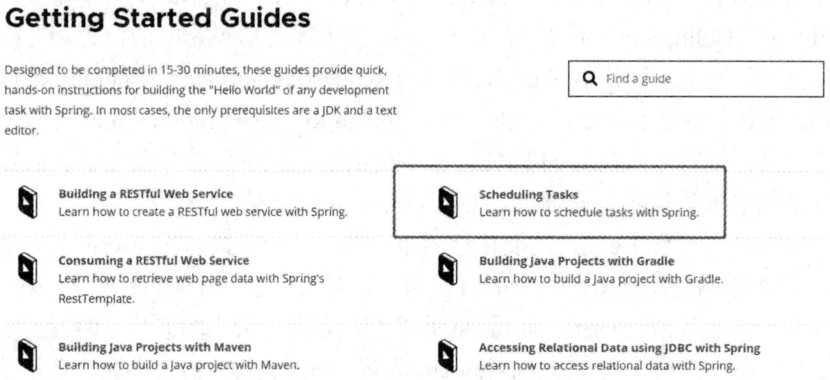

Getting Started Guides

Designed to be completed in 15-30 minutes, these guides provide quick, hands-on instructions for building the "Hello World" of any development task with Spring. In most cases, the only prerequisites are a JDK and a text editor.

Q Find a guide

Building a RESTful Web Service
Learn how to create a RESTful web service with Spring.

Scheduling Tasks
Learn how to schedule tasks with Spring.

Consuming a RESTful Web Service
Learn how to retrieve web page data with Spring's RestTemplate.

Building Java Projects with Gradle
Learn how to build a Java project with Gradle.

Building Java Projects with Maven
Learn how to build a Java project with Maven.

Accessing Relational Data using JDBC with Spring
Learn how to access relational data with Spring.

图 6-35　gs-scheduling-tasks-main 例程下载

这个程序是使用 Spring 创建安排任务的程序。运行程序后，可以查看到屏幕下方的控制台显示的启动信息，并且可以看到每 5 秒打印一次当前时间，如图 6-36 所示。

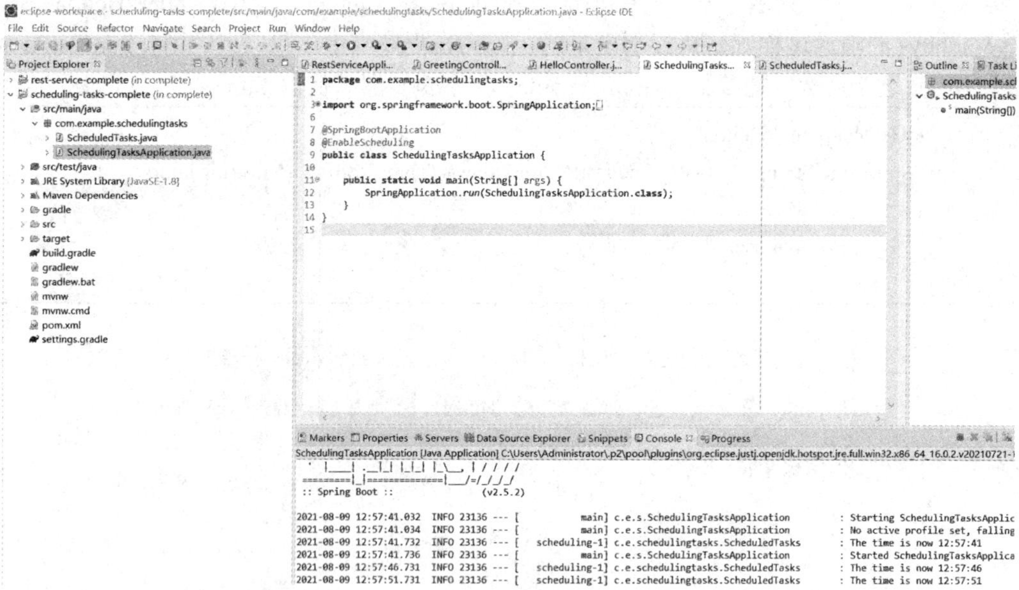

图 6-36　运行效果

这个实例中有两个文件，一个是启动类，另一个是要实现计划任务功能的类。要实现计划任务功能，除了在程序入口类 SchedulingTasksApplication 中加@SpringBootApplication 这个注解外，还要加上@EnableScheduling 注解。配置类注解@EnableScheduling 主要作用是开启对计划任务的支持，这是实现计划任务功能的关键。

我们可以看一下以下代码，在启动类使用@EnableScheduling 注解后，要在执行计划任务的方法上使用@Scheduled 注解，声明该函数这是一个计划任务。Spring 通过@Scheduled 注解支持多种类型的计划任务，包含 cron、fixDelay、fixRate 等。在这个代码中使用的就是 fixRate，它的参数值设置为 5000(以毫秒为单位)，即每隔 5 秒运行计划任务函数 reportCurrentTime()一次。reportCurrentTime()函数的功能是汇报当前时间，所以这个计划任务就是要每隔 5 秒打印一次当前时间。

```
@Component
public class ScheduledTasks {

    private static final Logger Log = LoggerFactory.getLogger(ScheduledTasks.class);

    private static final SimpleDateFormat dateFormat = new SimpleDateFormat("HH:mm:ss");

    @Scheduled(fixedRate = 5000)
    public void reportCurrentTime() {
        Log.info("The time is now {}", dateFormat.format(new Date()));
    }

}
```

想要自定义的方法按计划任务方式(如上述代码的 reportCurrentTime()方法)自动执行，这个方法所在的类就必须被实例化并且通过对象被调用。为解决类的实例化的问题，在 ScheduledTasks.java 中类使用了@Component 注解。@Component 注解的类会被看作组件，当使用基于注解的配置和类路径扫描时，这些类就会被实例化。我们在类中加一个构造函数测试一下，只要构造函数被执行，当前类就是被实例化的。当类被实例化后，被@Scheduled(fixedRate = 5000)注解过的函数就会启动计划任务功能，如图 6-37 所示。

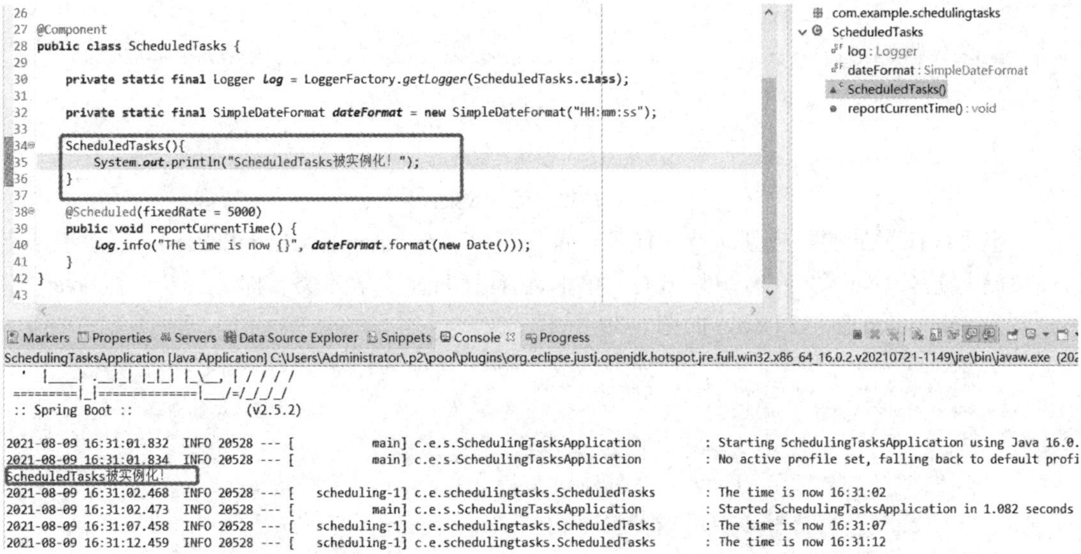

图 6-37　类被实例化

要创建计划任务，只需在执行计划任务的方法上注解@Scheduled，声明这是一个计划任务即可。现在 ScheduledTasks.java 上创建一个函数 reportCount，函数功能为每 1 秒数一个数，函数用@Scheduled 注解。参数 fixedRate 的值为 1000，表示计划任务间隔为 1 秒。对比两个任务执行时间可以看出，每 5 个数字后出现一次报时，数数的时间间隔是 1 秒。其代码如下，运行结果如图 6-38 所示。

```
@Component
public class ScheduledTasks {

    private static final Logger Log = LoggerFactory.getLogger(ScheduledTasks.class);

    private static final SimpleDateFormat dateFormat = new SimpleDateFormat("HH:mm:ss");

    private final AtomicLong counter = new AtomicLong();

    @Scheduled(fixedRate = 5000)
    public void reportCurrentTime() {
        Log.info("The time is now {}", dateFormat.format(new Date()));
    }

    @Scheduled(fixedRate = 1000)
    public void reportCount() {
        System.out.println(counter.incrementAndGet());
    }
}
```

```
2021-08-09 16:50:11.278  INFO 5516 --- [   scheduling-1] c.e.schedulingtasks.ScheduledTasks       : The time is now 16:50:11
2021-08-09 16:50:11.281  INFO 5516 --- [           main] c.e.s.SchedulingTasksApplication         : Started SchedulingTasksAppli
2
3
4
5
6
2021-08-09 16:50:16.276  INFO 5516 --- [   scheduling-1] c.e.schedulingtasks.ScheduledTasks       : The time is now 16:50:16
7
8
9
10
11
2021-08-09 16:50:21.276  INFO 5516 --- [   scheduling-1] c.e.schedulingtasks.ScheduledTasks       : The time is now 16:50:21
```

图 6-38　运行效果

也可以在另外的类中创建计划任务，首先在"com.example.schedulingtasks"上点击鼠标右键，选择"New"，在右边弹出的菜单中选择"Class"，输入类名称，创建一个 Java 类，命名为 ScheduledTasks2.java，如图 6-39 所示。

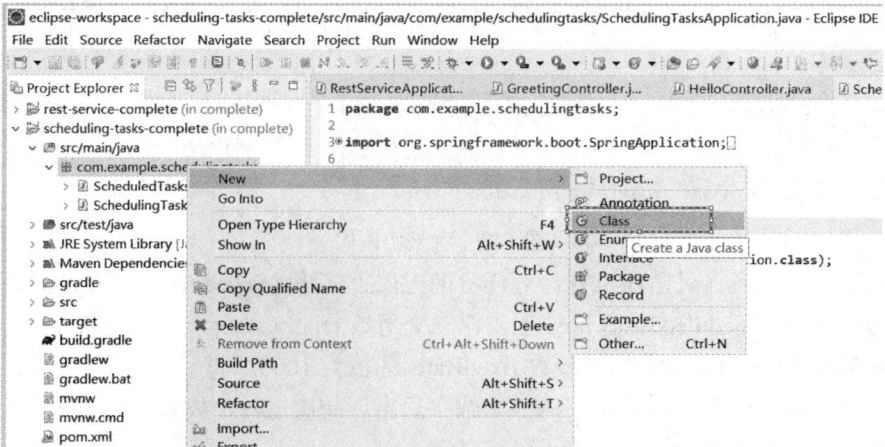

图 6-39　创建计划任务类

编辑 ScheduledTasks2.java，程序代码如下。用@Component 注解类，使类随着程序启动实例化。加上计划任务函数 plan，函数用@Scheduled(fixedRate = 2500)注解，声明这是一个计划任务，时间间隔为 2.5 秒。最后，写计划实现代码。运行效果如图 6-40 所示。

```
@Component
public class ScheduledTasks2 {

    @Scheduled(fixedRate = 2500)
    public void plan() {
        System.out.println("任务计划，时间间隔 2.5 秒运行一次");
    }

}
```

```
2021-08-09 19:54:00.273  INFO 23856 --- [   scheduling-1] c.e.schedulingtasks.ScheduledTasks       : The time is now 19:54:00
6
任务计划，时间间隔2.5秒运行一次
7
8
任务计划，时间间隔2.5秒运行一次
9
10
2021-08-09 19:54:05.274  INFO 23856 --- [   scheduling-1] c.e.schedulingtasks.ScheduledTasks       : The time is now 19:54:05
11
任务计划，时间间隔2.5秒运行一次
12
13
任务计划，时间间隔2.5秒运行一次
14
15
2021-08-09 19:54:10.275  INFO 23856 --- [   scheduling-1] c.e.schedulingtasks.ScheduledTasks       : The time is now 19:54:10
16
```

图 6-40　运行效果

对比 reportCurrentTime()任务执行时间可以看出，plan 计划任务是每 5 秒运行 2 次，是 2.5 秒的运行时间间隔。

6.4　gs-consuming-rest-main 介绍

在讲解 gs-consuming-rest-main 之前，需要先在官网上下载例程，如图 6-41 所示，然后按照 6.1.3 小节内容把工程导入到 Eclipse 当中，再运行。

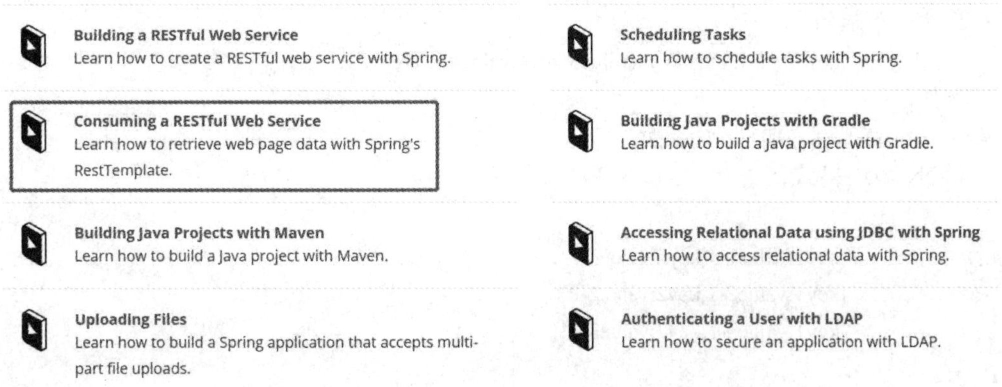

Building a RESTful Web Service
Learn how to create a RESTful web service with Spring.

Scheduling Tasks
Learn how to schedule tasks with Spring.

Consuming a RESTful Web Service
Learn how to retrieve web page data with Spring's RestTemplate.

Building Java Projects with Gradle
Learn how to build a Java project with Gradle.

Building Java Projects with Maven
Learn how to build a Java project with Maven.

Accessing Relational Data using JDBC with Spring
Learn how to access relational data with Spring.

Uploading Files
Learn how to build a Spring application that accepts multi-part file uploads.

Authenticating a User with LDAP
Learn how to secure an application with LDAP.

图 6-41　gs-consuming-rest-main 例程下载

　　该程序是一个使用 RESTful 服务的简单应用程序。这个应用程序的功能是获取 https://quoters.apps.pcfone.io/api/random 这个链接的数据，并以特定的格式返回。https://quoters.apps.pcfone.io/api/random 返回的是一个随机的 JSON 数据，经过程序处理，得到计算机程序能识别的格式，然后输出到下方控制台。运行效果如图 6-42 所示。由于是随机输出的，所以实验结果不一定与图 6-42 所示的数据一致。

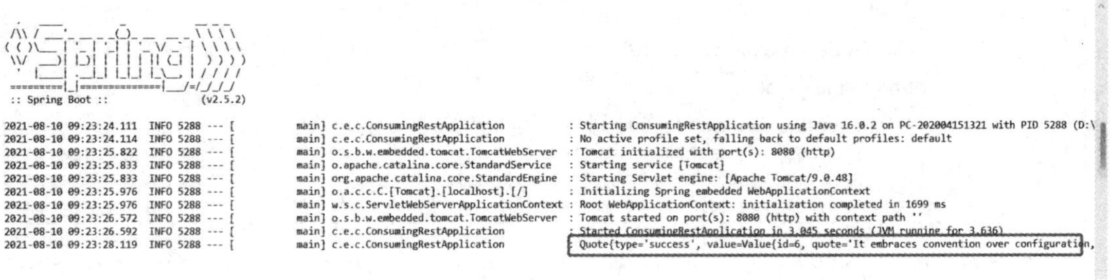

图 6-42　运行效果

6.4.1　JSON 简介

　　JSON(JavaScript Object Notation)是指 JavaScript 对象表示法，这种对象表示法使用 JavaScript 语法来描述数据对象。JSON 是一个轻量级的纯文本数据交换格式，数据可使用 Ajax 进行传输。JSON 的数据表示形式简单易懂，通过 JSON 解析器和 JSON 库支持许多不同的编程语言，独立于编程语言和编译平台。目前，非常多的动态(PHP、JSP、NET)编程语言都支持 JSON 格式的数据。

　　JSON 语法是 JavaScript 对象表示语法的子集。数据在名称/值对中，多个数据由逗号分隔，大括号 {} 保存对象，中括号 [] 保存数组，数组可以包含多个对象。JSON 值可以是数字(整数或浮点数)、字符串(在双引号中)、逻辑值(true 或 false)、数组(在中括号中)、对象(在大括号中)、null。

　　JSON 数据格式：

　　　{key:value}

　　例如：

　　　{ "age":30 }

　　JSON 对象格式：

　　　{key1:value1,key2:value2,key3:value3,key4:value4,…,keyN:valueN}

　　例如：

　　　{ "name":"王小明"，　"age":30 }

　　JSON 数组格式：

　　　　[

　　　　　{key1:value1-1,key2:value1-2},

　　　　　{key1:value2-1,key2:value2-2},

　　　　　{key1:value3-1,key2:value3-2},

　　　　　…

　　　　　{key1:valueN-1,key2:valueN-2}

```
        ]
```
例如：
```
    [
        {"name":"王小明"，  "age":30 },
        {"name":"李小红"，  "age":31},
        {"name":"方小花"，  "age":32},
        …
        {"name":"吴小英"，  "age":30 }
    ]
```

将"https://quoters.apps.pcfone.io/api/random"输入到浏览器地址栏，随机输出一个数据，结果以 JSON 格式返回，返回数据如下：

```
    {
    "type":"success",
    "value":{"id":10,
            "quote":"Really loving Spring Boot, makes stand alone Spring apps easy."
            }
    }
```

其中，JSON 具有层级结构(JSON 值中存在 JSON 格式的对象)，JSON 对象第一个值的名称为 type，type 的值为 success。第二个值的名称为 value，value 的值为一个 JSON 对象，它也包含两个值，第一个值的名称为 id，id 值为 10；第二个值的名称是 quote，quote 的值为一串字符。

6.4.2　程序讲解

对于后端编程来说，从浏览器获取一个 JSON 对象用处不是很大。Java 程序不能直接处理 JSON 数据，这个程序的功能是从浏览器获取了一个 JSON 对像并转换为类对象。需要使用与 JSON 文档套文档对应的类套类来进行数据的解析工作。为了帮助完成这个解析工作，Spring 提供了一个名为 RestTemplate 的方便的模板类。RestTemplate 使大多数 RESTful 服务与程序代码交互，它可以将该数据绑定到自定义域类型。

首先要根据 https://quoters.apps.pcfone.io/api/random 输出的 JSON 数据创建实体类，代码如下：

```java
@JsonIgnoreProperties(ignoreUnknown = true)
public class Quote {

    private String type;
    private Value value;

    public Quote() {
    }

    public String getType() {
```

```
            return type;
        }

        public void setType(String type) {
            this.type = type;
        }

        public Value getValue() {
            return value;
        }

        public void setValue(Value value) {
            this.value = value;
        }

        @Override
        public String toString() {
            return "Quote{" +
                "type='" + type + '\" +
                ", value=" + value +
                '}';
        }
    }
```

Value 类的代码如下：

```
    @JsonIgnoreProperties(ignoreUnknown = true)
    public class Value {

        private Long id;
        private String quote;

        public Value() {
        }

        public Long getId() {
            return this.id;
        }

        public String getQuote() {
            return this.quote;
        }

        public void setId(Long id) {
```

```
            this.id = id;
        }

        public void setQuote(String quote) {
            this.quote = quote;
        }

        @Override
        public String toString() {
            return"Value{" +
                "id=" + id +
                ", quote='" + quote + '\" +
                '}';
        }
    }
```

在内层类 Value 中有两个属性，一个是 Long 类型的 id 属性，另一个是 String 类型的 quote 属性。这个类属性是私有的，有与之相配的 getter 和 setter 函数。还有一个 toString() 函数，这个函数的功能是以特定字符格式输出属性值。这个类还用了一个 @JSONIgnoreProperties(ignoreUnknown = true)注解，这个注解的作用是如果 JSON 中字段多于类中字段，则多余的字段就忽略掉。

在外层类 Quote 中，同样有两个属性，一个是 String 类型的 type，另一个是 Value 类型的 value。Value 本身是一个类，同时也是 Quote 类中的一个属性。在这个类中也有属性相关的 getter、setter 和 toString 函数，类上同样也使用@JSONIgnoreProperties(ignoreUnknown = true)注解，忽略 JSON 多余的字段。

启动类 ConsumingRestApplication.java 中有两个函数，代码如下：

```
    @Bean
    public RestTemplate restTemplate(RestTemplateBuilder builder) {
        return builder.build();
    }
    @Bean
    public CommandLineRunner run(RestTemplate restTemplate) throws Exception {
        return args -> {
            Quote quote = restTemplate.getForObject(
                    "https://quoters.apps.pcfone.io/api/random", Quote.class);
            Log.info(quote.toString());
        };
    }
```

RestTemplate 是从 Spring3.0 开始支持的一个 HTTP 请求工具，它提供了常见的 REST 请求方案的模版，例如 GET 请求、POST 请求、PUT 请求、DELETE 请求以及一些通用的请求执行方法 exchange 以及 execute。RestTemplate 继承自 InterceptingHttpAccessor 并且实现了 RestOperations 接口，其中 RestOperations 接口定义了基本的 RESTful 操作，这些操作

在 RestTemplate 中都得到了实现。public RestTemplate restTemplate(RestTemplateBuilder builder)的作用是使用 RestTemplateBuilder 来实例化 RestTemplate 对象，Spring 已经默认注入了 RestTemplateBuilder 实例，所以这个参数是不需要传递的。

restTemplate 的 getForObject 方法是发送一个 HTTP 请求，并把请求返回的 JSON 格式的数据映射成为一个类对象，也就是说，把 HTTP 请求的结果转换成一个对象。restTemplate 的 getForObject 方法就是整个工程的核心。getForObject 有两个参数，第一个参数为一个访问的 URL，第二个参数为返回值的类型。代码中第一个参数为 https://quoters.apps.pcfone.io/api/random 得到的一个 JSON 的数据，这个数据以 Quote 类的类型返回，然后打印到控制台。

Spring 的@Bean 注解用于方法上，告诉方法，产生一个 Bean 对象，然后这个 Bean 对象交给 Spring 管理。产生这个 Bean 对象的方法 Spring 只会调用一次，随后这个 Spring 会将这个 Bean 对象放在自己的 IOC 容器中。

所以对于以上程序的应用，我们只要知道修改 getForObject 函数的参数就可以了，把需要转换的URL和返回类型设置好，就可以得到基于特定JSON格式的类的对象用于程序。

6.4.3 gs-consuming-rest-main 应用

根据 6.2 节所讲内容，在浏览器中访问 http://127.0.0.1:8081/greeting 会得到一组数据，现在我们把这一组 JSON 数据打印到控制台。复制 CommandLineRunner run(RestTemplate restTemplate)函数到当前类内的最下方。注意函数名称要修改，否则会出错。同一个类中不能有相同的两个函数存在。然后，使用@Bean 注解这个复制的函数。通过 RestTemplate 的 getForObject 方法访问链接，修改其参数，把第一个参数改成需要转换的 URL，也就是 http://127.0.0.1:8081/greeting，第二个参数改成需要返回的类型，也就是 Greeting.class。注意返回值的声明类型也要修改，修改成 Greeting quote。将经过 getForObject 函数转换后的 Greeting 类的对象保存在变量名为 quote 的变量中。修改代码如图 6-43 所示。

```
21  @Bean
22  public RestTemplate restTemplate(RestTemplateBuilder builder) {
23      return builder.build();
24  }
25
26  @Bean
27  public CommandLineRunner run(RestTemplate restTemplate) throws Exception {
28      return args -> {
29          Quote quote = restTemplate.getForObject(
30                  "https://quoters.apps.pcfone.io/api/random", Quote.class);
31          Log.info(quote.toString());
32      };
33  }
34  @Bean
35  public CommandLineRunner run1(RestTemplate restTemplate) throws Exception {
36      return args -> {
37          Greeting quote = restTemplate.getForObject(
38                  "http://127.0.0.1:8081/greeting", Greeting.class);
39          Log.info(quote.toString());
40      };
41  }
42 }
```

图 6-43 新建转换函数

把 gs-rest-service-main 工程中的 Greeting.java 复制到 gs-consuming-rest-main 工程的包中，不然识别不了 Greeting 类，如图 6-44 所示。

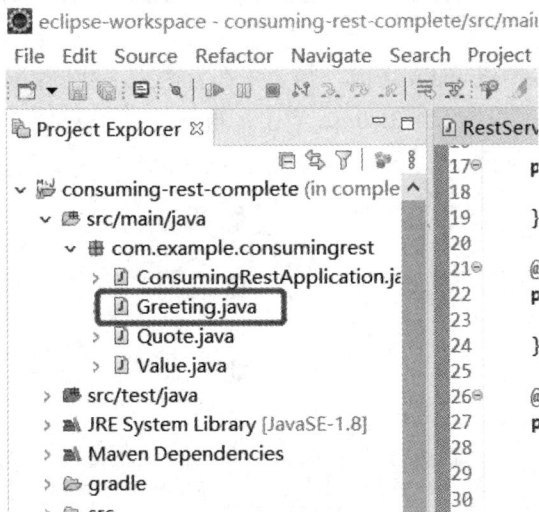

图 6-44 添加 Greeing 类

分别运行 gs-rest-service-main 工程和 gs-consuming-rest-main 工程。在不修改端口号的情况下，这两个程序都是使用 8080 的端口号，注意修改其中一个运行程序的端口号，使得它们在本机上通过不同的端口号提供服务。现把 gs-rest-service-main 程序运行的端口号修改成 8081。gs-consuming-rest-main 提供服务的端口号不做修改，端口号还是默认的 8080。查看 gs-consuming-rest-main 程序运行时控制台的显示，可以看见通过程序访问 http://127.0.0.1:8081/greeting，并转换返回数据到控制台，如图 6-45 所示。

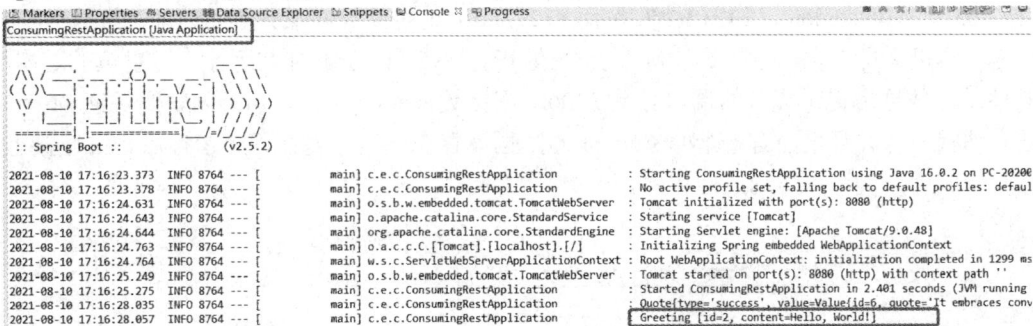

图 6-45 运行效果

总的来说，gs-rest-service-main 和 gs-consuming-rest-main 的功能是反过来的。gs-rest-service-main 程序的作用是使得 Greeting 类的对象输出成为请求的 RESTful 服务的数据，也就是 JSON 格式。而 gs-consuming-rest-main 程序则是把 RESTful 服务输出的 JSON 格式数据转换成 Greeting 类的对象。把 RESTful 服务输出的 JSON 格式数据转换成类的格式有什么作用，这个就要看程序需要使用转换得来的数据做什么用途。而 gs-consuming-rest-main 只是帮我们转换格式的，使得我们可以用 Java 代码处理这些 Java 对象，否则程序是不可能处理 RESTful 服务输出的 JSON 格式数据的。也就是一开始说的，对于后端编程来说，从浏览器获取了一个 JSON 对象用处不是很大的原因。

6.5 gs-mysql-service-main 介绍

在讲解 gs-mysql-service-main 之前，需要先在官网上下载例程，如图 6-46 所示，然后按照 6.1.3 小节内容把工程导入到 Eclipse 当中，再运行。在导入这个工程后，后台下载包的时间比较长，需耐心等待。

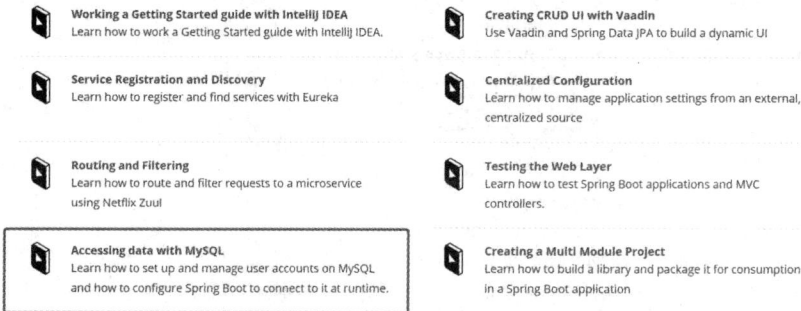

Working a Getting Started guide with IntelliJ IDEA
Learn how to work a Getting Started guide with IntelliJ IDEA.

Creating CRUD UI with Vaadin
Use Vaadin and Spring Data JPA to build a dynamic UI

Service Registration and Discovery
Learn how to register and find services with Eureka

Centralized Configuration
Learn how to manage application settings from an external, centralized source

Routing and Filtering
Learn how to route and filter requests to a microservice using Netflix Zuul

Testing the Web Layer
Learn how to test Spring Boot applications and MVC controllers.

Accessing data with MySQL
Learn how to set up and manage user accounts on MySQL and how to configure Spring Boot to connect to it at runtime.

Creating a Multi Module Project
Learn how to build a library and package it for consumption in a Spring Boot application

图 6-46　gs-mysql-service-main 例程下载

该程序是创建并连接到 MySQL 数据库，对数据库中的表进行增删改查操作的 Spring 应用程序。在本机上安装的小皮软件，进入 MySQL 数据库的用户名和密码如果没修改过就是 root，并且小皮的 MySQL 中建有名称为 student 的数据库。现我们就让程序连接该名为 student 的数据库，启动工程。

在 Eclipse 中打开工程找到文件夹 src/main/resources，打开里面的 application.properties 文件，修改连接数据库的参数。把连接数据库的 URL 属性，spring.datasource.url 修改成 //127.0.0.1:3306/student，如图 6-47 所示。127.0.0.1 是连接数据服务器的地址。如果数据库不是在本机运行的话，就根据实际情况修改 IP。MySQL 在本机上运行，这里填的是本机 IP 地址，数据库提供服务的端口号是 3306，连接数据库的名字是 student。要保证 MySQL 是启动状态，并且里面有一个叫 student 的数据库存在，这才能在程序运行后正常连接上。修改完成后，就可以启动应用程序。

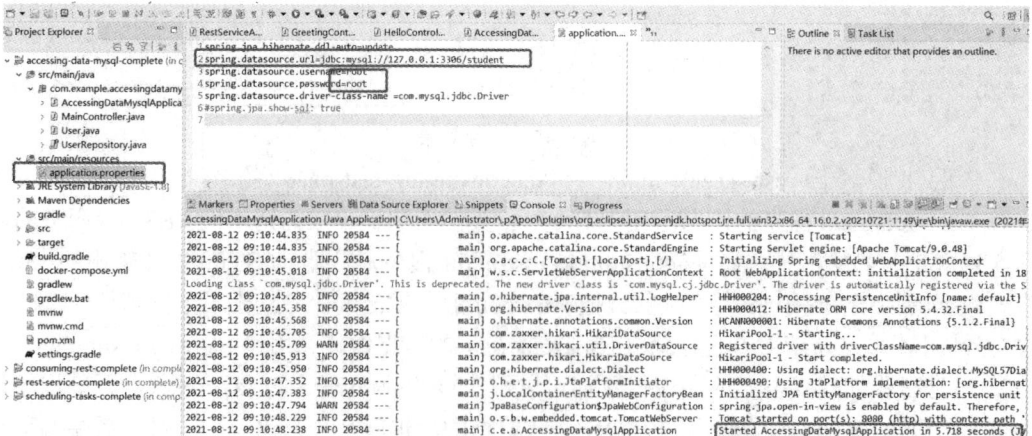

图 6-47　运行 gs-mysql-service-main

运行后，打开数据库，会发现在本来空的 student 数据库中出现了一个名叫 user 的表，如图 6-48 所示，表中并没有数据。

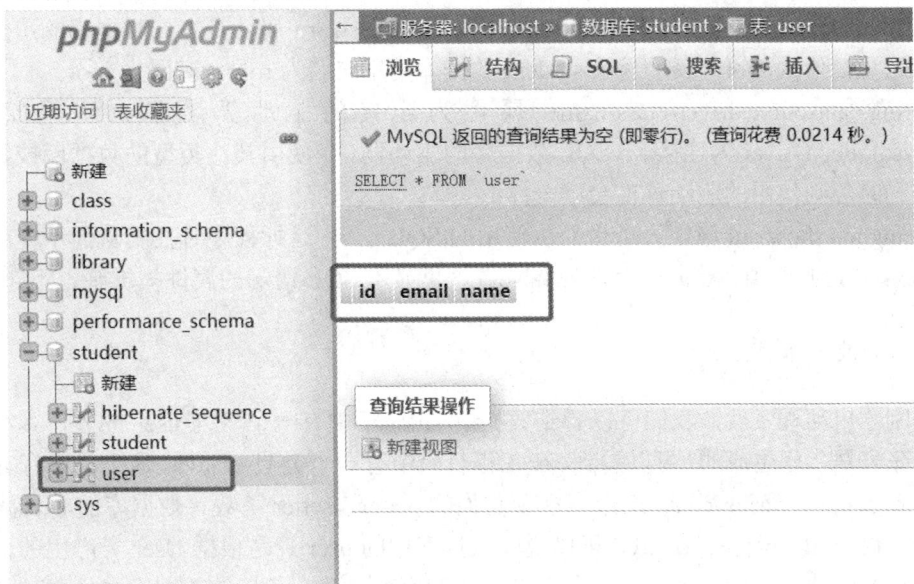

图 6-48　程序创建 user 表

6.5.1　连 接 MySQL

在这个实例中，连接数据库很简单，只需修改属性文件 application.properties。属性文件代码如下：

```
spring.jpa.hibernate.ddl-auto=update
spring.datasource.url=jdbc:mysql://127.0.0.1:3306/student
spring.datasource.username=root
spring.datasource.password=root
spring.datasource.driver-class-name =com.mysql.jdbc.Driver
#spring.jpa.show-sql: true
```

其中：

spring.jpa.hibernate.ddl-auto 属性是对表的操作，这里赋值为 update，表明每次运行程序，没有相应的表格会自动新建表格，如果表已存在，则表内数据不会清空，只会更新。它还有其他三个选项：

(1) create：每次运行该程序，没有表格会自动新建表格，表内有数据会清空。

(2) create-drop：每次程序结束的时候会清空表。

(3) validate：运行程序会校验数据与数据库的字段类型是否相同，不相同会报错。

spring.datasource.url 属性是要连接数据库的 URL，这里赋值为 jdbc:mysql://127.0.0.1:3306/student 表示连接 MySQL 数据库。数据库所在的服务器地址是 127.0.0.1，也就是本机地址。如果服务器在网络上，就根据实际情况填写数据库服务器的 IP 地址，服务端口号是 3306，数据库名称为 student。连接其他 MySQL 数据库就把 student 改成需要连接的数据库的名称。这里要注意一下，一定要确认服务器上已经存在所要连接的数据库，否则就要在 MySQL 服务器上先创建要连接的数据库，不然会运行错误。

spring.datasource.username 和 spring.datasource.password 属性是登录数据库的用户名和密码。这里赋值为 root，表示登录 student 数据库的用户名为 root，密码为 root。

spring.datasource.driver-class-name 属性为连接的驱动类名称。这里赋值为 com.mysql.jdbc.Driver 为连接 MySQL 数据库的驱动器。当使用其他类型的数据库或数据库版本不同时，则使用的驱动器也会不一样。

spring.jpa.show-sql 属性为是否显示使用的 SQL 语句，运行程序时控制台显示程序执行的 SQL 语句，则赋值为 true，否则为 false。这里显示 SQL 语句的属性被屏蔽，不起作用。

6.5.2 生成数据表

在刚才启动程序后，我们可以看到数据库 student 中有一个名为 user 的表，本小节将说明这张表是怎样生成的。可以看到，在工程目录中有一个类 User.java。这个类中有 Integer id、String name、String email 三个属性及它们的 getter、setter 函数。数据库的 user 表中，字段名字也是 id、name、email。可以说，数据库中的 user 表是根据 User 类产生的，并且以这个类的属性名称作为字段名称，随着程序的启动自动在连接的数据库中生成与类名相同的表。有这样一个自动生成表的效果，类的@Entity 注解起到关键作用。

```java
@Entity// This tells Hibernate to make a table out of this class
public class User {
    @Id
    @GeneratedValue(strategy=GenerationType.AUTO)
    private Integer id;
    private String name;
    private String email;

    public Integer getId() {
        return id;
    }
    public void setId(Integer id) {
        this.id = id;
    }
    public String getName() {
        return name;
    }
    public void setName(String name) {
        this.name = name;
    }
    public String getEmail() {
        return email;
    }
```

```
public void setEmail(String email) {
    this.email = email;
}
}
```

其中：

@Entity 是类的注解，说明这个 class 是实体类，并且使用默认的 orm 规则，即：① 数据库中的每一张表对应编程语言中的一个类；② 关系数据库中的一张表可能有多条记录，每条记录对应类的一个实例；③ 数据库中表的字段与类中的属性也是一一对应的。class 名即数据库中的表名，class 变量属性名即表中的字段，也就是说把实体类映射到数据库表中。这种映射关系是有限制的，要求映射的实体类不能是接口类，类的类型不能是 final，并且必须是使用@Entity 注解。实体类里面不能有 final 类型的方法。同时，它必须使用@Javax.persistence.Id 来注解一个主键，在本实例中就结合使用了@Id。

@Id 的意思是声明一个属性将 id 映射到数据库主键的字段。主键就是它的值能唯一地标识表中的每一条记录，具有唯一性的特点。在这个程序中，对于 id 也使用了一个@GeneratedValue(strategy=GenerationType.AUTO)的注解。这个注解的意思是，表中字段 id 的值是自动生成的，并且后一条记录的 id 值在前一个记录的 id 值的基础上自增。

现在我们来试一下修改程序使数据库生成一个货物表 product，表中字段是 id、name、price、colour。首先我们在工程中新建一个 Java 类，取名为 product。类的属性是 id、name、price、colour，添加属性的 getter 和 setter 函数。最后在类的上方加上@Entity 注解，在属性 id 前加上@Id 和@GeneratedValue(strategy=GenerationType.AUTO)两个注解，程序如下。运行程序，查看数据库，如图 6-49 所示。可以看出，只要在工程中加上一个类，在类上添加适当的注解，启动工程，就可以完成数据库中表的创建。

```
@Entity// This tells Hibernate to make a table out of this class
public class Product {
    @Id
    @GeneratedValue(strategy=GenerationType.AUTO)
    private Integer id;
    private String name;
    private float price;
    private String colour;

    public Integer getId() {
        return id;
    }
    public void setId(Integer id) {
        this.id = id;
    }
    public String getName() {
        return name;
    }
}
```

```
        public void setName(String name) {
            this.name = name;
        }
        public float getPrice() {
            return price;
        }
        public void setPrice(float price) {
            this.price = price;
        }
        public String getColour() {
            return colour;
        }

        public void setColour(String colour) {
            this.colour = colour;
        }
    }
```

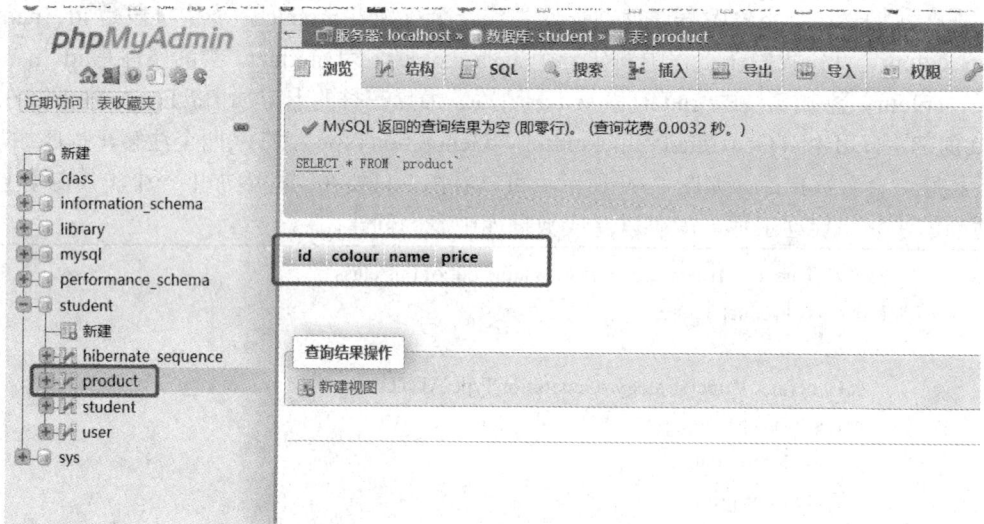

图 6-49　程序创建 product 表

　　数据库添加表的操作，只需有一个类，使用了@Entity 注解，注解为实体类，并且使用@Id 映射主键。同时也可以为主键添加@GeneratedValue(strategy=GenerationType.AUTO) 注解，使其自增。在程序启动后，数据库中自然会生成一个与这个实体类同名的表。

6.5.3　操作数据表

　　本小节主要讲解使用 Java 语言操作数据库中的表。对于程序而言，CrudRepository 接口提供了最基本的对实体类的操作，通过对实体类的操作，从而对数据库中相应的数据表进行增删改查操作。

CrudRepository 接口的方法：

```
save(Tentity);                                       //保存一条记录
Iterable save(Iterable<?extends T> entities);        //保存多条记录
T findOne(ID id);                                    //根据 id 查一条记录
boolean exists(ID id);                               //根据 id 判断该记录是否存在
Iterable findAll();                                  //查询表中所有记录
long count();                                        //查询表中记录数量
void delete(ID id);                                  //根据 id 删除一条记录
void delete(Tentity);                                //删除一条记录
void delete(Iterable<?extends T> entities);          //删除多条记录
```

在我们的实例中，对实体类 user 进行操作的接口在 UserRepository.java 里，代码如下：

```
public interface UserRepository extends CrudRepository<User, Integer> {


}
```

在代码中，定义接口 UserRepository 继承 CrudRepository，并表明接口类操作的实体类的类型为 User。通过这个接口的方法操作实体类，从而对数据库中 user 表进行操作。至于，只要操作实体类，数据库中的表就发生相应的变化这个过程，不需要深究，只需清楚认识到，只要我们通过 UserRepository 接口的方法操作实体类，user 表就有相应的变化这一事实就可以了。注意的是 UserRepository 接口的方法只对 User 实体类有效。需要对数据库中别的数据表进行增删改查的操作，就要新建相对应的实体类和操作接口。

UserRepository 接口是提供操作 user 表的方法，操作数据库中数据表的代码是在 MainController.java 里面。MainController.java 里就使用了接口的方法对实体类进行操作，从而操作数据库。下面将逐个分析 MainController.java 里的函数。

(1) addNewUser 函数。该函数提供一个插入一条 user 记录的方法，代码如下：

```
//@PostMapping(path="/add")
@GetMapping(path="/add")
    public@ResponseBody String addNewUser (@RequestParam String name
        , @RequestParam String email) {



        User n = new User();
        n.setName(name);
        n.setEmail(email);
        userRepository.save(n);
        return"Saved";
    }
```

可以看到该函数运行时需要提供两个参数，一个是 name，另一个是 email。它们都是 String 类型的，并且使用@RequestParam 注解标注参数，表明参数是从 URL 中请求得到的。函数的返回值类型是 String，用@ResponseBody 注解标注。@ResponseBody 的作用其实是将 Java 对象转为 JSON 格式的数据,意思就是把 String 类型的对象转换成 JSON 格式的数据,方便前端使用。对于本实例返回值格式是 String 还是 JSON 区别不大。该函数体内,首先定义了一个实体类 User 对象 n,并通过 new 方法实例化。然后,通过对象的 setName 和 setEmail 方法,赋值给属性 name 和 email。在实体类中,属性有三个,分别是 id、name 和 email。代码把 name 属性和 email 属性都赋值了,而 id 属性在实体类 User.java 里是通过@GeneratedValue(strategy=GenerationType.AUTO)自动生成的。最后,用 userRepository 的 save 方法保存实体类对象 n,也就是 userRepository.save(n)。之前说过 userRepository 接口只是提供操作实体类对应的数据表的方法,而真正保存一条记录是通过 userRepository.save(n)实现的。

为了实验的方便,addNewUser 函数上的注解修改为@GetMapping(path="/add"),可直接在浏览器地址栏输入参数。除了要注意函数使用了@GetMapping(path="/add")注解外,类上也有一个@RequestMapping(path="/demo") 的注解。@RequestMapping 用于类上,表示类中的所有响应请求的方法都是以该地址作为父路径。

启动应用程序前,要检查数据库是否启动,并且还要检查需要连接的数据库是否已创建,否则,运行时会发生错误。程序启动在本机上,并且查找到程序启动服务的端口号是8080。应用程序启动成功后,可以打开浏览器,在地址栏输入"127.0.0.1:8080/demo/add?name=abc&email=abc@qq.com",页面返回"Saved",如图 6-50 所示。再查看数据库 student,找到表 user,查看记录,如图 6-51 所示。可以看到记录 name 为 abc,email 为 abc@qq.com,被保存在表中。

图 6-50　插入一条记录

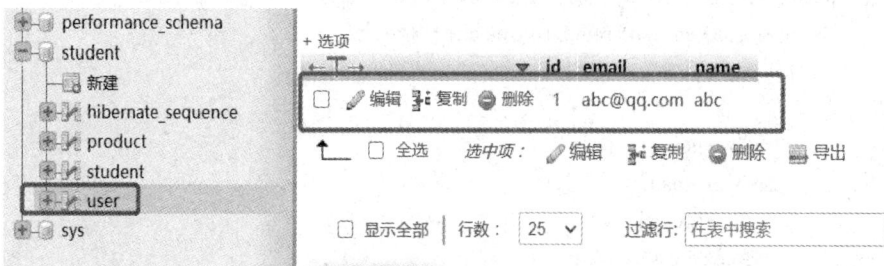

图 6-51　数据库运行效果

(2) getAllUsers 函数。该函数提供了一个查找 user 表中所有记录的功能,代码如下。该函数运行时不需要提供参数,函数体中只有一条代码,就是便于 userRepository 中的 findAll()方法返回表中所有记录。返回的记录存放在一个以 user 为对象的 Iterable 集合里。

```
@GetMapping(path="/all")
    public @ResponseBody Iterable<User> getAllUsers() {
        // This returns a JSON or XML with the users
        returnuserRepository.findAll();
    }
```

启动应用程序前，要检查数据库是否启动，并且需要连接的数据库是否已创建，否则，运行时会发生错误。程序启动在本机上，并且查找到程序启动服务的端口号是 8080。应用程序启动成功后，可以使用 http://127.0.0.1:8080/demo/add?name=XXX&email=XXX，多录入几条记录。打开浏览器，在地址栏输入 "127.0.0.1:8080/demo/all"，页面返回记录数据，如图 6-52 所示。再查看数据库 student，找到表 user，查看记录，如图 6-53 所示。

图 6-52　查找所有记录

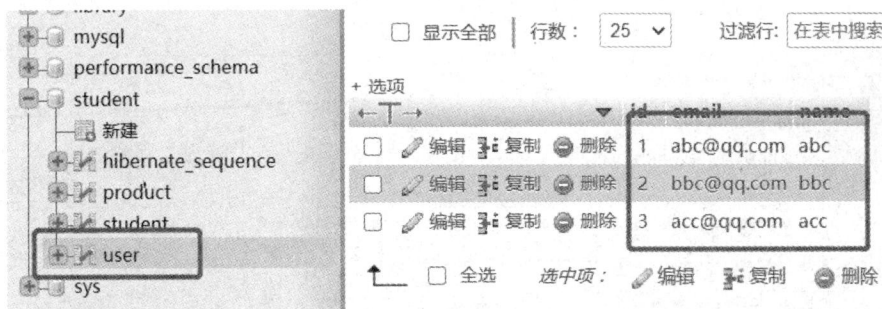

图 6-53　数据库中的记录

在这里还要说明一个问题，在 MainController 类中 addNewUser 和 getAllUsers 函数里使用的 UserRepository 对象 userRepository 是怎样创建的，又是怎样传递到 MainController 类中使用的。在代码中可以发现，MainController 类中并没有使用 New 的方法使 userRepository 实例化。同时我们也知道接口不能实例化。这里就是 Spring 的强大功能的体现，很多工作它都在偷偷地帮我们完成，同时也生成了一个 UserRepository 对象。这个对象要在 MainController 类中使用，就要注入到类的属性 private UserRepository userRepository。@Autowired 注释，它可以对类成员变量、方法及构造函数进行标注，完成自动装配的工作。也就是说把一个 Spring 帮我们实例化的对象，注入到同类型的属性中。把 UserRepository 对象注入到本类的 userRepository 属性当中，userRepository 对象的所有关于 user 数据库的方法就可以在当前类中使用了。

上一小节，我们利用 Product.java 在数据库 student 中创建了一个空表 product，现在我们对这个表进行操作，即插入一条记录。首先要有对实体类操作的接口 ProductRepository，新建 ProductRepository.interface。在包上点击鼠标右键，在弹出的菜单中选择 "New"，在下一级弹出的菜单中选择"Interface",如图 6-54 所示。

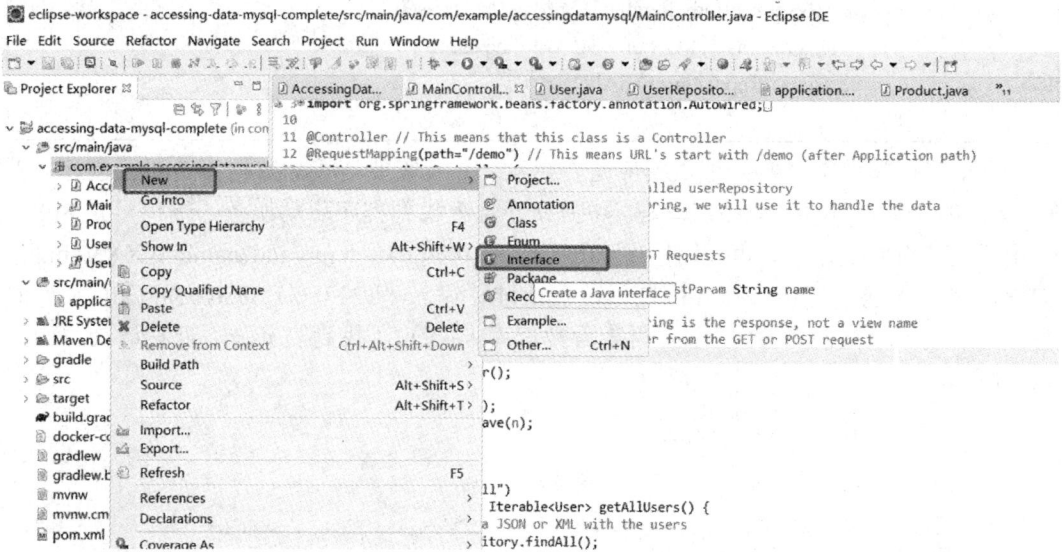

图 6-54　创建操作表的接口

在弹出的窗口填入文件名称"ProductRepository",再点击"Finish"按钮,如图 6-55 所示。

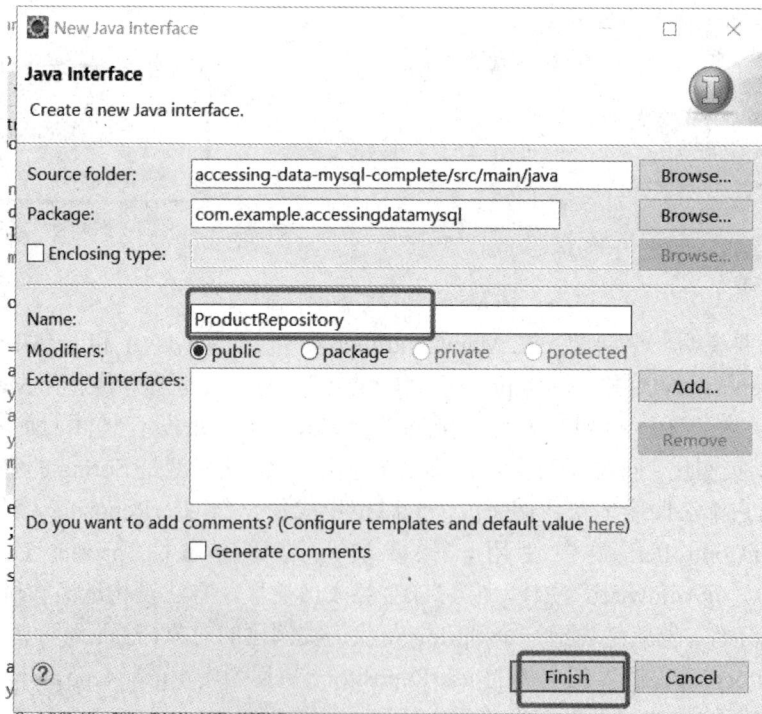

图 6-55　填入接口名称

在 ProductRepository.interface 内填入代码,完成对实体类操作的接口,然后保存文件。注意操作的实体类类型为 Product,如图 6-56 所示。

```
package com.example.accessingdatamysql;

import org.springframework.data.repository.CrudRepository;

public interface ProductRepository extends CrudRepository<Product, Integer> {

}
```

图 6-56　操作表接口代码

在 MainController.java 的类里面，添加 ProductRepository 对象作为类的属性。注意在 private ProductRepository productRepository;上加上@Autowired 注解，使其注入对象。对象已实例化过了，只要用@Autowired 注入对象就可以了。最后在该类中写操作函数，代码如下：

```
@GetMapping(path="/addNewProduct")
public@ResponseBody String addNewProduct (@RequestParam String name
        , @RequestParam String colour, @RequestParam double price) {
    Product p = new Product();
    p.setName(name);
    p.setPrice(price);
    p.setColour(colour);
    productRepository.save(p);
    return"Saved";
}
```

运行程序后，在浏览器中输入"127.0.0.1:8080/demo/addNewProduct?name=b&colour=红&price=13.4"，如图 6-57 所示，再打开数据库查看表 product，如图 6-58 所示。

图 6-57　插入一条记录

图 6-58　插入记录效果

查询数据库 student 表中 product 的内容。在 MainController.java 的类里面，写如下查询函数代码。运行程序后，在浏览器中输入"127.0.0.1:8080/demo/allProduct"，如图 6-59 所示，再打开数据库查看表 product，如图 6-58 所示。

```
@GetMapping(path="/allProduct")
public@ResponseBodyIterable<Product> getAllProduct() {
    // This returns a JSON or XML with the users
    returnproductRepository.findAll();
}
```

[{"id":5,"name":"a","price":10.5,"colour":"红"},{"id":6,"name":"b","price":13.4,"colour":"红"}]

图 6-59   查找所有记录

以上是添加一条记录和查看数据库数据，我们也可以尝试使用 productRepository 接口的其他方法操作数据库。

本章的主要内容是介绍 gs-rest-service-main、gs-scheduling-tasks-main、gs-scheduling-tasks-main 和 gs-consuming-rest-main 例程的功能和应用。学习本章知识后，可以根据程序的实际需要，灵活运用这些例子。同时，为了加深对 Spring 的学习，可以到官网上学习其他例程。

6.6   Maven 工程转成 Java 工程

之前在官网上下载的工程都是 Maven 工程，下面学习怎样把 Maven 工程转换成 Java 工程。转换工程重点是导包。先在需要转换的 Maven 工程上点击鼠标右键，在弹出的菜单中找到"Run As"，然后在右边弹出的菜单中选择"Maven build"，如图 6-60 所示。

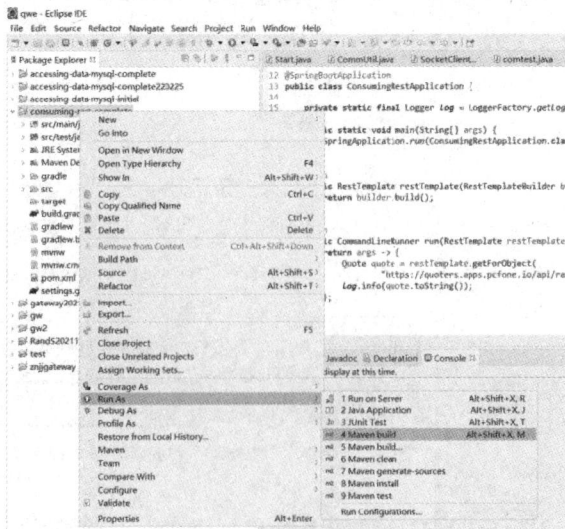

图 6-60   导包

在弹出页面"Goals:"后面的文本框中输入"dependency:copy-dependencies-DoutputDirectory=lib",注明导包的位置,然后点击"Run"按钮,如图 6-61 所示。

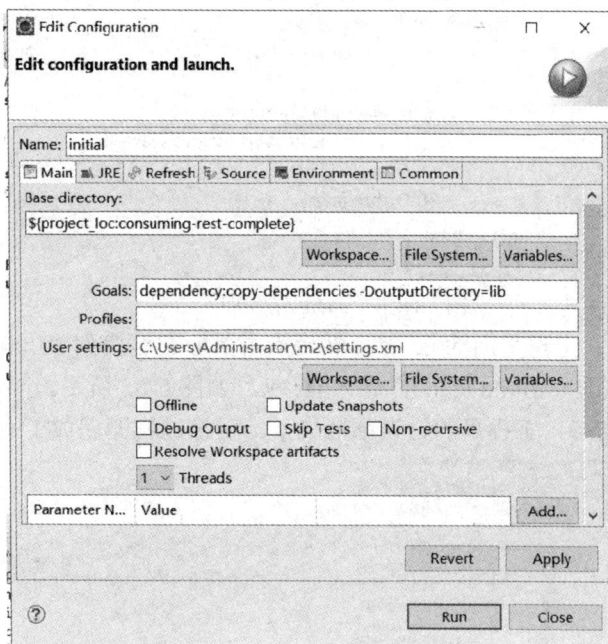

图 6-61　填写导包指令

导包结束后,会在控制台有导包成功提示,如图 6-62 所示。

图 6-62　导包成功

打开工程路径,在 complete 目录下有一个名为 lib 的文件夹,里面就是导出关于本工程的 jar 依赖包,如图 6-63 所示。

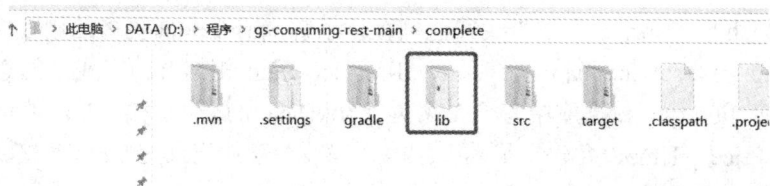

图 6-63　导出 jar 包的路径

有了依赖包就可以创建 Java 项目了。新建一个 Java 工程,拷贝原来 Maven 工程的 Java

文件放到新的工程里面。把刚导出的 jar 包所在的 lib 文件夹拷贝到新建的 Java 工程根目录下，如图 6-64 所示。

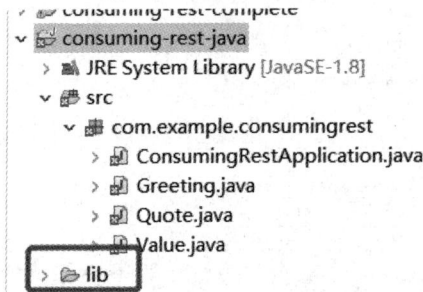

图 6-64 把 jar 包路径加入工程

打开 lib 文件夹，全选里面的 jar 包，然后点击鼠标右键找到"Build Path"，在右边弹出的菜单中选择"Add to Build Path"，导入 jar 包，如图 6-65 所示。

有了依赖包的支持，工程里的错误都消失了，转换过程即完成了，如图 6-66 所示。

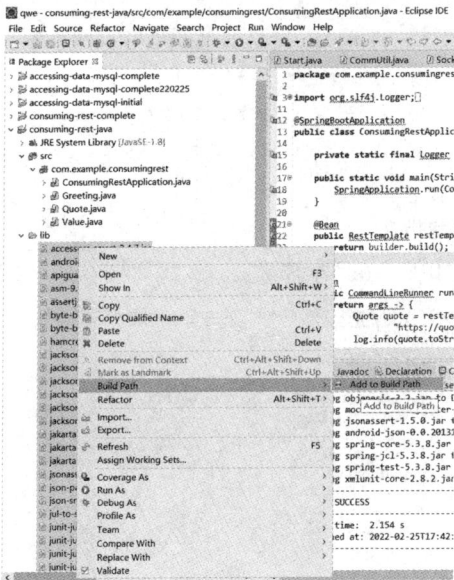

图 6-65 选择"Add to Build Path"

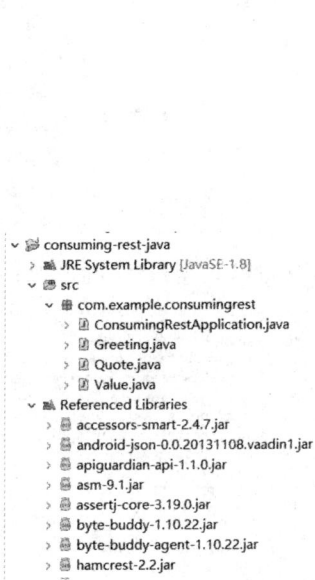

图 6-66 转换完成效果图

课 后 作 业

1. 在官网 https://spring.io/ 上查找其他例程，了解 SpringBoot 更多的用途。

2. 使用 gs-rest-service-main 与 gs-mysql-service-main 相结合的方式，创建图书馆书籍存储的数据库 library，数据库中有一个名为 bookData 的表，表中字段为 Id、BookId、BookName、Price、Time，并建立录入、删除、修改、查找记录的 URL 连接。

3. 分别把本章中的 gs-rest-service-main、gs-scheduling-tasks-main、gs-consuming-rest-main 和 gs-mysql-service-main 的 Maven 工程转成 Java 工程。

第 7 章

例程项目服务器程序设计

前面章节介绍了单片机的 LED 灯状态信息,如何经网关转发,传递给服务器存储。同时也介绍了服务器下发命令信息,并经网关转发到单片机,使单片机进行相应的操作。本章将主要讲述服务器的功能、设计及实现。

7.1 服务器的功能设计

在整个例程项目中,服务器要使用以太网与网关交换信息,所以服务器必须具备 Socket 功能,用于交换包括上行和下行两部分的信息。服务器也要具有数据存储的功能,用于存储历史信息。此外,服务器还要具有 Web 页面访问功能,使用户可以通过远程的方式访问,查询状态信息和发送控制信息。服务器的具体功能总结如下:

(1) 通过 TCP 协议接收网关转发的 LED 灯状态信息。

(2) 通过 TCP 协议发送控制信息到网关,经网关转发下行。

(3) 有数据存储的功能,能保存上传的 LED 灯状态信息和下发的控制信息。

(4) 能通过浏览器查看历史状态信息和控制信息。

(5) 能通过浏览器输入,发送控制信息。

服务器程序功能图如图 7-1 所示。

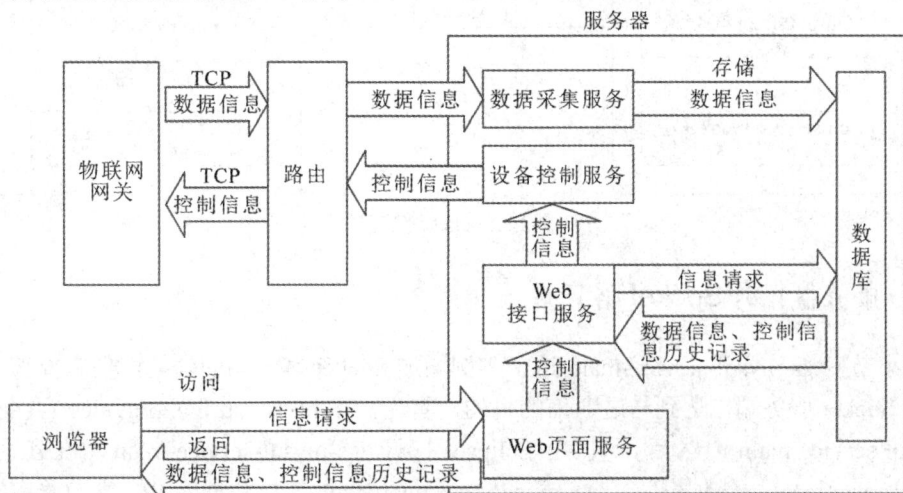

图 7-1　服务器程序功能图

129

为了实验的方便,我们先把服务器设置在同一个局域网内,再把服务器转移到云端。

根据以上功能要求,第 6 章中的 gs-mysql-service-main 实例是最符合我们功能要求的,它可以提供浏览器访问功能,同时也提供数据库存储功能。但这个实例没有 Socket 通信功能,因此可以在 gs-mysql-service-main 应用实例的基础上补充 Socket 发送和接收的功能。

7.2 Windows 服务器

本节主要讲述在 Windows 环境下运行服务器,以提供 Web 接口服务、数据存储服务、数据采集服务(Socket 接收)和设备控制服务(Socket 发送)的方法。

Socket 是支持 TCP/IP 协议网络通信的基本操作单元,其通信模型如图 7-2 所示。Socket 通信是服务端跟客户端通信。在服务器和网关的通信中,若服务器是 Socket 客户端,则网关就必须是 Socket 服务端。相反,如果服务器是 Socket 服务端,则网关就必须是 Socket 客户端。运行时,Socket 服务端先启动,等待接收请求,再运行 Socket 客户端,请求连接,然后 Socket 服务端接收请求,这样 Socket 连接就创建了。

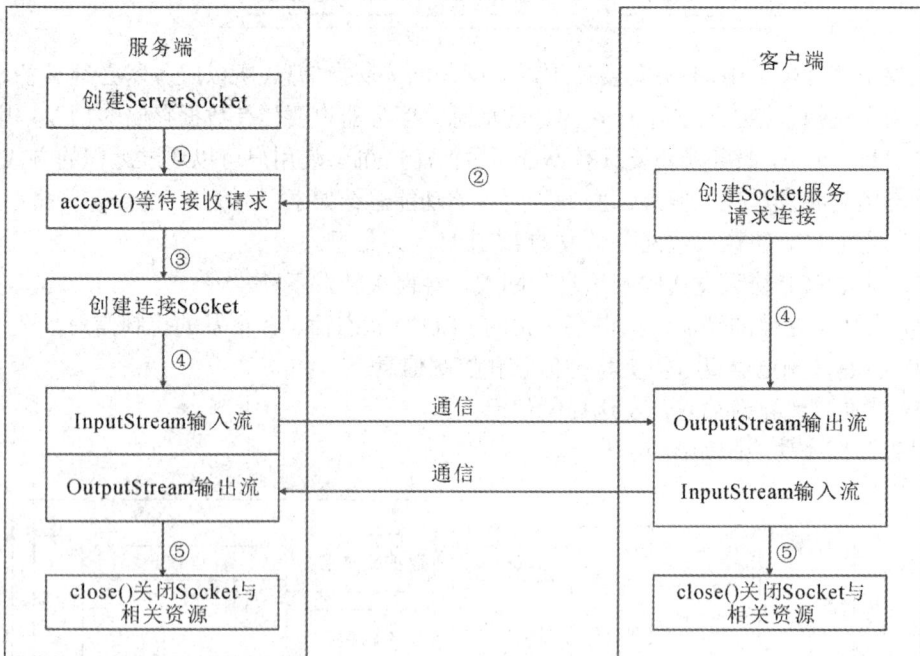

图 7-2　Socket 通信模型

7.2.1　服务器作为 Socket 客户端

本小节为 gs-mysql-service-main 这个实例增加 Socket 客户端的功能,使它能够连接网关上的 Socket 服务端,达到与之通信的目的。首先,在 https://spring.io/guides 官网上下载 gs-mysql-service-main。然后,使用 Eclipse 打开 gs-mysql-service-main,在工程目录 src/main/resources 中修改属性文件 application.properties 的连接数据库 IP、端口号和数据库名称,修改连接数据库的密码(修改的详细说明请查看 6.5.1 小节)。本例程项目使用的数据库名称为 hc_zhxy，要确保 MySQL 有名称为 hc_zhxy 的数据库存在。最后，在工程包中新建一个 Java 类 GreetingClient.java，用于处理 Socket 的通信问题，如图 7-3 所示。

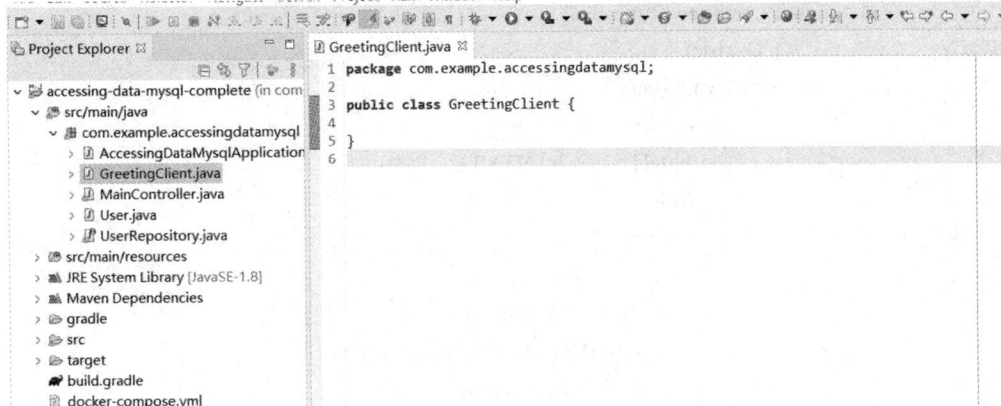

图 7-3　新建 Socket 客户端类

1. 接收节点信息

从图 7-2 可以看出，Socket 客户端通信首先是调用 Socket() 来建立一个 TCP 连接，其中要以连接 Socket 服务端的 IP 和端口号作为参数。然后使用 Socket 对象的 getOutputStream 方法和 getInputStream 方法得到输出流 OutputStream、输入流 InputStream 的对象。有了 OutputStream 和 InputStream 对象就可以使用它们的读写方法进行接收和发送了。

接下来要创建一个新的线程用于读 Socket 输入流的操作，也就是接收信息。使用 new Thread(new Runnable())语句创建一个匿名的线程。线程里运行的是一个无条件 while 循环，循环里使用输入流对象 in 的 read 方法读取 Socket 接收的数据。最后把接收的数据格式转换成 String 格式，再使用 System.out.println("data: "+s)语句打印到操作台。整个代码都放到构造函数中。在类的对象实例化时，构造函数就会运行。所以，当 Socket 构造函数运行时，就会产生一个新的线程循环监听 Socket 输入流是否有信息到达，并把信息读出。

@Component 是 Spring 中的一个注解，用于类上，把注解的类注册成 Spring 的一个组件。它注解的类会随着程序的启动而将类实例化。这里的 GreetingClient 类使用了 @Component 注解，会在程序启动时运行 GreetingClient 构造函数，从而启动客户端的 Socket 接收线程。在这个 GreetingClient 类中加入如下处理代码：

```
@Component
public class GreetingClient {
    private OutputStream out;
    private InputStream in;
    private String serverName = "192.168.56.1";        //连接服务器端运行的 IP
    private int port = 8088;                            //服务器端运行的端口号
    public GreetingClient() throws UnknownHostException, IOException {
        try
        {
            System.out.println("连接到主机： " + serverName + " ，端口号： " + port);
            Socket client = new Socket(serverName, port);        //新建连接
```

```
            out = client.getOutputStream();
            in= client.getInputStream();
            new Thread(new Runnable() {
                @Override
                public void run() {
                    while (true) {
                        byte[] b=newbyte[200];
                        inti=0;
                        try {
                            i=in.read(b);
                        } catch (IOException e) {
                            // TODO Auto-generated catch block
                            e.printStackTrace();
                        }
                        String s= new String(b);
                        System.out.println("data:"+s);
                    }
                }
            }
        ).start();
            }catch(IOException e)
            {
                e.printStackTrace();
            }
        }
    }
```

现在测试一下这段代码，服务器程序作为 Socket 客户端，就必须使用网络调试助手的 Socket 服务端模拟网关与其通信。先打开 Socket 服务端，即打开网络调试助手，协议类型选择"TCP Server"，打开监听请求，等待 Socket 客户端连接(按钮上图标变红)，如图 7-4 所示。在图 7-4 上可以看到当前的主机地址是 192.168.56.1，端口号是 8088。要连接网络调试助手的 TCP 服务端，需要设置客户端程序中连接的服务端的 IP 和端口号，把程序中客户端请求连接的 IP 和端口号修改成 192.168.56.1 和 8088(确定服务端运行时的 IP 和端口号，按实际情况修改，才能连接成功)。

图 7-4　打开网络调试助手服务端

服务端打开成功，现在运行客户端。首先要打开 MySQL，并且确认 MySQL 是否存在程序连接的数据库，不然 gs-mysql-service-main 启动不成功。当客户端程序启动成功后，Socket 服务端与 Socket 客户端就连接成功了。然后开始测试，在服务端发送数据，查看客户端是否接收到数据。在网络调试助手 Socket 服务端发送数据 123456，其出现在 Eclipse 运行的客户端程序控制台，表示信息传输成功，如图 7-5 所示。

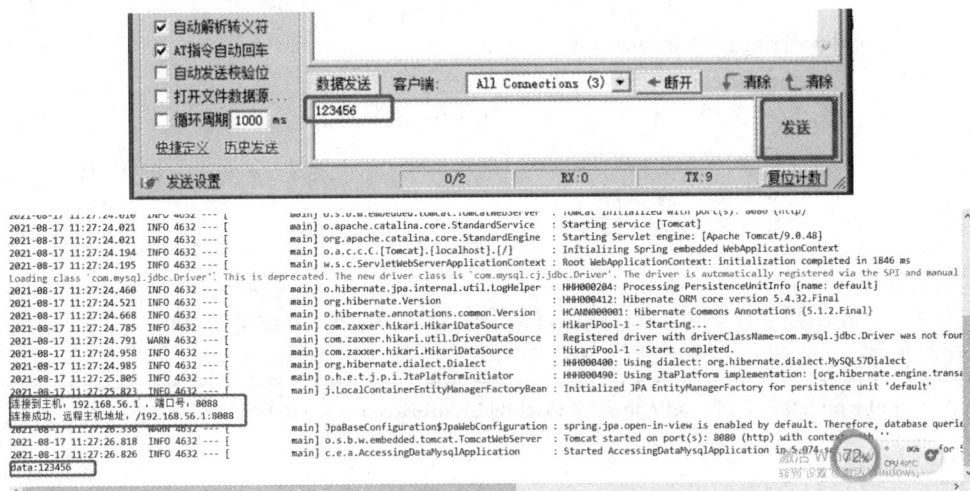

图 7-5　运行效果

2. 存储信息

根据代码可以知道，信息是存放在变量 s 里面的，现在要把这个接收到的信息存放到数据库。

首先，添加一个实体类 LedData，它会在程序连接的数据库中生成一个数据表 LedData，里面有三个属性，分别是 id、data、datetime，分别存放记录 id 号、接收到的数据、接收数据的时间，同时配置上相关的 getter 和 setter 函数。代码如下：

```
@Entity// This tells Hibernate to make a table out of this class
public class LedData {
    @Id
    @GeneratedValue(strategy=GenerationType.AUTO)
    private Integer id;

    private String data;

    private String datetime;

    public Integer getId() {
        return id;
    }
    public void setId(Integer id) {
        this.id = id;
    }
}
```

```
        public String getData() {
            return data;
        }
        public void setData(String data) {
            this.data = data;
        }
        public String getDatetime() {
            return datetime;
        }
        public void setDatetime(String datetime) {
            this.datetime = datetime;
        }
    }
```

其次，还要创建一个对实体类 LedData 操作的接口 LedDataRepository，用于操作实体类。代码如下：

```
    public interface LedDataRepository extends CrudRepository<LedData, Integer> {

    }
```

最后，需要使用 LedDataRepository 对象的 save 方法把所需要的数据存储到数据库。

查看 GreetingClient.java 的代码，可以知道 Socket 客户端收到的信息存放在变量 s 里面。现在想要把 s 里面的数据存放到数据库，就必须有 LedDataRepository 的对象。在类 GreetingClient 中新建一个类的属性 LedDataRepository ledDataRepository。其实 LedDataRepository 类的对象早在 Spring 启动时就被实例化过了，所以这里不需要实例化，只需使用 @Autowired 注解在当前类中注入被实例化过的对象即可。对象 ledDataRepository 使用的 save 方法的参数是 LedData 类型，所以新建一个 LedData 对象。LedData 对象使用 new 实例化后，使用对象 setData 和 setDatetime 的方法保存属性 data 和 datetime 的值。其中 setData 方法的作用是使 s 赋值到 data。时间的获得则是使用 Date date=new Date()，获得日期和时间，然后使用 setDatetime 方法保存到对象 ledData 的 datetime 属性当中。id 是自动生成的，可以不用理会。最后使用 save 方法，把 ledData 属性的值保存到数据库表的字段中。代码如下：

```
new Thread(new Runnable() {
                @Override
                public void run() {
                    while (true) {
                        byte[] b=new byte[200];
                        int i=0;
                        try {
                            i=in.read(b);
                        } catch (IOException e) {
                            // TODO Auto-generated catch block
```

```
                                              e.printStackTrace();
                                        }
                                        String s= new String(b);
                                              LedData ledData=new LedData();          //实体类
                                              ledData.setData(s);              //实体类 data 属性赋值
                                              Date date=new Date();
                                  ledData.setDatetime(date.toString());        //实体类 datetime 属性赋值
                                              ledDataRepository.save(ledData);      //保存到数据库表中
                                              System.out.println("data:"+s);
                                        }
                                  }
                            }
                  ).start();
```

　　修改完成后运行程序，使用网络调试工具服务端连接程序的客户端，网络调试助手 Socket 服务端发送数据给程序的 Socket 客户端。客户端收到数据后存储到数据库，并打印到控制台。运行效果如图 7-6 所示。运行前先要确认属性文件参数是否正确，数据服务器中存在需要连接的数据库，并且是启动状态才能运行成功。网络调试助手的服务端发送 123456，Eclipse 运行的客户端接收到发送的数据 123456。同时，可以在数据库 hc_zhxy 的 led_data 中看到有一条记录，data 字段为 123456。

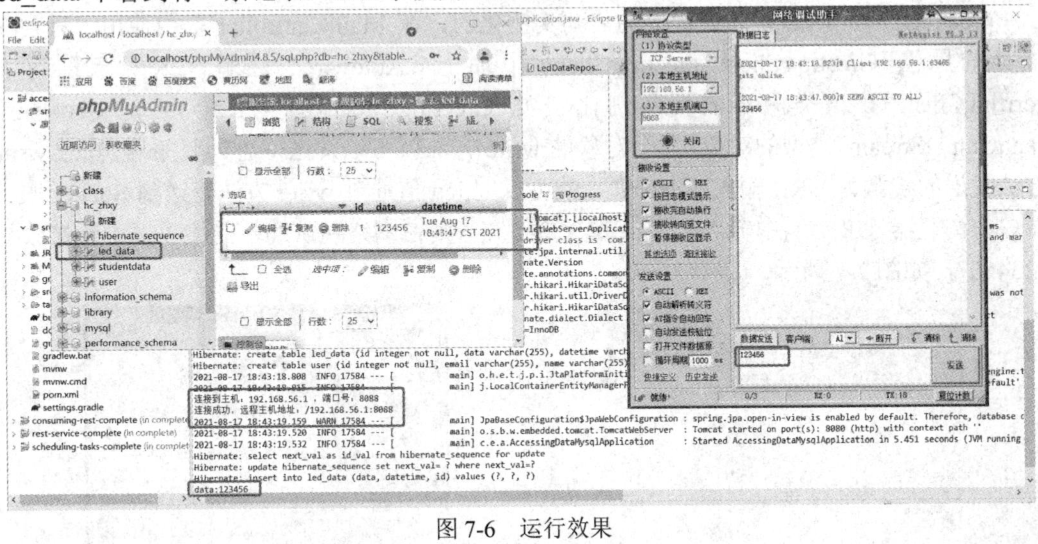

图 7-6　运行效果

　　节点通过网关上传节点状态信息，最后传输到服务器。LED 灯当前状态是亮的则上传 1，是灭的则上传 0。Eclipse 运行的客户端接收到网关服务器端的信息，就会把灯的状态 1 或者 0 存储到数据库的 led_data 表中。

3. 发送控制信息

　　发送控制信息需要使用输出流 DataOutputStream 的 out 对象。在 GreetingClient 类中 DataOutputStream out 是私有属性，包内其他类不能调用该属性，因此需要有一个公有的方法获得 DataOutputStream out 这个输出流，代码如下：

```
    public OutputStream getOut() {
        return out;
    }
```

现在我们要在 MainController 这个控制器类中编写一个函数，使之映射到 URL 上。该函数实现的功能是使用客户端 GreetingClient 类的输出流 OutputStream out 发送数据。通过访问 URL 链接运行函数，把 URL 链接中输入的参数发送到服务端。代码如下：

```
@GetMapping(path="/controlLed")
public @ResponseBody String controlLed (@RequestParam String led) {
    try {
        greetingClient.getOut().write(led.getBytes());
        return "发送成功";
    } catch (IOException e) {
        // TODO Auto-generated catch block
        e.printStackTrace();
    }

    return "发送不成功";
}
```

greetingClient 对象是通过程序的启动实例化的，在 MainController 类中使用，只要在该类的属性 GreetingClient greetingClient 中加上 @Autowired 注解注入对象即可。gerrtingClient 在该类中不需要实例化。类 GreetingClient 的 getOut() 方法得到的是 DataOutputStream 类型的对象，这个对象的 write 方法就可以发送信息到服务端。修改 write 方法发送的参数为 URL 输入的 led 值，就可以把 led 值通过 write 方法发送到 Socket 服务端。在浏览器 URL 当中输入传递参数 1234567，则在网络调试助手的接收框中就接收到 1234567，如图 7-7 所示。

图 7-7　运行效果

在本例程项目中，LED 灯打开的协议是 1，关闭的协议是 0。把 URL 传递参数修改成

1，使其发送到网关的 Socket 服务端，网关再把控制信息发送到节点，从而打开 LED 灯。相反，把 URL 传递参数修改成 0，发送 0，就是关灯。

如果需要记录发送的控制命令，则可以新建一个发送命令的实体类，然后创建实体类的操作接口。通过接口的实例化对象的 save 方法保存赋值过的实体类的对象。实体类其中一个属性必须是记录要发送的 led 命令。这部分内容不再赘述，可以自行添加。

4. 查看数据库表中记录

数据库记录了灯的状态信息，若想查看这些信息，可以打开数据库进行查看。但显然这种查看方式是不方便并且不安全的。既然信息能通过 URL 存储到数据库，那么同样也可以通过 URL 把数据库表中的记录读取到页面进行查看。之前我们已经了解到 LedDataRepository 的对象具有对数据库的表操作的一些方法，现在我们使用这个对象查找记录的 find 方法，把数据库中 led_data 表中的记录读取出来。

现在我们要在 MainController 控制器类中编写一个函数，使之映射到 URL 上。通过浏览器输入 URL 地址，查看数据库的记录。首先在 MainController 类中使用@Autowired 注入 LedDataRepository 对象，然后编写 getAll()函数(该函数实现的功能是读取数据库 led_data 表中的记录，直接返回到页面)。代码如下：

```
@GetMapping(path="/findAll")
public @ResponseBody Iterable<LedData> getAll() {
    // This returns a JSON or XML with the users
    return ledDataRepository.findAll();
}
```

启动网络调试助手、数据库和服务器工程，使服务器程序与网络调试助手连接成功。打开浏览器，在地址中输入"127.0.0.1:8080/demo/findAll"。读出数据库表中数据，显示如图 7-8 所示。

图 7-8　运行效果

在这个服务器程序中，工程里 UserRepository.java、User.java 的代码和 MainController.java 里的部分代码与本程序功能无关，可以删除。

本小节是利用网络调试助手模拟网关，网关(网络调试助手)作为 Socket 服务端与作为

Socket 客户端的服务器通信。服务器程序提供 Web 接口，用户通过使用浏览器访问服务器的 Web 接口传递参数。作为 Socket 客户端的服务器程序把传入的参数发送给作为 Socket 服务端的网关(网络调试助手)。网关(网络调试助手)也可以发送信息给服务器。服务器收到信息后，把信息存储到数据库中。Web 数据服务器和数据库都在同一台计算机上，所以访问时都用到了本机 IP 127.0.0.1，如图 7-9 所示。如果 Socket 服务端和 Socket 客户端都在同一台计算机上，则同样可以用本机 IP 127.0.0.1。

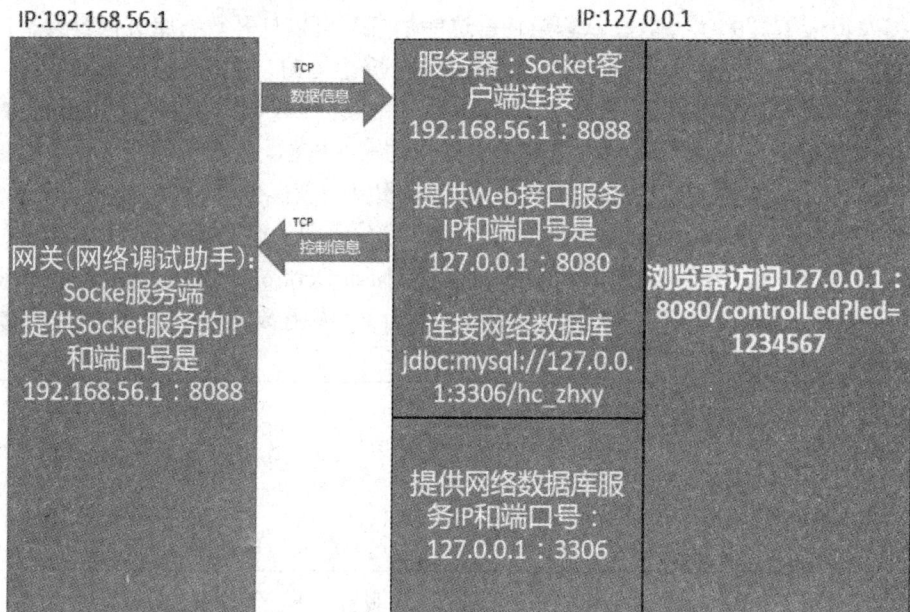

图 7-9　服务器启动的端口服务

7.2.2　服务器作为 Socket 服务端

为 gs-mysql-service-main 这个实例增加 Socket 服务端的功能，使它能够被网关上的 Socket 客户端连接，达到通信的目的。首先，在 https://spring.io/guides 官网上下载 gs-mysql-service-main 实例。然后，使用 Eclipse 打开 gs-mysql-service-main，修改属性文件中连接的数据库 IP、端口号和数据库名称，并且修改连接数据库的用户名和密码。最后，在工程包中新建一个 Java 类 GreetingServer.java，用于处理 Socket 的通信问题，如图 7-10 所示。

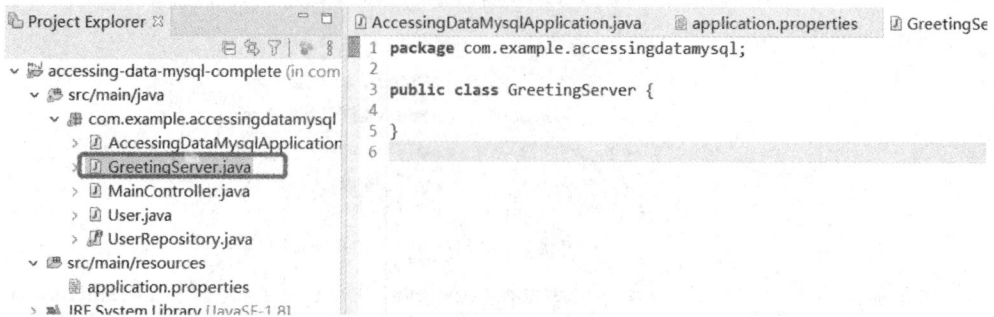

图 7-10　新建 Socket 服务端类

1. 接收节点信息

从图 7-2 可以看出，要让 Socket 服务端通信，首先要创建 ServerSocket 对象，绑定监听的端口，这里提供 Socket 服务的端口为 1002，然后调用 accept()方法监听客户端的连接请求。如果这时有 Socket 客户端连接服务端 IP 和端口号，即可建立连接。然后使用 Socket 对象的 getOutputStrem 方法和 getinputStream 方法得到输出流 OutputStrem、输入流 Inpustrearm 的对象。有了 OutputStream 和 InputStrem 对象就可以使用它们的读写方法进行接收和发送了。

根据以上步骤，实现 Socket 服务端的代码如下。GreetingServer 类加了@Component 注解。程序启动时，构造函数会随着类的对象实例化而运行。在构造函数中编写了建立 Socket 连接的代码，创建 ServerSocket 对象和调用 accept()方法监听客户端的连接请求。获取输出输入流和接收 Socket 客户端信息的代码是写在 finish()里面的，这个函数使用了 @PostConstruct 注解。

@PostConstruct 注解被用来修饰一个非静态的 void finish()方法。被@PostConstruct 修饰的方法会在服务器加载 Servlet 的时候运行，并且只会被服务器执行一次。也可以看作是，@PstConstruct 注解的方法是随着当前类的对象的构造函数执行后执行的。在当前代码，是执行完构造函数 GetingServer()，然后执行 finish()方法的。在 finish()方法中，创建一个新的线程用于监视 Socket 的输入流，也就是接收信息。线程里运行的是一个无条件 while 循环，循环里使用输入流对象 in 的 readline 方法读取 Socket 接收的数据，最后把接收到的数据打印到控制台。readline 是读一行字符数据的方法，当遇到回车符时才算一行结束，所以 Socket 客户端发送信息时，要在信息的最后加上回车符。

```
@Component
public class GreetingServer {
    ServerSocket serverSocket;
    Socket server;
    OutputStream out;
    InputStream in;
    public GreetingServer() throws IOException
    {
        serverSocket = new ServerSocket(1002);
        server = serverSocket.accept();
    }
    @PostConstruct          //这个标注的函数是在构造运行完后自动运行的
    public void finish(){
        new Thread(new Runnable() {
            @Override
            public void run() {
                while(true)
                    if(server!=null)
                    {
                        try {
```

```
                        in = server.getInputStream();
                        out = server.getOutputStream();
                    } catch (IOException e) {
                        e.printStackTrace();}
                break;
                }
                while(true)
                {
                    if(in!=null) {
                        try {
                            int n = in.available();
                            if(n>0) {
                                byte[] res=new byte[n];
                                in.read(res);
                            String reciveData=new String(res).trim();
                            System.out.println("cloud :" +reciveData);
                            }
                        } catch (Exception e) {e.printStackTrace();}
                    }
                }
            }
        }).start();
    }
```

现在测试服务器作为 Socket 服务端的代码。要启动 Socket 服务器端程序，先要检查 MySQL 是否已启动，并检查程序要连接的数据库是否已创建。启动程序后，再启动网络调试助手。网络调试助手作为 Socket 客户端，协议类型选择"TCP Client"，根据 Socket 服务端程序填写要连接的远程主机地址 192.168.1.5，端口号为 1002，打开连接(Socket 服务端地址和端口号要按实际情况设置)，按钮上图标变红就是连接成功，如图 7-11 所示。需要注意的是，Socket 客户端连接的是 Socket 服务端，而客户端连接的 IP 和端口号，要查看 Socket 服务端的运行 IP 和提供服务的端口号才能确认。

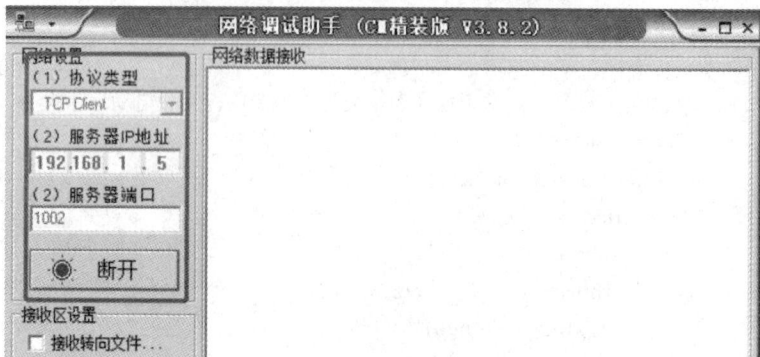

图 7-11　启动网络调试助手 Socket 客户端

使用网络调试助手模拟网关，在发送框中输入要发送的内容，向服务器发送信息，服务器接收信息，如图 7-12 所示。

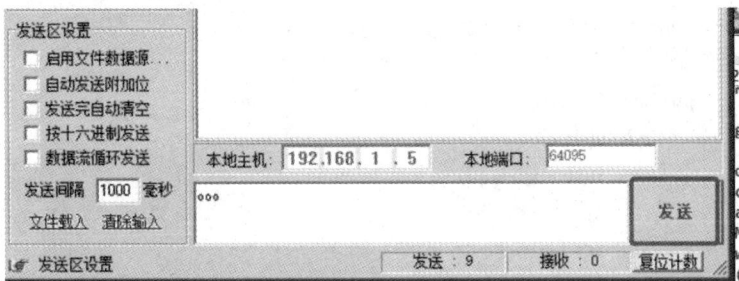

图 7-12　运行效果

2. 存储信息

Socket 服务端和 Socket 客户端存储接收信息的方法基本相同，也是需要实体类和操作实体类的接口，这两个类可以从上一小节的项目中复制到本项目中，如图 7-13 所示。

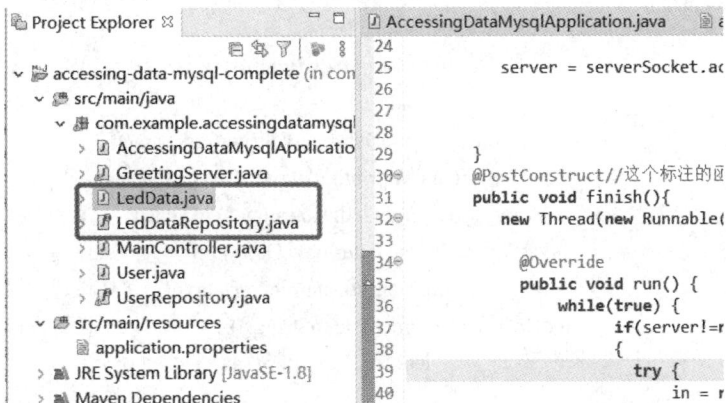

图 7-13　添加数据库操作相关类

查看 GreetingServer.java 的代码，Socket 服务端收到的信息存放在变量 reciveData 里面。现在想要把 reciveData 里面的数据存放到数据库中，就必须要有 LedDataRepository 的对象。在类 GreetingSerser 中新建一个类的属性 LedDataRepository ledDataRepository。其实 LedDataRepository 类的对象早就实例化过了，所以这里不需要实例化，只需使用 @Autowired 注解在当前类中注入对象即可。对象 ledDataRepository 的 save 方法参数类型是 LedData，所以要新建一个 LedData 对象。实例化后，使用对象 LedData 的 setData 和 setDatetime，保存属性 data 和 datetime 的值。其中 reciveData 作为参数，赋值给 LedData 对象的 data 属性。最后使用 save 方法，把属性的值保存到数据库表的字段中。代码如下：

```java
    public void finish(){
        new Thread(new Runnable() {
            @Override
            public void run() {
                while(true) {
                    if(server!=null)
                    {
                        try {
                            in = server.getInputStream();
                            out =server.getOutputStream();
                        } catch (IOException e) {
                            // TODO Auto-generated catch block
                            e.printStackTrace();
                        }
                        break;
                    }
                }

                while(true)
                {
                    if(in!=null) {
                        try {
                            int n = in.available();
                            if(n>0) {
                                byte[] res=new byte[n];
                                in.read(res);
                                String reciveData=new String(res).trim();
                                System.out.println("cloud :" +reciveData);
                                LedData ledData=new LedData();
                                Date date=new Date();               //日期
                                ledData.setData(reciveData);         //设置数据
                                ledData.setDatetime(date.toString());  //设置日期
                                ledDataRepository.save(ledData);
                            }
                        } catch (Exception e) {
                            e.printStackTrace();
                        }
                    }
                }
            }
        }).start();
    }
```

修改完成后运行程序，先启动作为 Socket 服务端的服务器程序，再启动作为 Socket 客户端的网络调试助手。连接成功后，网络调试助手模拟网关，发送数据给服务器程序，服务器收到数据后存储到数据库中，并把数据打印到控制台。运行效果如图 7-14 所示。

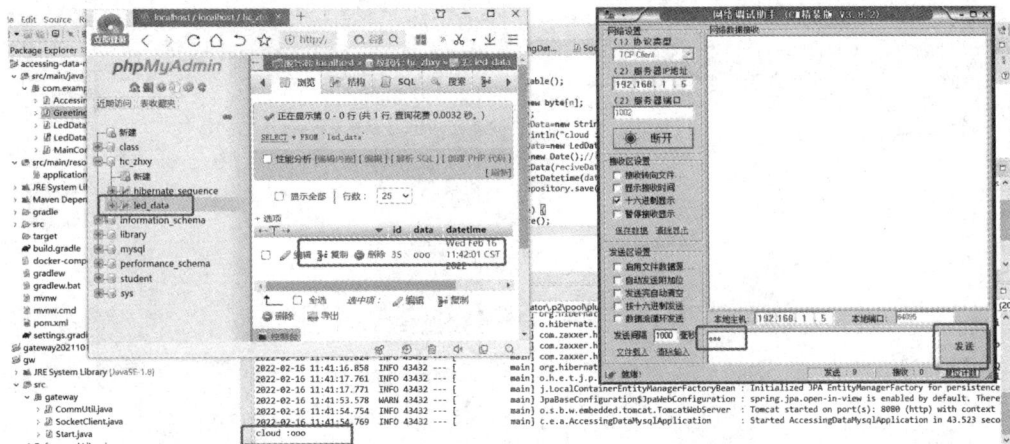

图 7-14　运行效果

3. 发送控制信息

发送控制信息需要使用 DataOutputStream 的 out 对象。在 GreetingServer 类中 DataOutputStream out 是私有属性，包内其他类不能调用，因此需要有一个公有的方法，获得 DataOutputStream out 这个输出流对象。代码如下：

```java
public DataOutputStream getOut() {
    return out;
}
```

现在我们要在 MainController 这个控制器类中编写一个函数，使之与 URL 关联。通过服务端 GreetingServer 类的输出流 DataOutputStream out，把浏览器地址栏输入 URL 时传递的参数发送到客户端。代码如下：

```java
@GetMapping(path="/controlLed")
public @ResponseBody String controlLed (@RequestParam String led) {
    try {
        greetingClient.getOut().write(led.getBytes());
        return"发送成功";
    } catch (IOException e) {
        // TODO Auto-generated catch block
        e.printStackTrace();
    }

    return"发送不成功";
}
```

greetingServer 对象是随着程序的启动而自动实例化的，在 MainController 类中使用，只要在声明属性时加上@Autowired 注解注入对象即可。类 GreetingServert 的 getOut()方法得到的是 DataOutputStream 类型的对象，这个对象的 write 方法就可以发送信息到 Socket 客户端。修改 write 方法发送的参数为 URL 传递的 LED 灯的控制命令，就可以把 LED 灯的控制命令通过 write 方法发送到 Socket 客户端。运行效果如图 7-15 所示。

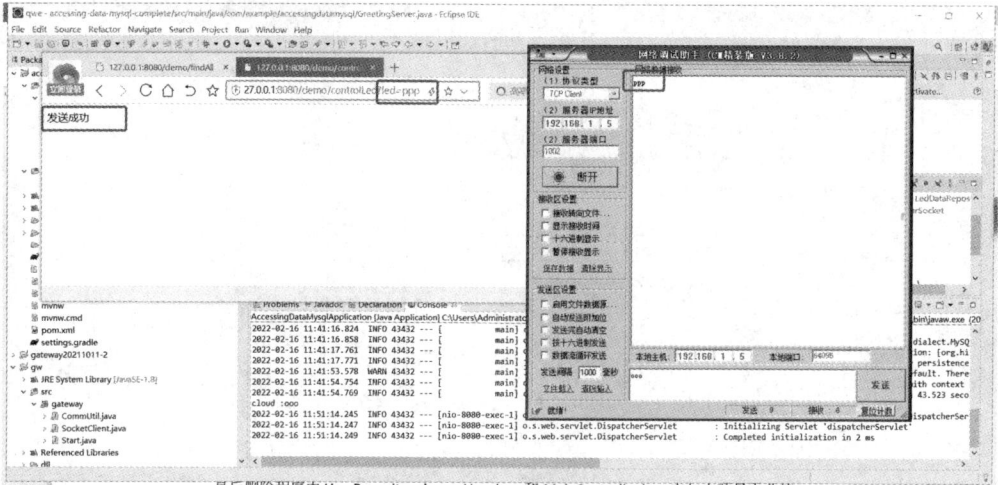

图 7-15　运行效果

最后删除程序中 UserRepository.java、User.java 这两个与本项目无关的类。

　　本节设计的服务器程序，用来作为 Socket 服务端与作为 Socket 客户端的网关(网络调试助手)进行通信。服务器程序提供 Web 接口，用户通过使用浏览器访问服务器的 Web 接口传递参数。作为 Socket 服务端的服务器程序把传入的参数发送给作为 Socket 客户端的网关(网络调试助手)。网关(网络调试助手)也可以发送信息给服务器。服务器收到信息后，把信息存储到数据库中。Web 接口服务器和数据库都在同一台计算机上，所以访问时都用到了本机 IP 127.0.0.1，如图 7-16 所示。如果 Socket 服务端和 Socket 端也都在同一个计算机上，则同样可以用本机 IP 127.0.0.1。

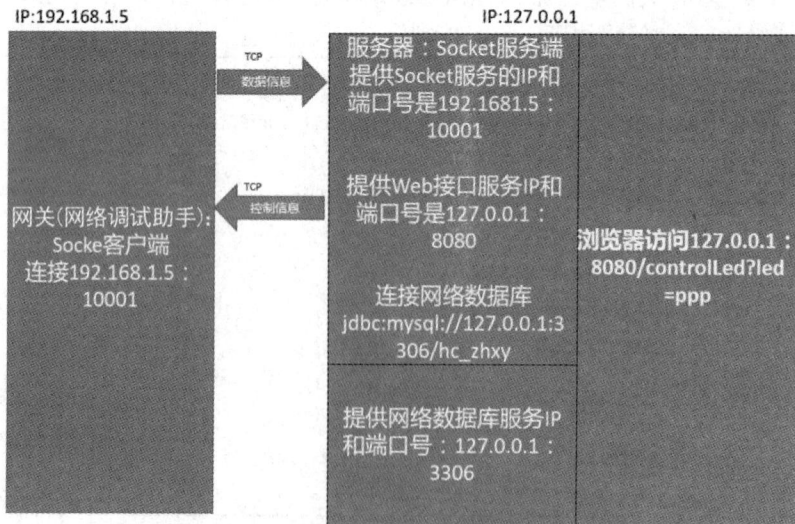

图 7-16　服务器提供服务的端口

　　无论服务器是作为 Socket 服务端还是作为 Socket 客户端，都只是 Socket 通信时的一个角色。两者的区别在于建立连接时有所不同，连接后的信息接收、发送和存储的代码是一样的。

　　在本书例程项目中，服务器接收网关的信息并存储到 MySQL 数据库中。网关发送的信息是灯的状态信息，为 1 或者 0，主动上传该信息，每一固定的时间间隔发送 1 次。服务器接收信息，存储到 MySQL 数据库 led_data 表的 data 字段里。程序启动后，服务器自动接收并存储信息。刷新 MySQL 的表 led_data，就会发现记录会不断增加。用户通过在浏览器中输入"127.0.0.1:8080/demo/controlLed?led=1"发送 1 到网关，并经网关转发到单片机，控制 LED 灯亮；用户通过在浏览器中输入"127.0.0.1:8080/demo/controlLed?led=0"发送 0 到网关，控制 LED 灯灭。

读取数据库表中信息的代码与 7.2.1 小节服务器作为 Socket 客户端的方法一样，这里不再赘述。

7.3　联合调试

上述工作完成后应联合调试服务器程序、单片机与网关。先使用串口线把单片机连接到网关程序运行的设备上，在本次实验中为计算机。为了方便调试，服务器程序也运行在同一计算机上，网关作为 Socket 客户端，服务器作为 Socket 服务端。系统连接框图如图 7-17 所示。客户端与服务端的连接、数据库的连接、查询灯的状态 URL 的输入，以及控制命令 URL 的输入都使用 127.0.0.1 的本机 IP。

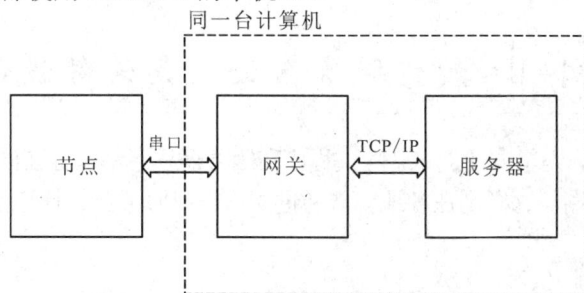

图 7-17　系统连接框图

联合调试步骤：

(1) 在当前系统先把 PhPStudy 打开，启动 Apache 和 MySQL。

(2) 检查单片机节点是否与计算机间使用的串口线连接好了。

(3) 检查单片机的串口通信参数与网关程序的串口通信参数是否一致。

(4) 检查连接作为 Socket 服务端的服务器程序时，作为 Socket 客户端的网关程序的 IP 和端口号是否设置正确。

(5) 查看服务器程序属性文件连接的数据库名称与 MySQL 里面的数据库名称是否一致，登录数据库的用户名和密码是否填写正确。

(6) 遵循先启动 Socket 服务器再启动 Socket 客户端的原则，先启动服务器程序再启动网关程序。

本次联合调试中，单片机节点采用主动上传模式，每隔 3 秒上传一次灯的状态信息。开始时 LED 灯是灭的，网关收到的数据为 0，服务器收到的网关转发的数据也为 0。当使用浏览器向网关发送 1 时，网关转发到单片机，单片机灯亮。上传的数据为 1，网关收到 1，则服务器也收到网关转发的数据 1。网关收到数据，运行效果如图 7-18 所示；服务器收到数据，运行效果如图 7-19 所示。

```
<terminated> Start (5) [Java Application] C:\Program Files\Java\jre1.8.0_131\bin\javaw.exe (2022年2月16日 上午8:59:29)
my data:0
my data:0
my data:0
my data:0
my data:0
cloud to gate way content:1
my data:1
my data:1
my data:1
my data:1
my data:1
```

图 7-18 网关运行效果

```
<terminated> AccessingDataMysqlApplication [Java Application] C:\Users\Administrator\.p2\pool\plugins\org.eclipse.justj.openjdk
cloud :0
cloud :0
cloud :0
cloud :0
cloud :0
cloud :0
cloud :0
cloud :0
cloud :1
cloud :1
cloud :1
cloud :1
cloud :1
```

图 7-19 服务器运行效果

7.4 数据服务器云采集软件设计

在前面的实验中，为了方便调试，网关程序和服务器程序都运行在同一台计算机上。本节将把服务器移动到云端，这样则在各地都能通过网络访问服务器进行灯信息的查询及控制。

7.4.1 云服务器简介

云服务器(Elastic Compute Service，ECS)是一种基于云计算技术的虚拟服务器，具有在任何地方访问和使用的能力，是一种简单高效、安全可靠、处理能力可弹性伸缩的计算服务资源。云服务器运行在远程数据服务中心的物理服务器上，通过互联网访问和管理，其管理方式比私有物理服务器更简单高效。远程数据服务中心的大量物理机群提供云服务器的硬件层，包括 CPU、内存、存储及网络带宽等，通过负载均衡技术实现资源的合理分配和利用，并用虚拟化技术分割成多个虚拟机来提供独立的服务，共享物理资源。用户无需购买硬件，即可迅速创建或释放任意多台云服务器。

简单来说，云服务器就是在网络上有一台具有 CPU、内存、硬盘、网络接口等硬件的主机，同时还运行所需的操作和应用程序，并可以根据实际需求调整软硬件资源的规格和数量，使用时通过远程登录，对这台云服务器进行控制和管理，安装和配置所需要的软件和服务。人们需要在云设备提供商那里购买云服务器的使用权，一般按年为单位，也可以1~6 个月不等，到期后自动释放所采购的虚拟服务器资源。现在国内的云设备提供商有阿里云、百度云、华为云、腾讯云、天翼云等。云服务器使用权购买后只需要使用，硬件维护是由云设备提供商进行的。云服务器在产品使用形态上与传统的物理服务器并没有明显的差别，用户可以根据自己的需求灵活选择或变更操作系统。

7.4.2　购买云服务器

下面以阿里云为例讲解一下云服务器使用权的购买。找到阿里云的官方网站，如图 7-20 所示。打开阿里云官网，如图 7-21 所示。

图 7-20　搜索阿里云

图 7-21　阿里云首页

在弹出的如图 7-22 所示的页面中填入注册信息。点击"同意并注册"按钮后，手机会收到验证码，然后在如图 7-23 所示的页面填入验证码即可完成注册。

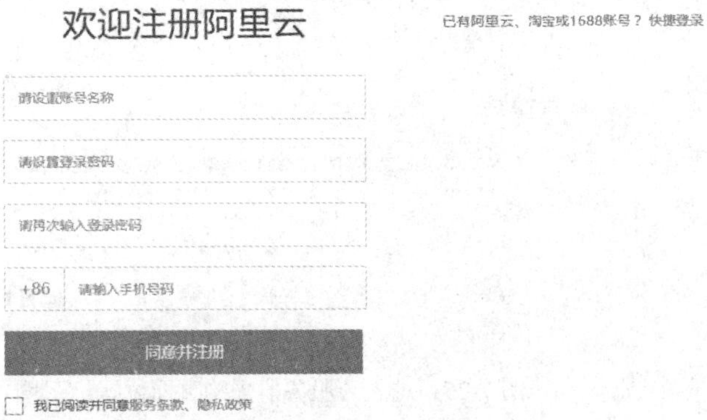

图 7-22　阿里云注册页面

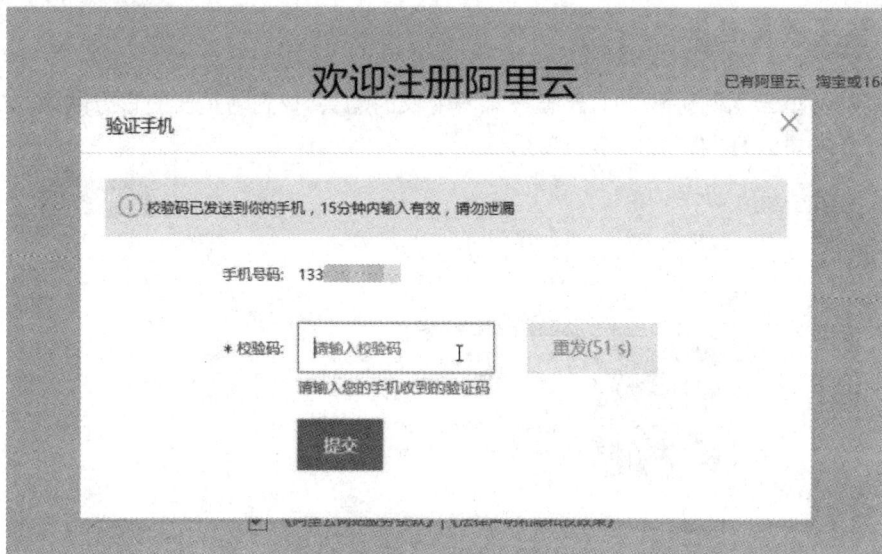

图 7-23　手机验证

注册成功后点击"个人实名认证"，如图 7-24 所示，然后按步骤进行认证。

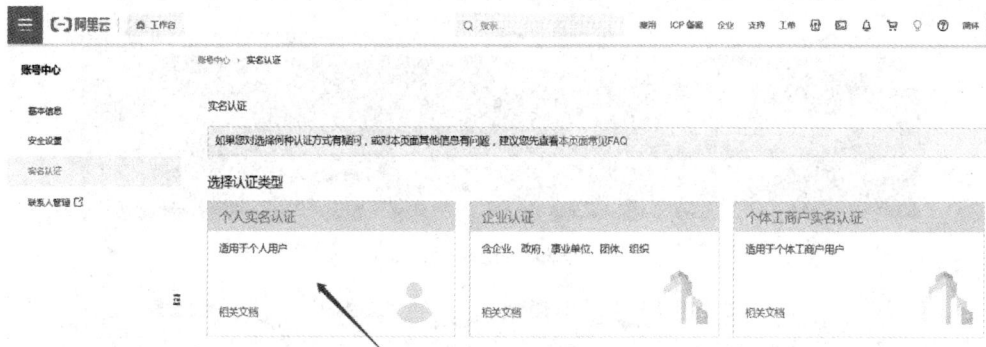

图 7-24　实名认证

认证后，可以从图 7-25 标示的位置进入云服务器采购页面。

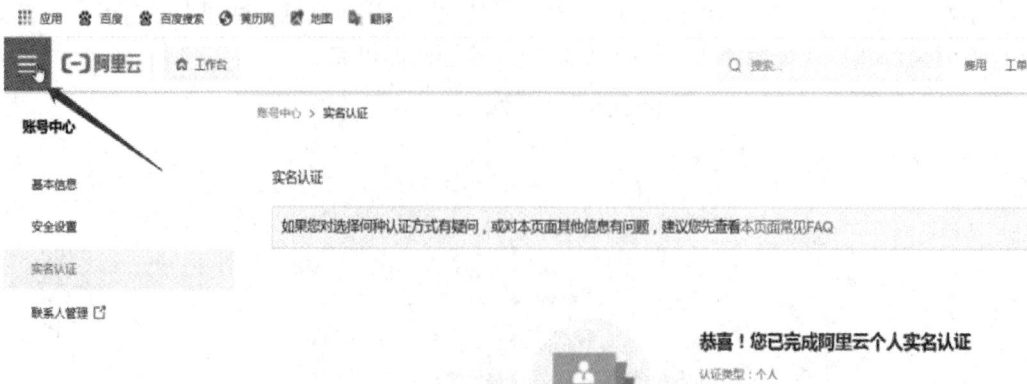

图 7-25　进入云服务器采购页面位置标示图

认证完成后回到首页，选择"云服务器 ECS"，如图 7-26 所示。

图 7-26　选择云服务器 ECS

在弹出的页面点击"立即购买"进入到如图 7-27 所示的页面。

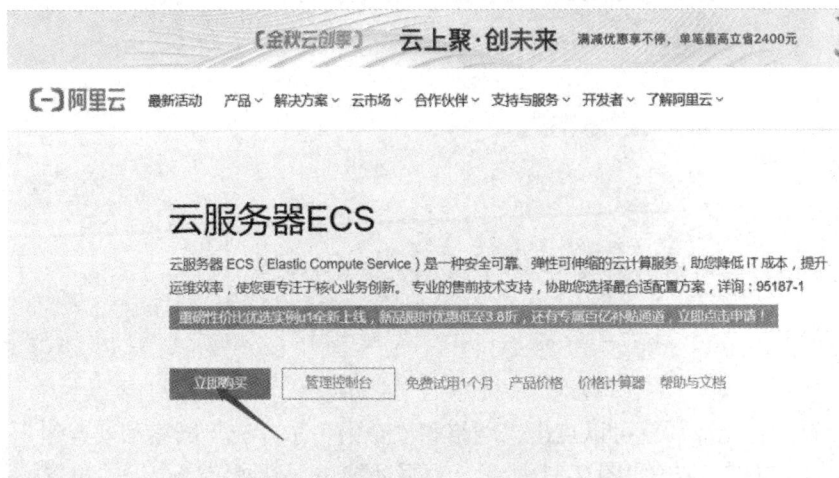

图 7-27　采购云服务器 ECS

在跳转页面选择付费模式和服务器地域，如图 7-28 所示。

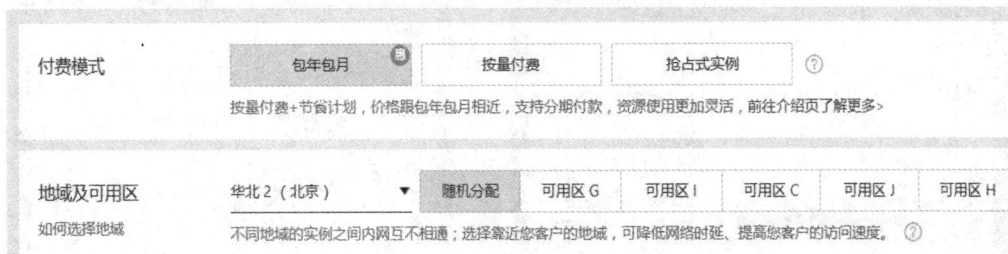

图 7-28　选择付费模式和服务器地域

　　页面向下拉，如图 7-29 所示的页面。在该页面上选择 CPU、内存、内网带宽、处理器型号等，再向下拉，继续选择镜像、云盘、快照服务。通过这些选择组建成合适配置的云主机和主机的操作系统。

图 7-29　自定义购买

　　主机配置选择完成后就可以点击"网络和安全组"了。在"网络和安全组"设置前要经过两个页面，如图 7-30 和图 7-31 所示，然后才能进入到网络安全组的设置，如图 7-32所示。网络安全组的作用是支持应用级别及域名级别的访问控制等，可以不管或使用默认的网络连接器和安全组。

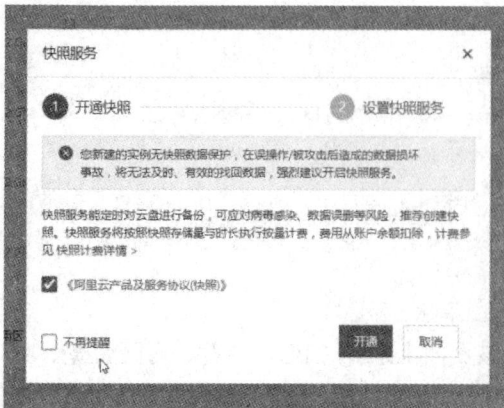

图 7-30　开通快照

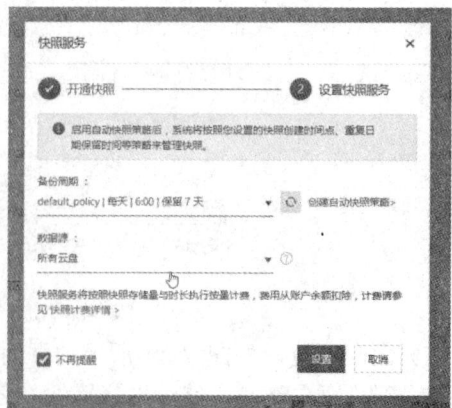

图 7-31　设置快照服务

图 7-32　安全组设置

　　然后设置远程登录的用户名和密码同时可以修改实例名称，如图 7-33 所示。这样就可以提交订单了。付完款后，就可以使用云主机了。云主机的 IP 是 8.134.XXX. XXX，如图 7-34 所示。

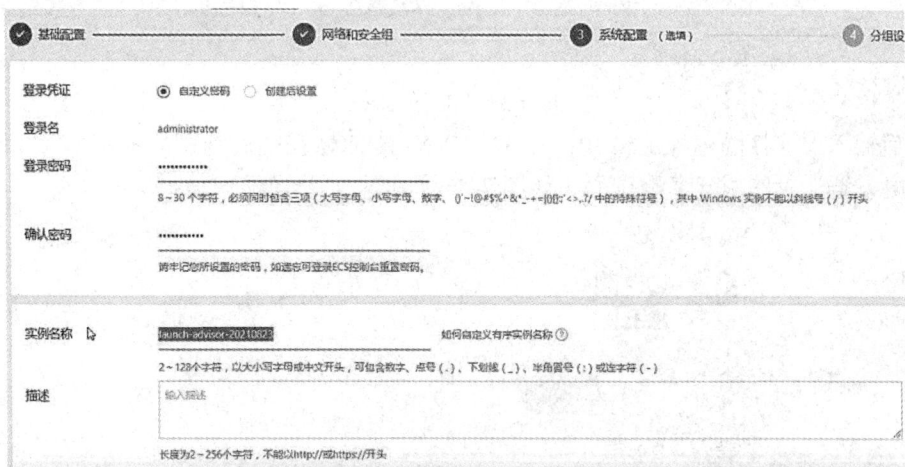

图 7-33　设置云主机登录名与密码

图 7-34　查看主机 IP

7.4.3　云服务器远程连接

在阿里云上注册了一个服务器后，其实就等于在网络上拥有了一台主机的使用权。这台在网络上的主机不需要用户对其硬件进行维护，用户在有效期限内拥有使用权，也就是租用了服务器。网络服务器通过远程的方式登录使用。

首先在阿里云账号中查看采购的主机 IP，并在计算机"运行"对话框中输入"mstsc"，如图 7-35 所示。

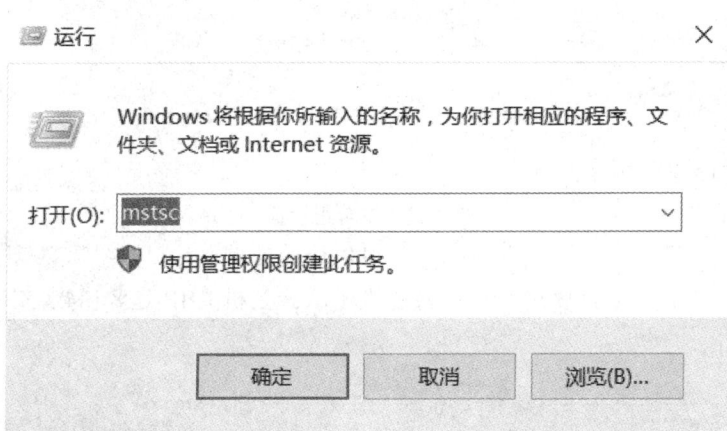

图 7-35　打开 mstsc

然后输入要连接的远程主机 IP：8.134. XXX. XXX，在之后的页面中，填入之前采购云主机时设置登录的用户名与密码，如图 7-36 所示。

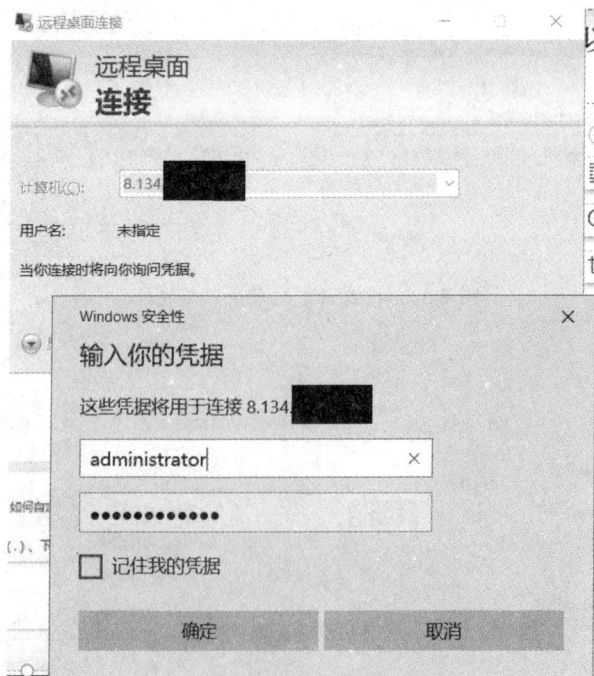

图 7-36　连接的用户名与密码

最后点击"确定"按钮后即可进入云主机，如图 7-37 所示。

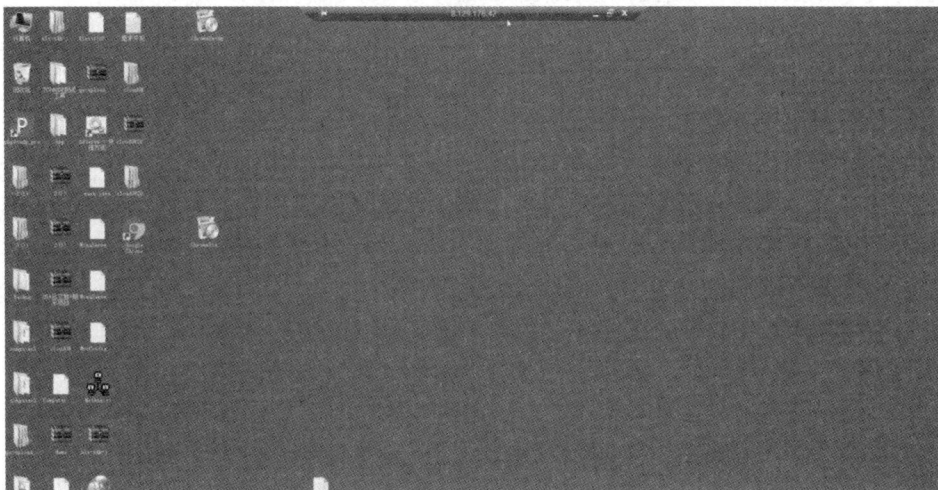

图 7-37　进入云主机页面

7.4.4　云服务器的使用

在我们的例子中，本地服务器是在 Windows 环境下搭建的，云主机也是安装的 Windows 操作系统，只要使用 mstsc 远程桌面连接上 8.134. XXX. XXX 的云主机，其他的操作过程是一样的。

在这个云主机上安装 Eclipse，把服务器程序拷贝到云主机上，同时安装 PhPStudy 软件，启动 MySQL，并在 Eclipse 里导入 7.2.2 小节完成的服务器程序。以服务器端为 Socket 服务端，网关为 Socket 客户端为例。遵循 Socket 服务端先启动的原则，先启动云主机的服务器程序，等待 Socket 客户端连接。8.134. XXX. XXX 服务器程序控制台显示如图 7-38 所示。

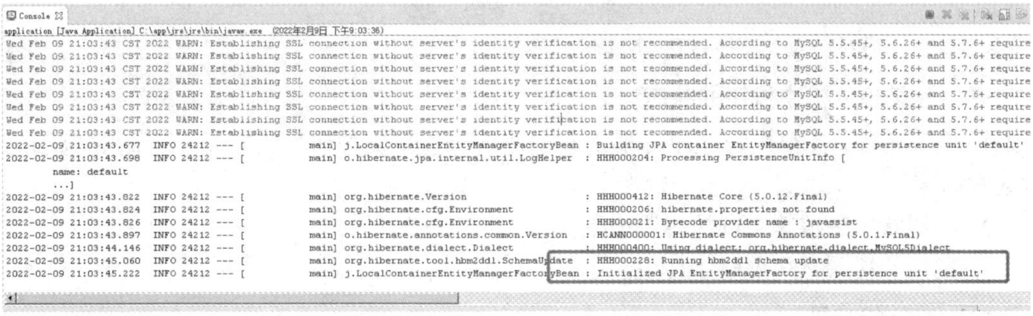

图 7-38　云主机上启动服务器程序

再启动本地网关程序。注意现在网关作为 Socket 客户端连接的 Socket 服务端的 IP 已变成 8.134. XXX. XXX，还要查看 Socket 服务端提供 Socket 服务的端口号，修改网关程序代码中的连接 Socket 服务端的 IP 和端口号。网关程序启动成功后，8.134. XXX. XXX 服务器程序控制台显示如图 7-39 所示。网关发送信息，服务器接收到信息 1，表明灯是亮的。运行成功后如图 7-40 所示。

图 7-39　控制台显示

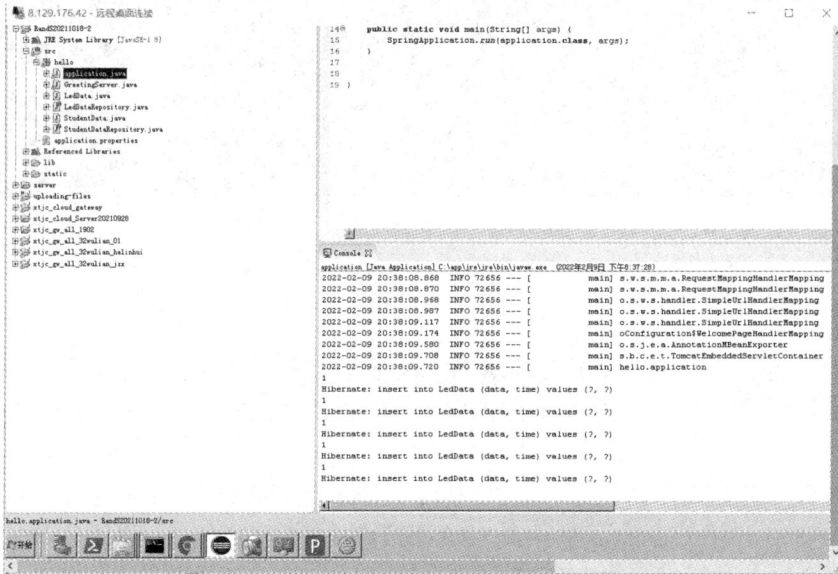

图 7-40　运行效果

课 后 作 业

一、采集单片机中按钮的状态

1. 改写程序，使得作为 Socket 服务端的服务器能采集按钮的状态，并记录按钮状态到本地数据库。

2. 按钮状态码按第 2 章的协议记录。

3. 按钮的接入方式采用 TCP/IP。

二、控制蜂鸣器

1. 改写服务器程序，使得服务器程序作为 Socket 服务端能通过 127.0.0.1:8080/demo/buzzerOn 打开蜂鸣器。

2. 配合网关程序改写程序，使得服务器程序作为 Socket 服务端能通过 127.0.0.1:8080/demo/buzzerOff 关闭蜂鸣器。

3. 控制蜂鸣器的响起和停止协议按第 2 章的要求。

4. 蜂鸣器的接入方式采用串口方式。

第8章

例程项目用户界面设计

在第 7 章已经把服务器搭建好了，服务器能够提供控制 LED 灯的接口和查询 LED 灯状态的状态接口。这些接口虽然可以通过浏览器输入 URL 来访问，但是对于操作者来说是极其不方便的，显示数据也不清晰，没有条理。本章将讲述前端页面的编写，使用户控制页面更加友好。前端与后端接口使用 Ajax 技术交换信息，把后端接口返回的信息显示到前端页面。

8.1 Web 前端相关知识

Web 前端相关知识包括 HTML、CSS、JavaScript、Ajax。有一种公认的说法，如果把 Web 前端页面看作是一个人的话，则 HTML 就是骨骼、CSS 就是皮肤、JavaScript 和 Ajax 就是灵魂。HTML 打造大致框架，CSS 使这个框架变得更美，而 JavaScript 和 Ajax 赋予这个框架动作和反应，使之变得活灵活现。在这一章节里面我们只需要做具有基本功能的页面，所以关于 CSS 方面的美化，不做叙述。

8.1.1 HTML 基本知识

HTML 是超文本标记语言，通过浏览器解析，用于创建网页的标准语言。这种语言是通过 HTML 元素构成的。每一个元素可能是一个标签，也可能是两个或多个标签构成。比如，<p></p>是 p 元素，它由一个<p>开始标签和一个</p>结束标签构成。

1. HTML 的格式

以下就是一个 HTML 文档，使用浏览器运行后的效果如图 8-1 所示。

```
<!DOCTYPE html>
<html>
<head>
<meta charset="utf-8">
<title>页面标题</title>
</head>
<body>
```

```
        <h1>这是一个标题</h1>
        <p>这是一个段落。</p>
        <button type="button">这是一个按钮</button>

        </body>
        </html>
```

其中：

<!DOCTYPE html>：声明为 HTML5 文档，同时表示不区分大小写。

<html>：HTML 页面的根元素，所有的 HTML 标签都要写在<html> </html> 之间。

<head>：包含了文档的元(meta)数据，如 <meta charset="utf-8"> 定义网页编码格式为 utf-8。<head></head>之间的代码对于机器是可读的，但不会显示到页面。

<title>：描述了文档的标题，可以看到图 8-1 页面最上面显示"页面标题"的位置。要标签显示想要的文字，可以把文字写在<head>元素里，置于<title></title>之间。

<body>：包含了可见的页面内容，也就是地址栏下的空白区域。把要显示的标签元素都放在<body></body>之间编辑。

<h1>：定义一个大标题，显示文字"这是一个标题"内容。

<p>：定义一个段落，显示文字"这是一个段落"。

图 8-1　HTML 运行效果

2. HTML 编辑器

使用 txt 编辑 HTML 文档，步骤如下：

(1) 新建一个 txt 文本文档，编辑 HTML 代码，如图 8-2 所示。

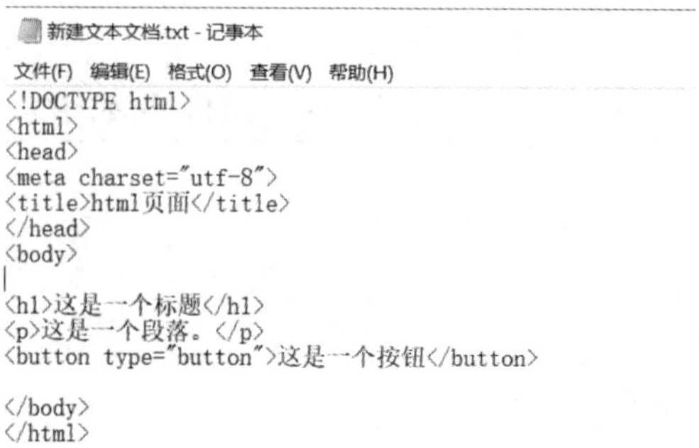

图 8-2　使用文本文档编辑 HTML 页面

(2) 文本文档另存为 HTML 格式，并修改编码方式为 UTF-8，最后点击"保存"按钮，如图 8-3 所示。

图 8-3　文本文档另存为 HTML

(3) 存放位置出现一个浏览器图示的 demo.html，双击打开这个文件。

HTML 编辑器有很多，这里推荐一款 HTML 文档编辑器 HBuild。使用专门的 HTML 编辑器会有代码提示，并且还有排列页面格式等好处。HBuild 使用起来非常简单，这里不再赘述。

3. 常用的 HTML 标签

HTML 中的元素都以标签标记，以开始标签起始，以结束标签结束，内容填写在两者之间。有的元素不用结束标签。部分标签有属性值，指定元素的附加信息，属性一般设置于开始标签中。标签使用时对大小写不做区分，但一般采用小写形式。

1) 基础标签

(1) <h1></h1>定义标题，以<h1>开始，以</h1>结束，标题内容写于两者之间。有<h1>～<h6>六种型号字体，<h1>为最大字体，<h6>为最小字体。

例如：

　　　　<h1>这是一个标题</h1>

页面显示标题内容。

(2) <p></p>定义段落，以<p>开始，以</p>结束，段落内容写于两者之间。

例如：

　　　　<p>这是一个段落</p>

页面显示段落内容。

(3) <a href="链接路径"></a>定义链接文本，以<a href="">开始，以</a>结束。href 属性为跳转路径，点击开始标签和结束标签之间的内容进行跳转。

例如：

　　　　<a href="www.baidu.com">点击访问百度</a>

当点击"点击访问百度"时，即跳转到百度网站。

点击的内容可以不必是文本，也可以是图片或 HTML 元素。

(4) <img src="图片位置" alt="文本">定义图片，没有结束标签。src 属性为图片位，alt 属性填写文本字，如图片加载不成功，则将显示此文字代替。

例如：

    <img src="hill.gif" alt="小山">

页面显示图片，图片位置与 HTML 文本同一目录，如果图片显示不成功即显示文字"小山"。

2) 表单

<from action="url 地址" method="提交方式" name="表的名称"></from>定义表单，以 <from>标签开始，以</from>标签结束。action 的属性值为提交表单的地址，主要就是将信息传递给服务器。action 的属性值可以是相对的路径、绝对的路径或 email。method 规定发送表单数据时要使用的 HTTP 方法，或者是 post、get 等方法。name 规定表单名称。

表单的开始标签和结束标签之间可填入表单元素，表单元素是允许用户在表单中输入的内容。下面就是常用的表单元素。

(1) <input>：表单输入控件，输入控件有多种类型，使用 type 属性定义不同类型的输入方式。

① 单行文本输入框<input type="text">。单行文本输入框常用来输入简短的信息，如用户名，账户、证件号等，常用的属性有 name、value、maxlength。

② 密码输入框<input type="password">。密码输入框用来输入密码，其内容将以圆点的形式显示。

③ 单选框按钮<input type="radio">。在定义单选框按钮的时候，必须同一个组中的选项指定相同的 name 值，这样单选才会生效，此外可以对单选框按钮应用 checked 属性，指定默认的选中项。

④ 复选框<input type="checkbox">。复选框常用于多项选择，如选择兴趣、爱好等，可对其应用 check 属性设置默认选中项。

⑤ 普通按钮 <input type="button">。普通按钮常常配合 JavaScript 脚本语言使用，按下时调用 JavaScript 脚本语言的方法。

⑥ 提交按钮<input type="submit">。提交按钮用于向服务器发送表单数据，数据会发送到表单的 action 属性中指定的页面。

⑦ 重置按钮<input type="reset">。重置按钮即当用户输入信息有误的时候，可以对其应用的 value 属性值改变进行重置的按钮。

⑧ 图像形式的提交按钮<input type="image" src="url">。图像形式的提交按钮与普通的提交按钮基本一样，还有就是 src 属性指定图像 URL 地址。

(2) <textarea>：定义多行的文本框。

(3) <select>：定义一个下拉表。option 属性是选择项，常用的属性包括：size 属性指定下拉菜单的可见选项数，取值为正整数；multiple 属性定义 multiple="true"时，下拉菜单将具有多项选择的功能，方法为按住 Ctrl 键的同时选择多个选项。

(4) <button>：定义一个按钮。

(5) <label>：定义一个标签标题。

3) 表格

表格使用<table></table>标签定义，以<table>开始，以</table>结束。在表格标签之间使用<tr></tr>定义行，可以使用多组表示有若干行。在行标签<tr></tr>之间使用<td></td>把行分隔成若干个单元，表格的内容填写在<td></td>标签之间。

8.1.2　JavaScript 的使用

JavaScript 是一种轻量级的编程语言，可插入 HTML 页面的编程代码被浏览器执行，它是基于对象和事件驱动的客户端语言。JavaScript 不与服务器交互，只在客户端做简单的互动应用。所有现代的 HTML 页面都使用 JavaScript。JavaScript 与 Java 毫无关系，是两门不同的编程语言。

1. JavaScript 的格式

只要使用<script></script>标签就能在 HTML 页面使用 JavaScript 语言。在 HTML 文档中可插入多个 JavaScript 语言脚本。JavaScript 语言脚本可插入到 HTML 的<body>或<head>部分中，或者同时存在于两个部分中。一般是把 JavaScript 语言脚本放入<head>部分中，或者放在页面底部，不会干扰页面的内容。以下就是在上一小节的程序上插入 JavaScript 脚本语言，使页面上的段落能反应按钮的点击次数。

```
<!DOCTYPE html>
<html>
<head>
<meta charset="utf-8">
<title>html 页面</title>
<script>
var x=0;
function myFunction(){
    document.getElementById("demo").innerHTML=++x;
}
</script>
</head>
<body>

<h1>按钮按了多少次</h1>
<p id="demo">这是一个段落。</p>
<button type="button" onclick="myFunction()">这是一个按钮</button>

</body>
</html>
```

使用 JavaScript 语言编写了函数，点击按键就会运行 JavaScript 中函数 myFunction 代码进行段落文字替换。每次点击按钮都会使段落显示的数字加 1。初始运行效果如图 8-4 所示；当点击按钮 5 次后，效果如图 8-5 所示。

按钮按了多少次

这是一个段落。

这是一个按钮

按钮按了多少次

5

这是一个按钮

图 8-4　初始运行效果　　　　　　　　图 8-5　运行效果

　　JavaScript 语言脚本不只可以直接插入到 HTML 中，还可以从外部引入。把以上代码拆分为两个文件，分别存放到两个新建的记事本中。一个是 a.js，里面内容是 JavaScript 代码；另一个是 b.html，里面内容是 HTML 代码。保存时注意后缀名和编码方式的选择，编码方式统一为 UTF-8。在 HTML 文件 <head> 与 </head> 之间包含 <script type="text/javascript" src="a.js"></script>。src 以.js 路径和文件名组成的字段为参数。当前 a.js 和 b.html 都在同一个目录下，路径可以省略，只保留文件名，如图 8-6 所示。

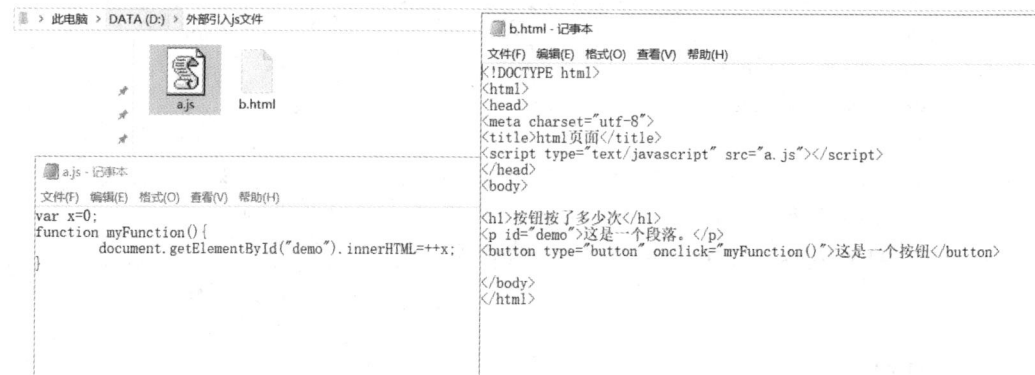

图 8-6　外部引入 js

　　双击 b.html，运行效果与上一个 HTML 例子的效果一样。

2. JavaScript 的变量与数据类型

　　在 JavaScript 中，变量使用弱类型。也就是说无论是什么类型的变量都使用 var 定义。JavaScript 变量拥有动态类型(var x=5; x="hello";是允许的，表示 x 先为数字类型，再为字符类型)。变量必须以字母、$和 _ 符号开头，变量名的长度没有规定。变量名称是区分大小写的(y 和 Y 是不同的变量)。

　　JavaScript 变量类型除了常用的字符串(String)、数字(Number)、布尔(Boolean)、对空(Null)、未定义(Undefined)、Symbol 外，还有引用数据类型对象(Object)、数组(Array)。JavaScript 主要的变量类型及定义方法如表 8-1 所示。

表 8-1　JavaScript 主要变量类型

字符串型	var carname="Volvo XC60"; var carname='Volvo XC60';	字符串类型要使用单引号或双引号

数字型	var x1=34.00;
	var x2=34;
	var y=123e5;
	var z=123e-5;
		无论是有小数部分还是没有小数部分的数值，都是数字型，还有表示极大值和极小值的指数表示方式

布尔型	var x=true; var y=false;	布尔型只有两种可能，true 或者 false
数组型	var cars=new Array(); cars[0]="Saab"; cars[1]="Volvo"; cars[2]="BMW"; Varcars=new Array("Saab","Volvo","BMW");	表示数组类型可以声明后再给每个元素赋值，也可以声明时直接赋值

对象	var person={
	firstname : "John",
	lastname　: "Doe",
	id: 5566
	};
	var person={firstname:"John",
	lastname:"Doe", id:5566};
		对象由花括号分隔。在括号内部，对象的属性以名称和值成对的形式(name: value)定义。属性由逗号分隔，声明时可跨多行

Undefined 和 Null	var x1 var x2=Null	x1 就表示 Undefined。Undefined 表示缺少值，就是此处应该有一个值，但是还没有定义；Null 表示没有对象，即该处不应该有值

3. 函数

在 JavaScript 里，函数使用关键字 function 标识，然后加上函数名和括号，把封装在函数里的代码块写到大括号里面，格式如下：

```
function functionname()
{
    // 执行代码
}
例如：
function myFunction() { alert("Internet of things application system!"); }
```

函数可以带参调用，参数写到括号里。带有返回值的函数通过使用 return 语句实现。在使用 return 语句时，函数会停止执行，并返回指定的值。

带参数的函数：

```
function myFunction(var1,var2)
{
    // 执行代码
}
例如：
function myFunction(name,job){ alert("Welcome " + name + ", the " + job); }
```

有返回值的参数：

```
function functionname()
{
    // 执行代码
        return x;
}
例如：
function myFunction(a,b) { return a*b; }
```

本书对 JavaScript 就介绍到这里，对于运算符、条件语句、循环语句、正则表达式等相关的使用不做叙述，如需了解请查找相关资料。

8.1.3　Vus.js 的使用

在本书中，使用的是 HTML 和 Vue.js 结合编写 HTML 页面。Vue.js 是一款多用途且性能高的渐进式的 JavaScript 框架。也可以把 Vue.js 看作是 JavaScript 的一个库。相比 JavaScript 而言，使用 Vue.js 只需更少的代码就能实现更丰富的功能。

现在我们通过一个简单的例子了解一下 Vue.js 数据绑定的方法，代码如下：

```
<!DOCTYPE html>
<html>
<head>
<meta charset="utf-8">
<title>Vue 数据显示　</title>
<script src="https://cdn.staticfile.org/vue/2.4.2/vue.min.js"></script>
</head>
<body>
<div id="display">
    <p>{{ info}}</p>
</div>

<script>
new Vue({
    el: '#display',
    data: {
        info: 'Internet of things application system!'
    }
})
</script>
</body>
</html>
```

编写 Vus.js 代码必须使用<script>标签引用 Vus.js 的库文件，否则 Vus.js 格式的语句将不起作用。库文件的引入可以从网络上引用，直接在当前 HTML 文件中加入<script src="https://cdn.staticfile.org/vue/ 2.4.2/vue.min.js"></script>，也可以把库下载到本地文件夹，通过修改 src 参数为本地库的相对路径引用 Vus.js 的库文件。

在以上代码中，HTML 的 body 里有一个<div>标签表示区域块，这个区域块 id 为 display。在区域块里有段落标签<p>，段落的内容根据{{info}}来决定。至于{{info}}是什么内容，就需要看<script>标签中的代码。<script>标签中的代码是使用 Vue.js 写的，每个 Vue 应用都需要通过实例化 Vue 来实现，所以<script>标签里一开始使用 new Vue({ })实例化 Vue。实例化的 Vue 有两个参数，一个参数 e1，表示作用对象，它的值是'#display'，表示 Vue.js 代码只对 HTML 里面 id 为 display 的区域起作用；另一个参数 data，表示数据，data 中可以设置多个数据，也就是多个变量，每个变量都可以赋值。在 HTML 里使用双括号表示这些变量的名称，就可以在 HTML 中显示 data 里相应变量的值，这种显示数据方法叫数据绑定。数据绑定最常见的形式就是使用 {{...}}(双大括号)的文本插值。也就是说 data 里的 info 与 HTML 里的{{info}}是同一个变量。在 data 里对 info 赋值为'Internet of things application system!'，HTML 里面的<p>{{info}}</p>在运行时就会显示'Internet of things application system!'。如果 data 里面 info 的值改变了，则 HTML 里{{info}}位置上显示的内容也会相应地改变。

以上代码的运行结果如图 8-7 所示。如果要改变显示内容，则可以在<script>改变 info 的赋值。

图 8-7　运行效果

8.1.4　Ajax 简介

Ajax 不是新的编程语言，而是一种异步的 JavaScript 和 XML 的 Web 数据交互技术，所以 Ajax 没有具体的语法方式。Web 页面存在于服务器，在本地计算机使用浏览器请求页面，每次用户对页面进行操作时，网络上信息的交互量都会非常大，使得页面响应不及时。而使用 Ajax 的最大优点就是不需要重载(刷新)整个页面，只更新数据改变的页面部分，这使得 Web 应用程序更为快速地回应用户请求，避免了在网络上发送那些没有更改的页面区域的信息。例如，整个页面有三个区域，当用户做了一个点击动作时，A 区域和 B 区域不需要改变，只有 C 区域会与点击前有显示变化。使用 Ajax 更新页面时，A 区域和 B 区域的文字、图片或者视频将不会重加载，本地计算机只会接收到 C 区域显示更新的资源，插入显示到 C 区域中。

8.2　用户查询界面

用户查看单片机上传 LED 灯的状态页面如图 8-8 所示，这样的显示方式是不清晰和没有条理的。甚至，有的用户在不知道 JSON 格式的情况下，会对这些数据不知所云。为了更清楚地显示数据，我们使用前端页面，并使用 Ajax 技术从后端接口"127.0.0.1:8080/findAll"取得数据，显示到前端页面指定位置。

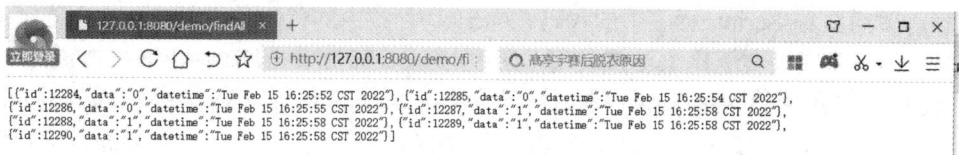

```
[{"id":12284,"data":"0","datetime":"Tue Feb 15 16:25:52 CST 2022"}, {"id":12285,"data":"0","datetime":"Tue Feb 15 16:25:54 CST 2022"},
{"id":12286,"data":"0","datetime":"Tue Feb 15 16:25:55 CST 2022"}, {"id":12287,"data":"1","datetime":"Tue Feb 15 16:25:58 CST 2022"},
{"id":12288,"data":"1","datetime":"Tue Feb 15 16:25:58 CST 2022"}, {"id":12289,"data":"1","datetime":"Tue Feb 15 16:25:58 CST 2022"},
{"id":12290,"data":"1","datetime":"Tue Feb 15 16:25:58 CST 2022"}]
```

图 8-8　运行效果

在编写 HTML 前端页面前，我们先来看一段代码，学习一下 Vus.js 的 Ajax 的写法。

```html
<!DOCTYPE html>
<html>
<head>
<meta charset="utf-8">
<title>Vue Ajax 显示方法　</title>
<script src="https://cdn.staticfile.org/vue/2.4.2/vue.min.js"></script>
<script src="https://cdn.staticfile.org/axios/0.18.0/axios.min.js"></script>
</head>
<body>
<div id="app">
  {{allData}}
</div>
<script type = "text/javascript">
new Vue({
  el: '#app',
  data () {
    return {
      allData: null
    }
  },
  mounted () {
    axios
      .get('http://8.134.XXX. XXX:8080/demo/findAll')
      .then(response => (this.allData= response))
      .catch(function (error) { // 请求失败处理
        console.log(error);
    });
  }
})
</script>
</body>
</html>
```

通过以上代码，现在我们来分析 Ajax 在 Vue 里的使用。首先看<script>标签中 get 的部分，这一部分代码是从"http://8.134. XXX. XXX:8080/demo/findAll"请求到数据，然后把值赋给 this.allData 的。而 allData 又代表着什么？可以看出，allData 是用{{...}}进行数据绑定的文本插值，它的初始值是空。可以通过 Ajax 把数据从"http://8.134. XXX. XXX:8080/demo/findAll"中取出来赋值给 allData，从而显示到 HTML 页面{{allData}}指定的位置。由于页面没有任何的显示效果，因此运行效果与图 8-8 所示的效果区别不大。

了解完 Ajax 在 Vue 里的使用后，就可以写前端页面了。首先在服务器上建立一个名叫 static 的文件夹，用于存放 HTML 文件，如图 8-9 所示。这个文件夹的名字是特定的，不能使用其他名称代替，否则访问时将找不到 HTML 页面。

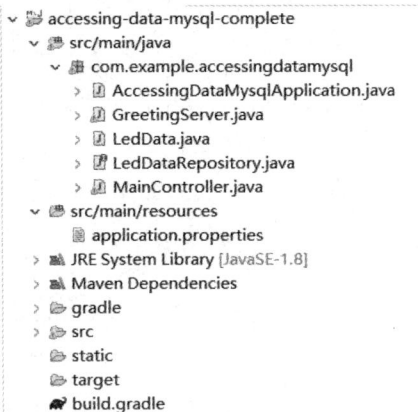

图 8-9　新建 static 文件夹

然后建立 HTML 文件，在文件夹上点击鼠标右键，在弹出的菜单中找到"New"，在之后出现的菜单中找到"Other"，如图 8-10 所示。在弹出的页面中搜索 HTML 文件，点击"HTML File"，再点击"Next"按钮，如图 8-11 所示。

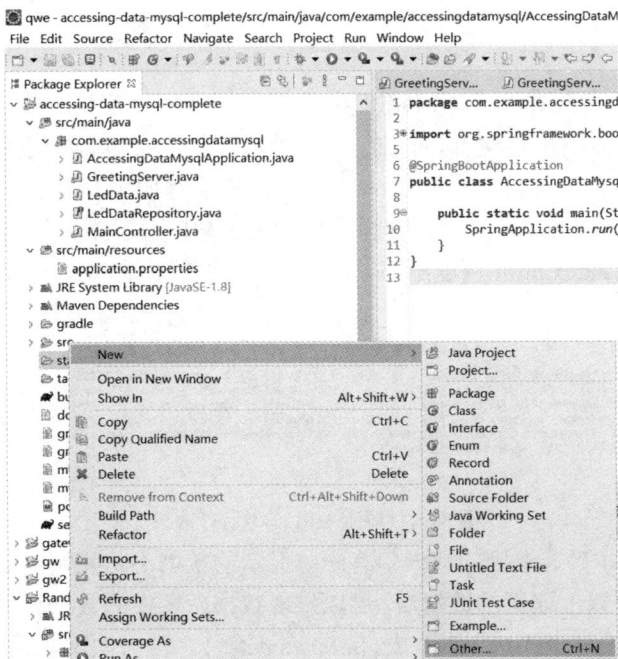

图 8-10　在文件夹中新建文件

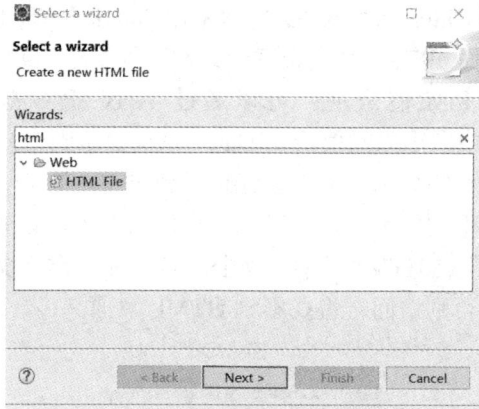

图 8-11　在文件夹新建 HTML 文件

接着在弹出的页面中输入 HTML 文件的名称"index. html"，如图 8-12 所示。最后点击"Finish"按钮完成 index.html 的创建，完成后如图 8-13 所示。

图 8-12　输入 HTML 文件名称

图 8-13　完成创建

在 index.html 文件上复制前面分析的代码，把请求的后端连接替换成 http://127.0.0.1:8080/demo/findAll。因为 web 页面是在当前服务程序当中的，所以可以使用相对 URL 地址/demo/findAll，也就是把前面的 IP 和端口号省略。使用浏览器访问前端页面 192.168.1.5/8080(index.html 可以不写，因为 index 是默认名称)，如图 8-14 所示。

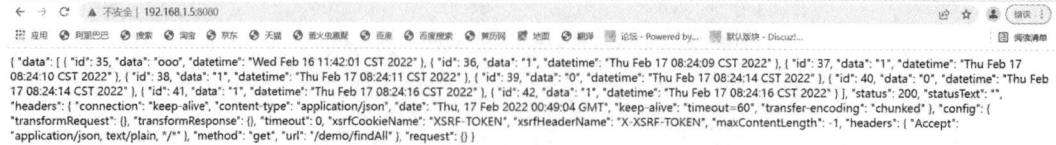

图 8-14　显示 info 内容运行效果

可以看到图 8-14 后端返回的数据中有一些显示的数据不是我们想要的，需要把这些数据分离出来。在观察以上取得的数据后，可以发现数据库表中的数据存放到 data 属性当中。我们把显示代码中的{{allData}}修改成{{allData.data}}，再一次请求页面。可见，显示的数据只剩下我们需要的数据库 led_data 表中的内容了，如图 8-15 所示。

[{ "id": 35, "data": "ooo", "datetime": "Wed Feb 16 11:42:01 CST 2022" }, { "id": 36, "data": "1", "datetime": "Thu Feb 17 08:24:09 CST 2022" }, { "id": 37, "data": "1", "datetime": "Thu Feb 17 08:24:10 CST 2022" }, { "id": 38, "data": "1", "datetime": "Thu Feb 17 08:24:11 CST 2022" }, { "id": 39, "data": "0", "datetime": "Thu Feb 17 08:24:14 CST 2022" }, { "id": 40, "data": "0", "datetime": "Thu Feb 17 08:24:14 CST 2022" }, { "id": 41, "data": "1", "datetime": "Thu Feb 17 08:24:16 CST 2022" }, { "id": 42, "data": "1", "datetime": "Thu Feb 17 08:24:16 CST 2022" }]

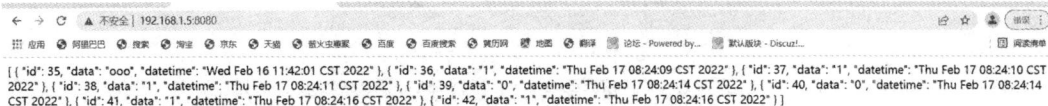

图 8-15　显示 allData.data 内容运行效果

但以上显示跟之前直接访问接口是一样的，现在我们使用 HTML 标签，利用表格显示数据，让前端页面显示更容易使人看懂。表格由<table>标签定义。表格的表头使用<th>标签进行定义。每个表格均有若干行(由<tr>标签定义)，每行被分割为若干单元格(由<td>标签定义)，每个单元格的内容就写在<td></td>之间。数据单元格可以包含文本、图片、列表、段落、表单、水平线、表格等。表格代码如下：

```html
<!DOCTYPE html>
<html>
<head>
<meta charset="utf-8">
<title>表格格式</title>
</head>
<body>

<table border="1">
<tr>
    <th>表头 1</th>
    <th>表头 2</th>
    <th>表头 3</th>

</tr>
<tr>
    <td>第一行，第一列</td>
    <td>第一行，第二列</td>
    <td>第一行，第三列</td>
</tr>
<tr>
    <td>第二行，第一列</td>
    <td>第二行，第二列</td>
    <td>第二行，第三列</td>
</tr>
<tr>
    <td>第三行，第一列</td>
    <td>第三行，第二列</td>
    <td>第三行，第三列</td>
```

以上代码的运行效果如图 8-16 所示。

表头1	表头2	表头3
第一行，第一列	第一行，第二列	第一行，第三列
第二行，第一列	第二行，第二列	第二行，第三列
第三行，第一列	第三行，第二列	第三行，第三列

图 8-16　运行效果

将数据库 led_data 读出来的数据存放到 allData.data 中，allData.data 有若干个元素。现在要求每个元素就是一行，可以使用循环语句遍历 allData.data 中的每一个元素，使之显示出来。

查看以下代码，了解在 Vue.js 中循环的用法。v-for 指令可以用来遍历数组，将数组的每一个值绑定到相应的视图元素中去。v-for 指令以 book in books 形式的特殊语法遍历数组 books，books 是源数据数组，book 是数组元素迭代的别名。在标签中使用 v-for 指令，使标签根据当前数据源数组的长度循环，并使用数据绑定的方式显示数据源数组元素的内容。

```
<!DOCTYPE html>
<html>
<head>
<meta charset="utf-8">
<title>Vue 循环语句</title>
<script src="https://cdn.staticfile.org/vue/2.2.2/vue.min.js"></script>
</head>
<body>
<div id="app">

    <H1 v-for="book in books">
      {{ book.name }}
    </H1>

</div>

<script>
new Vue({
  el: '#app',
  data: {
    books: [
      { name: '《物联网应用系统》'},
      { name: '《电子电路技术》'},
      { name: '《Web 技术》'}
    ]
  }
})
</script>
</body>
</html>
```

以上例子根据 books 元数长度使用<H1>循环显示书本名称，代码运行效果如图 8-17 所示。

图 8-17　运行效果

将以上两段代码结合，修改 index.html，循环 allData.data 数据中的每一个元素，并使用表格显示数据。allData.data 中每个元素分别有三个属性，分别是 id、data 和 datetime，表头分别显示为序号、数据和时间。修改代码如下：

```html
<!DOCTYPE html>
<html>
<head>
<meta charset="utf-8">
<title>数据显示　</title>
<script src="https://cdn.staticfile.org/vue/2.4.2/vue.min.js"></script>
<script src="https://cdn.staticfile.org/axios/0.18.0/axios.min.js"></script>
</head>
<body>
<div id="app">
<table border="1">
    <tr>
        <th>序号</th>
        <th>数据</th>
        <th>时间</th>
    </tr>
    <tr v-for="site in info.data">
        <td>    {{ site.id }}</td>
        <td> {{ site.data }}</td>
        <td>    {{ site.datetime }}</td>
    </tr>

</table>
</div>
<script type="text/javascript">
new Vue({
  el: '#app',
  data () {
```

```
        return {
          info: null
        }
      },
      mounted () {
        axios
          .get('/demo/findAll')
          .then(response => (this.info = response))
          .catch(function (error) {                    // 请求失败处理
            console.log(error);
          });
      }
    })
  </script>
  </body>
  </html>
```

在浏览器中请求，运行效果如图 8-18 所示。

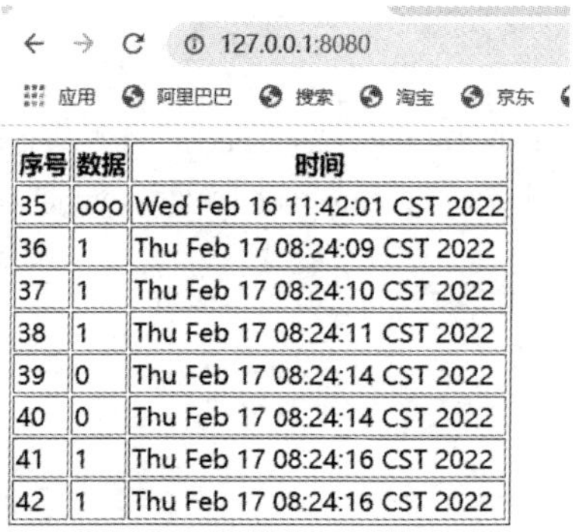

序号	数据	时间
35	ooo	Wed Feb 16 11:42:01 CST 2022
36	1	Thu Feb 17 08:24:09 CST 2022
37	1	Thu Feb 17 08:24:10 CST 2022
38	1	Thu Feb 17 08:24:11 CST 2022
39	0	Thu Feb 17 08:24:14 CST 2022
40	0	Thu Feb 17 08:24:14 CST 2022
41	1	Thu Feb 17 08:24:16 CST 2022
42	1	Thu Feb 17 08:24:16 CST 2022

图 8-18　运行效果

8.3　用户控制界面

第 7 章中服务器开启的情况下，控制 LED 的关灯是通过在浏览器里输入链接 127.0.0.1:8080/demo/controlLed?led=0 完成的，控制 LED 的开灯是通过在浏览器里输入链接 127.0.0.1:8080/demo/controlLed?led=1 完成的。显然，这样的控制方式是不友好的。现在我们来优化一下页面，即在页面上添加两个按钮，一个是开灯按钮，另一个是关灯按钮。

首先在 index.html 添加两个按钮。按钮的显示语句是<button type=""onclick="">按钮</button>。按钮标签有两个属性，第一个属性 type 表示按钮的类型，如果是普通接钮则可赋值为 button；第二个属性 onclick 表示按下按钮后触发的动作，一般可赋值为函数。属性赋值都必须使用双引号。修改按钮开始标签<button>和结束标签</button>之间的内容，即修改按钮上显示的文字。

复制代码，修改两个 button 按钮的显示，一个是"开灯"，另一个是"关灯"。当点击按钮时，会有单击触发相关的函数运行。分别为两个按钮添加 Onclick 方法，开灯的按钮触发 ledOn()函数，关灯的按钮触发 ledOff()函数。注意代码为添加在<div id="app">标签内，使<script>中 Vue.js 的代码能工作。代码如下：

```
<button type="button"onclick="ledOn()">开灯</button>
<button type="button"onclick="ledOff()">关灯</button><br>
```

页面显示如图 8-19 所示。

图 8-19　页面显示

虽然按钮是显示出来了，可是按钮的点击方法还没实现，下一步就是要在<script>中编写两个函数的实现。在<script>代码中按照 8.1 节中函数的格式添加函数名为 ledOn 和 ledOff 的两个函数。函数的功能分别是发送"127.0.0.1:8080/demo/controlLed?led=1"请求和"127.0.0.1:8080/demo/controlLed?led=0"请求。把上一小节关于请求接口的代码分别拷贝到这两个函数中，修改请求的 URL，注意使用相对路径，这样就完成了页面控制功能。代码如下：

```
function ledOn() {
    axios
    .get('/demo/controlLed?led=1')
    .then(response => (this.info = response))
    .catch(function (error) {              // 请求失败处理
        console.log(error);
    });
}
function ledOff() {
    axios
    .get('/demo/controlLed?led=0')
    .then(response => (this.info = response))
    .catch(function (error) {              // 请求失败处理
        console.log(error);
    });
}
```

最后，运行 MySQL 数据库，运行服务器程序，使用网络助手模拟网关，连接上服务器，然后在浏览器打开页面。点击开灯按钮，可以看到网络助手接收到 1，再点击关灯按钮，则可以看到网络助手接收到 0，如图 8-20 所示。

图 8-20 运行效果

  完成了前端页面的编写后，本书的整个例程项目就全部讲解完了。在本书中，从第 3 章的单片机程序，第 4 章的网关程序，第 7 章的服务器程序，再到本章的前端程序，组成了一个物联网的集成系统。在学习完以上知识后，可以通过本书例程灵活运用，开发基于其他用户协议、上传方式、控制方式的物联网系统。

<h1 style="text-align:center">课 后 作 业</h1>

1. 编写程序，通过后端接口，完成蜂鸣器前端控制页面的编写。
2. 编写程序，通过后端接口，完成显示按钮的状态的前端页面编写。

第 9 章

项 目 训 练

本章将介绍三个简单的项目,分别是物联网最小系统项目、四路开关灯光控制系统项目和智能电表系统项目。三个项目均以简单的方法及程序实现,目的是展示物联网集成系统的架构。前两个项目采用的是节点—网关(服务器)方式,第三个项目采用的是标准的节点—网关—服务器方式。在理解物联网集成系统实现的基础上,读者可以变换节点,实现对其他节点数据的采集及控制,如智慧门禁、温湿度采集等。

9.1 物联网最小系统项目

本节要实现的物联网最小系统具有节点、网关两个部分,服务器的功能将整合到网关中。节点为 LED 灯,具有灯亮和灯灭两种状态。灯的亮灭状态能通过串口上传到网关,用户可以通过访问页面查看灯的当前状态。同时,用户也可以通过访问页面控制灯的亮灭,如图 9-1 所示。在本系统中,控制命令和状态信息协议按表 9-1 的规定执行。

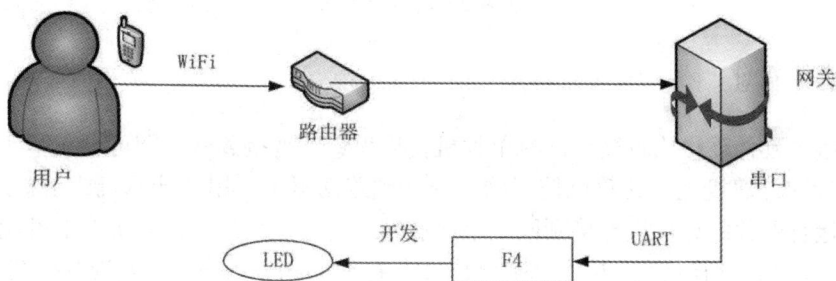

图 9-1 系统示意图

表 9-1 控制命令和状态信息协议

实际灯的状态	灯亮	灯灭
协议代码	0	1

9.1.1 系统任务要求及功能分析

通过以上的系统介绍可知,用户的设备和网关是连接到同一个路由器上的,也就是说,用户的设备跟网关在同一个局域网。LED 灯的亮灭是受单片机控制的,单片机通过串口与网关通信。用户通过访问本地网关,与网关进行信息交换,从而控制单片机连接的 LED 灯的亮灭状态。

图 9-2 为系统的功能分析图，由图中可知系统功能如下：

(1) LED 灯连接到单片机引脚上，单片机通过引脚控制灯的亮灭，同时也可以通过引脚读取 LED 灯亮灭的状态信息。

(2) 单片机使用串口与网关连接，单片机具有串口接收和发送功能，能够发送 LED 灯的状态和接收控制 LED 灯的命令。

(3) 网关通过串口与单片机通信，网关具有串口接收和发送的功能，能够使用串口接收 LED 灯的状态和发送控制 LED 灯的命令。

(4) 网关集合了服务器的功能，只显示当前状态，具有 Web 服务的功能。网关把串口接收到的灯的状态信息显示到页面；同时，页面有控制按钮，能通过页面控制串口发送控制灯的命令。

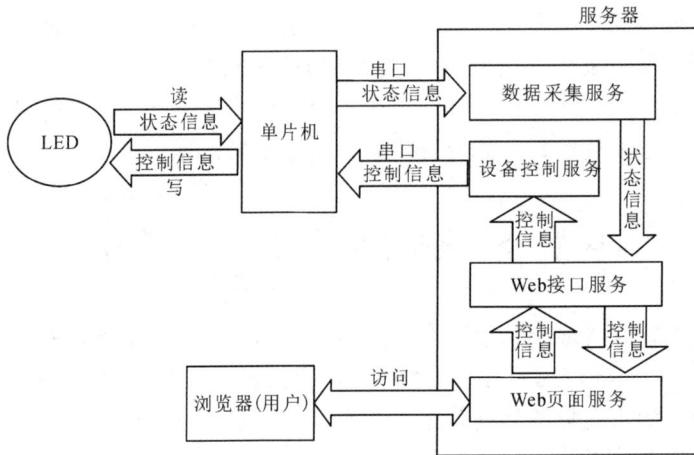

图 9-2　功能分析图

9.1.2　硬件搭建

本系统的硬件连接比较简单，将单片机使用串口线连接到网关即可。在本实验中，网关程序运行在计算机上，计算机使用网线连接到路由器上，用户计算机或手机通过 WiFi 或网线与运行网关的计算机连接到同一个局域网。这样，用户的计算机或手机就能通过路由、网关与单片机交换信息，从而控制单片机上的 LED 灯。系统硬件连接图如图 9-3 所示。

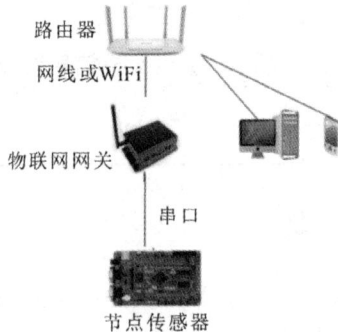

图 9-3　系统硬件连接图

9.1.3 单片机程序编写

从 9.1.1 小节的功能分析了解到，单片机需要知道灯的状态，并能控制灯的亮灭。单片机是通过读引脚得到灯的状态的，并通过串口发送到网关。单片机通过串口接收到网关的控制命令，从而写引脚，使 LED 灯亮灭。编写单片机程序，要将状态信息先建立两个变量：一个是用户命令，保存到 u 中，类型为 u8；另一个是 LED 灯的当前状态，保存到 d 中，类型为 u8。程序的具体功能包括：

(1) 串口采集网关发送过来的控制命令，保存在 u 中。

(2) 执行命令，当 u 为 1 时，引脚输出高电平，LED 灯灭；当 u 为 0 时，引脚输出低电平，LED 灯亮。

(3) 采集 LED 灯的状态，并保存到 d 中。

(4) 上传 LED 灯的状态，即使用串口发送 d 中灯的状态信息。

按照单片机程序的分析，代码如下：

```
int main(void)
{
    u8 u;                       //定义用户变量
    u8 d;                       //LED 的状态
    NVIC_PriorityGroupConfig(NVIC_PriorityGroup_2);     //设置系统中断优先级分组 2
    delay_init(168);            //延时初始化
    uart_init(115200);          //串口初始化波特率为 115200
    LED_Init();                 //初始化与 LED 连接的硬件接口
    while(1)
    {
        if(USART_RX_STA&0x8000)
        {
            u=USART_RX_BUF[0];      //单片机接收的数据
            USART_RX_STA=0;         //单片机接收的数据清零
        }

        //判断单片机接收的数据是 1 还是 0，如果是 1 则灭灯，反之则亮灯
        if(u=='1')LED0=1;
        if(u=='0')LED0=0;

        d=LED0;                     //把 LED 的状态赋值给 d

        USART_SendData(USART1, '0'+d); //向串口发送数据，0 亮灯，1 灭灯
        while(USART_GetFlagStatus(USART1,USART_FLAG_TC)!=SET );   //发送等待

        delay_ms(1000);
    }
}
```

9.1.4　服务器程序编写

先在官网上下载 gs-rest-service-main 例程，转成 Java 工程。然后按照第 4 章的流程，在工程中导入串口的两个 DLL 文件与串口相关函数的包 RXTXcomm.jar，为串口通信做准备。准备工作完成如图 9-4 所示。

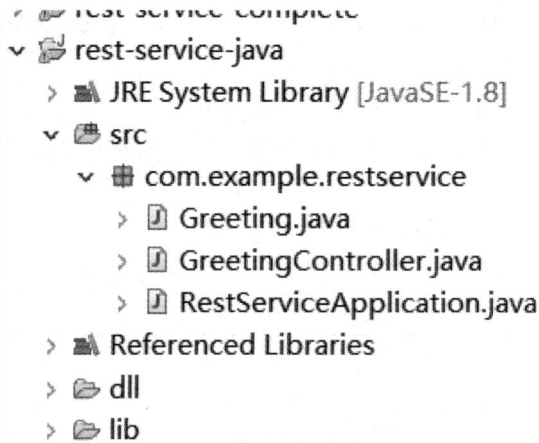

```
  rest-service-complete
v  rest-service-java
   >  JRE System Library [JavaSE-1.8]
   v  src
      v  com.example.restservice
         >  Greeting.java
         >  GreetingController.java
         >  RestServiceApplication.java
   >  Referenced Libraries
   >  dll
   >  lib
```

图 9-4　导入库包

在工程中新建一个串口工具类，在串口工具类中包含串口初始化等一系列的工作，并具有接收串口信息与发送串口信息的函数。接收串口信息是通过消息机制完成的，这个过程不需要主动调用任何函数。接收串口信息的代码如下：

```java
public void serialEvent(SerialPortEvent event) {
    int numBytes=0;
    switch (event.getEventType())
    {
    case SerialPortEvent.BI:
    case SerialPortEvent.OE:
    case SerialPortEvent.FE:
    case SerialPortEvent.PE:
    case SerialPortEvent.CD:
    case SerialPortEvent.CTS:
    case SerialPortEvent.DSR:
    case SerialPortEvent.RI:
    case SerialPortEvent.OUTPUT_BUFFER_EMPTY:
        break;
    // 当有可用数据时读取数据
    case SerialPortEvent.DATA_AVAILABLE:
        byte[] readBuffer = new byte[200];
        try {
            while (inputStream.available() > 0)
            {
```

```
                numBytes = inputStream.read(readBuffer);
            }
            String data=new String(readBuffer).trim();
            System.out.println("my date:"+data);
            if(data.startsWith("0")) i=0;
            elseif(data.startsWith("1")) i=1;
        } catch (IOException e)
        {
            e.printStackTrace();
        }
        break;
    }
}
```

在接收函数中，接收到的数据存放到 data 中，然后使用 data 这个数据进行判断。当 data 是以字符 0 开始时，全局变量 i 就赋值为 0。同理，当 data 是以字符 1 开始时，全局变量 i 就赋值为 1。之后在串口工具类中需要有一个函数 getReciveData，其他类通过这个函数能够取得 i 的信息。函数代码如下：

```
public int getReciveData() {

    return i;
}
```

串口工具类中，串口发送函数代码如下：

```
public void sendtomcu(String string) {
    if(outputStream!=null)
        try {
            outputStream.write(string.getBytes());
        } catch (IOException e)
        {
            e.printStackTrace();
        }
}
```

有了串口工具类，就可以创建控制对象类 Led。对于控制对象，最重要的两个属性是灯的状态属性 status 和控制命令属性 userCmd。灯的状态属性用于存放串口收到的状态信息，方便用户查询。控制属性用于存储收到的用户的控制信息，并将信息经串口发送到单片机。根据这两个属性的作用分析，在控制对象类中还需要一个串口工具类的对象。其作用是把串口收到的信息，也就是灯的状态，存放到控制对象的灯的状态属性中，同时根据用户需要发送串口信息。控制对象类 Led 的代码如下：

```
public class Led {
    private String status="unknown";
    private String userCmd="unknown";
```

```
            private CommUtil commUtil=new CommUtil();
            public String getStatus() {
                int i=commUtil.getReciveData();
                if(i==0) status="LedOn";
                else if(i==1) status="LedOff";
                else status="unknown";
                return status;
            }
            public void setStatus(String status) {
                this.status = status;
            }
            public String getUserCmd() {
                return userCmd;
            }
            public void setUserCmd(String userCmd) {
                this.userCmd = userCmd;
                if(this.userCmd.equals("on"))
                    commUtil.sendtomcu("0\r\n");
                else if(this.userCmd.equals("off"))
                    commUtil.sendtomcu("1\r\n");
            }
        }
```

在这个类中，重要的两个函数是 getStatus 和 setUserCmd。getStatus 用于取得灯的状态信息，在这个函数中首先使用串口对象的 getReciveData 函数取得串口接收到的信息。根据这个信息，调整灯开关状态的显示。setUserCmd 用于设置灯的命令信息，在设置的同时，使用串口对象的发送函数将命令信息发送到单片机。

有了控制对象类，现在就可以编写一个控制器程序了。通过 URL 的接口，返回控制对象，从而得知灯的状态信息和控制命令信息。另外，通过 URL 的接口，使用控制对象的 setUserCmd 可以设置对象的 userCmd 属性，从而达到发送控制信息的目的。代码如下：

```
        @RestController
        public class LedController {
            Led led=new Led();
            @GetMapping("/")
            public Led queryLedStatus() {
                return led;
            }
            @GetMapping("/set")
            public Led setLedOnOff(String cmd) {
```

```
                led.setUserCmd(cmd);
                return led;
            }
        }
```

在这个工程中有四个类，第一个类是串口工具类，它提供串口接收和发送的方法。第二个类是控制对象类，它使用串口工具类提供的发送方法，在设置用户命令的同时把用户命令发送到单片机。取得灯状态信息前应先使用串口工具类提供的接收方法，更新灯的状态信息。第三个类是控制器类，它通过 URL 接口调用控制对象类，得到状态信息，并且通过设置用户控制命令的方法来发送命令。有了这三个类，就完成了所有预设的功能。最后一个类是启动类——RestServiceApplication，其代码不需要修改。

连接单片机到计算机上，看到连接串口号为"COM6"，如图 9-5 所示，修改网关程序串口工具类中连接的串口号为"COM6"，然后启动网关程序。

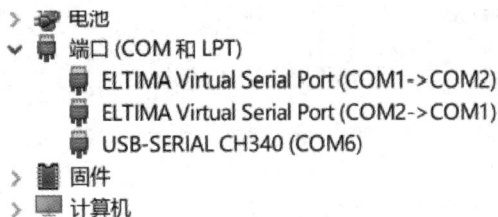

图 9-5　查看连接的串口号

LED 灯是灭的，同时可以看到控制台收到的数据为 1，如图 9-6 所示。

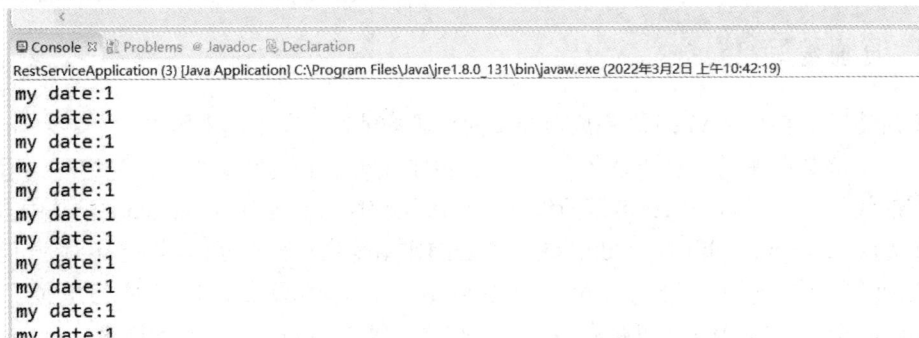

图 9-6　启动程序控制台运行效果

打开浏览器，根据网关程序运行设备的 IP 和端口号访问，得到 LED 灯的状态显示为"LedOff"，如图 9-7 所示。

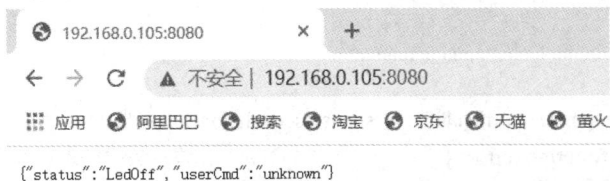

{"status":"LedOff","userCmd":"unknown"}

图 9-7　程序启动运行效果

在浏览器中访问发送控制命令的 URL，把 LED 灯打开，可以看到返回的 userCmd 为"on"，如图 9-8 所示。然后再访问取得 LED 灯的状态信息，发现 LED 灯的状态已显示为"LedOn"，如图 9-9 所示。查看单片机上的 LED 灯，发现是亮的。

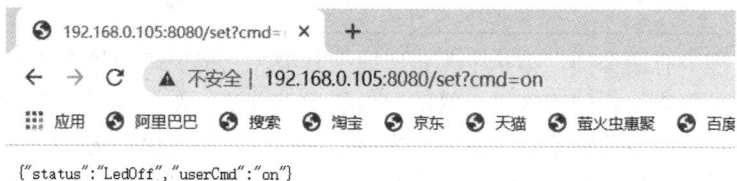

{"status":"LedOff","userCmd":"on"}

图 9-8　控制 LED 灯运行效果

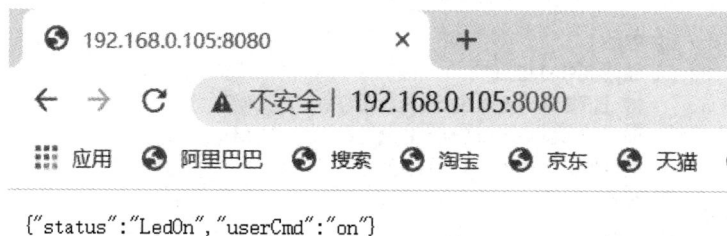

{"status":"LedOn","userCmd":"on"}

图 9-9　访问 LED 灯状态效果

9.1.5　页面编写

最后使用 HTML + Vue.js，完成前端页面代码的编写。在工程中增加一个名为 static 的文件夹，在该文件夹里新建一个名为 index.html 的文件。在这个文件中，先编写显示 LED 灯状态的代码，代码与之前第 8 章所编写的代码比较像，只是在 mounted ()函数中多增加了一个方法 setInterval(this.f1, 2000)。这个方法的作用是启动一个定时器，当定时时间到了，就会运行第一个参数的语句。第二个参数是定时时间设置，以毫秒为单位。语句 setInterval(this.f1, 2000)的意思是开启一个定时器，每 2 s 运行 f1 函数的内容。Vue.js 规定函数必须写在 methods: {}里面。f1 函数的功能是使用 get 方法访问接口，并将返回的数据显示到绑定的 info 变量中。Vue.js 代码如下：

```
mounted () {
  axios
    .get('/')
    .then(response => {this.info = response;console.log(this.info)})
    .catch(function (error) {                    // 请求失败处理
      console.log(error);
    });
  setInterval(this.f1, 2000);
},
```

```
    methods: {
        f1: function() {
            axios
            .get('/')
                .then(response => (this.info = response))
            .catch(function (error) {          // 请求失败处理
                console.log(error);
            });
        }}
```

要求只显示 LED 灯的状态值，所以显示时取值为 info.data.status。同时，添加两个按键分别用于开灯和关灯。点击开灯按键时运行 f3 函数中的代码，点击关灯按键时运行 f4 函数中的代码。HTML 代码如下：

```
    <div id="app">
                <button @click="f3()">开灯</button>
                <button @click="f4()">关灯</button>
    {{info.data.status}}
    </div>
```

在 methods: {}中多添加两个函数分别是 f3 和 f4，代码如下：

```
    methods: {
        f1: function(num) {
            axios
            .get('/')
            .then(response => (this.info = response))
            .catch(function (error) {          // 请求失败处理
            console.log(error);
            });
        },
        f3: function() {
            axios
                .get('/set?cmd=on')
                .catch(function (error) {          // 请求失败处理
                    console.log(error);
                });
        },
        f4: function() {
            axios
                .get('/set?cmd=off')
                .catch(function (error) {          // 请求失败处理
                    console.log(error);
                });
        }
    }
```

由于前端页面放到了网关程序上，所以可以使用相对路径，也就是省略掉访问接口时的 IP 与端口号。启动网关程序，然后访问前端页面。点击开灯按键，控制台收到 0，表明灯是开启的，如图 9-10 所示。同时页面灯显示开启的状态，如图 9-11 所示。点击关灯按键，控制台收到 1，表明灯是关闭的，如图 9-12 所示。同时页面灯显示关闭的状态，如图 9-13 所示。

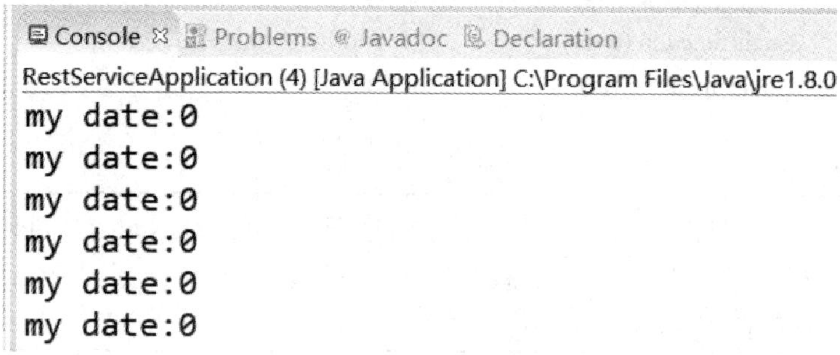

图 9-10　程序启动

图 9-11　前端页面

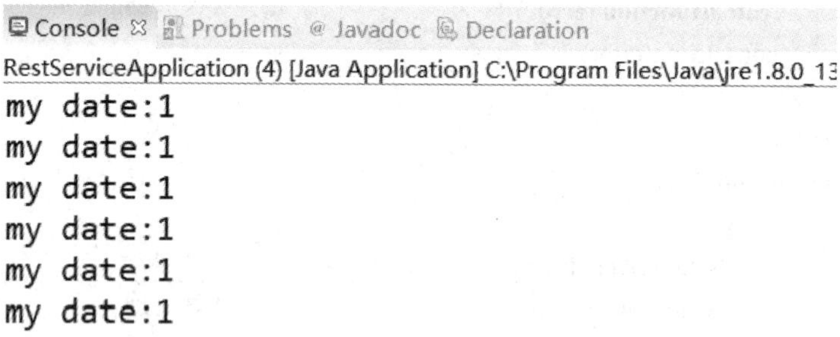

图 9-12　关灯后控制台效果

图 9-13　关灯后前端页面效果

9.1.6 项目总结

这个项目的关键是要搞清楚两个变量，一个是灯的状态量，另一个是用户的控制量，它们在单片机编程中分别使用 d 和 u 表示，在网关程序中分别使用 status 和 userCmd 表示。无论是在单片机程序中还是在网关程序中，只要分清楚这两个变量，根据这两个变量进行发送和接收就可以完成程序的编写。

这个项目的网关(服务器)程序有四个类，分别是控制对象类 Led.java、串口工具类 CommUitl.java、控制器类 LedController.java 和启动类 RestServiceApplication.java。要搞清楚四个类的作用及相互关系。串口工具类 CommUitl.java 是提供串口接收和发送的方法。控制对象类 Led.java 的属性就是描述控制对象灯的状态量 status 和用户控制量 userCmd，对 status 取值使用的是串口类接收功能，对 userCmd 赋值使用的是串口类发送功能。控制器类 LedController.java 就是提供 URL 连接来执行控制对象类的方法。程序四个类的关系图如图 9-14 所示。

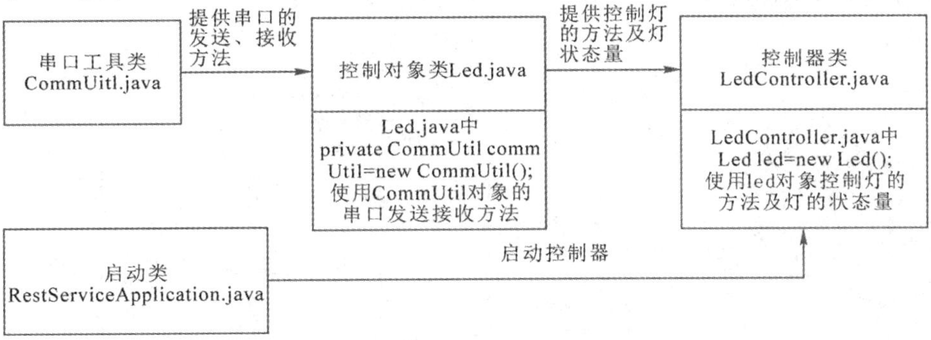

图 9-14　程序四个类的关系图

在这个项目中，有以下几个地方还需要注意：

(1) 单片机接收到 0 是开灯，接收到 1 是关灯，与前面的例程协议不一样。

(2) 单片机通过中断接收串口数据，当接收到回车键时才认为完成整句话接收，所以网关程序发送时要以"\r\n"结束。

(3) 当单片机连接到网关程序运行的设备串口上时，要注意查看串口号，修改网关程序中串口工具类连接的串口号，才能连接成功。

(4) 前端页面存放到 static 文件夹中，这个文件夹的名字是固定的，不能随意改变。

(5) 前端页面与后端接口在同一个程序内时，可以使用相对路径，也就是前端访问后端时不需要加上 IP 和端口号。

(6) 使用浏览器访问前端页面时，注意网关程序的 IP 和端口号，使用"IP:端口号/前端页面名称.html"的格式访问。

9.2 四路开关灯光控制系统项目

本节要实现四路开关灯光控制系统。该系统具有节点、网关两个部分，服务器的功能将集合到网关中。四路开关灯光控制系统是上一节物联网最小系统的升级，是在完成物联网最小系统的程序基础上改造而来的。灯泡作为节点，有两个状态，亮和灭。灯泡接到一个智能开关上。智能开关具有串口功能，可与网关实现串口通信。用户可以通过前端页面发送控制命令使灯亮灭，实现远程控制功能。

9.2.1　系统任务要求及功能分析

任务要求：在物联网最小系统项目中，我们得知用户的设备和网关都是连接到同一个路由器上的，也就是说，用户的设备跟网关在同一个局域网。而在四路开关灯光控制系统项目中，我们把 LED 灯替换成灯泡，把 F4 的单片机板替换成智能控制模块。灯泡的亮灭由智能控制模块控制，智能控制模块通过串口与网关通信。用户通过访问本地网关，与网关进行信息交换，从而控制智能控制模块连接的灯泡。在这个项目中，发送开灯或关灯指令时，智能模块就会控制灯泡的开关，同时返回一个应答信息给网关，表示收到了开灯或关灯指令。虽然模块会返回一个应答的信息，但是本项目要求不用采集此信息，只作为灯的开关控制。

系统功能分析图如图 9-15 所示。

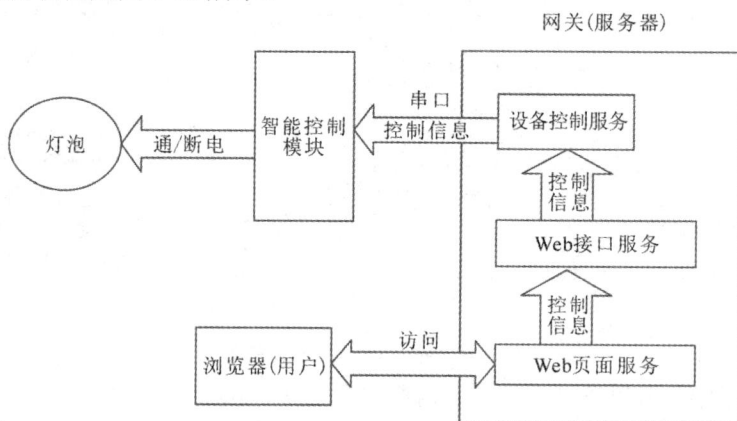

图 9-15　系统功能分析图

(1) 灯泡连接到智能控制模块的其中一路开关上，智能控制模块通过继电器控制灯泡的亮灭。

(2) 智能控制模块使用串口与网关连接，具有串口接收和发送功能，可接收控制灯泡的命令和收到命令后发送应答信息。

(3) 网关通过串口与智能控制模块通信，网关具有串口接收和发送的功能，使用串口发送控制灯泡的命令。

(4) 网关集合了服务器的功能，只显示当前状态，具有 Web 服务的功能。灯泡的状态信息会显示到页面。同时，页面有控制按钮，能控制串口发送控制灯泡亮灭的命令。

9.2.2　系统硬件连接

在原有的灯光系统中，电灯是通过普通开关控制的。市电接入配电箱中，在配电箱的火线与零线之间安装电灯，在配电箱与灯的火线之间安装一个按键，控制电灯的亮灭，如图 9-16 所示。在本次改造中，四路开关中的前三路智能开关分别控制一列灯光，每列有三盏日光灯，最后一路智能开关控制门禁。为了实验方便，另接一个灯光控制系统，使用第四路开关控制一盏灯的亮灭。四路开关灯光控制系统的关键是在原有系统中加入智能开关和网关设备。把原有的开关置换成智能开关，把智能开关连接到网关设备上。网关具有网络访问功能，用户通过手机或计算机访问网关，发送开关灯的命令，从而控制灯的亮灭，如图 9-17 所示。

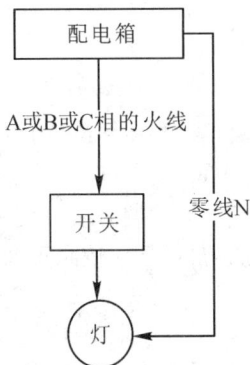

图 9-16　原灯光系统电路

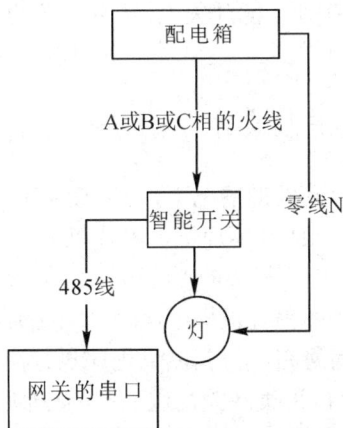

图 9-17　改造后灯光系统电路

四路智能开关实物图如图 9-18 所示。四路智能开关使用第四路接灯泡的接线图如图 9-19 所示。灯的零线与插头的零线接在一起，灯的火线与插头的火线之间连接第四路开关。网关程序运行在计算机中，因计算机没有 485 接口，智能网关需使用一个 485 转 232 接口连接到计算机上，达到与计算机中网关程序通信的目的。

图 9-18　四路智能开关实物图

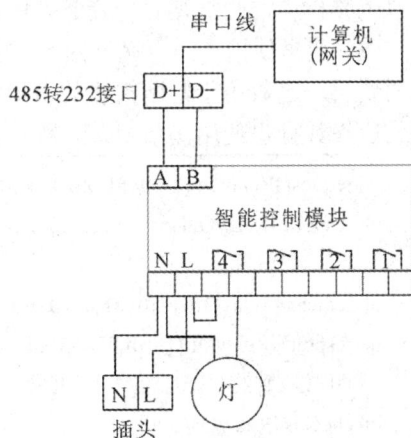

图 9-19　智能控制模块接线图

四路开关控制命令的协议如下：

使继电器 1 开：FF 10 30 07 00 01 02 00 01 1E 40

使继电器 1 关：FF 10 30 07 00 01 02 00 00 DF 80

使继电器 2 开：FF 10 30 08 00 01 02 00 01 1E BF

使继电器 2 关：FF 10 30 08 00 01 02 00 00 DF 7F

使继电器 3 开：FF 10 30 09 00 01 02 00 01 1F 6E

使继电器 3 关：FF 10 30 09 00 01 02 00 00 DE AE

使继电器 4 开：FF 10 30 0A 00 01 02 00 01 1F 5D

使继电器 4 关：FF 10 30 0A 00 01 02 00 00 DE 9D

灯泡是连接在第四路开关上的，用户通过前端页面，使网关发送 FF 10 30 0A 00 01 02 00 01 1F 5D 到智能开关上，达到开灯的目的。同时，通过发送 FF 10 30 0A 00 01 02 00 00 DE 9D 到智能开关上，达到关灯的目的。

9.2.3 单片机设计

在没有硬件的情况下，可以使用单片机模拟四路开关模块。发送指令 FF 10 30 0A 00 01 02 00 01 1F 5D 到单片机，单片机上的 LED 灯亮；发送 FF 10 30 0A 00 01 02 00 00 DE 9D 到单片机，单片机上的 LED 灯灭。在 9.1 节中，单片机接收到 0 时亮灯，接收到 1 时灭灯。本节项目中的单片机程序同理，只是判断亮灯和灭灯的密钥更加复杂。按照第 8 章单片机程序的编写思路，得到以下程序执行流程：

(1) 串口采集网关发送过来的控制命令。

(2) 执行命令，检查接收到的数据是否与开灯密钥"FF 10 30 0A 00 01 02 00 01 1F 5D"一致，如果一致，则 u = 0，同时发送开灯应答信息。

(3) 执行命令，检查接收到的数据是否与关灯密钥"FF 10 30 0A 00 01 02 00 00 DE 9D"一致，如果一致，则 u = 1，同时发送关灯应答信息。

(4) 执行命令，当 u 为 1 时，引脚输出高电平，LED 灯灭；当 u 为 0 时，引脚输出低电平，LED 灯亮。

在以上分析中，开灯是有一定条件的，就是串口接收到的数据需要判断与指定字符数组是否一致。这里使用了一个函数封装，当与指定字符数组一致时返回 1，否则返回 0。同理，也需要一个函数用于判断接收的串口数据是否与指定的关灯字符数组数据一致。开关灯返回的应答数据也使用函数封装。程序代码如下：

```
u8 request4RelayOn[]={0xFF,0x10,0x30,0x0A,0x00,0x01,0x02,0x00,0x01,0x1F,0x5D};
u8 respone4RelayOn[]={0xFF,0x10,0x30,0x0A,0x00,0x01,0x02,0x00,0x01,0x1F,0x5D};

u8 request4RelayOff[]={0xFF,0x10,0x30,0x0A,0x00,0x01,0x02,0x00,0x00,0xde,0x9D};
u8 respone4RelayOff[]={0xFF,0x10,0x30,0x0A,0x00,0x01,0x02,0x00,0x00,0xde,0x9D};
//判断接收到的数据是否为开灯指令
u8 checkis4RelayOnCmd(){
    u8 i;
    for(i=0;i<11;i++)
        if(USART_RX_BUF[i]!=request4RelayOn[i]) return 0;
    return 1;
}
//判断接收到的数据是否为关灯指令
u8 checkis4RelayOffCmd(){
    u8 i;
```

```
        for( i=0;i<11;i++)
            if(USART_RX_BUF[i]!=request4RelayOff[i]) return 0;
        return 1;
    }
    //发送开灯应答
    void respone4RelayOnSend(){
        u8 i;
        for(i=0;i<11;i++)
        {   USART_SendData(USART1, respone4RelayOn[i]);
            //向串口发送数据，0 为亮灯，1 为灭灯
        while(USART_GetFlagStatus(USART1,USART_FLAG_TC)!=SET );   //发送等待
        }
    }
    //发送关灯应答
    void respone4RelayOffSend(){
        u8 i;
        for(i=0;i<11;i++)
        {   USART_SendData(USART1, respone4RelayOff[i]);
            //向串口发送数据，0 为亮灯，1 为灭灯
        while(USART_GetFlagStatus(USART1,USART_FLAG_TC)!=SET );     //发送等待
        }
    }
```

上面的代码中，checkis4RelayOnCmd 函数用来判断串口收到的数据是否与开灯字符数组 request4RelayOn[]里面的字符一致，如果是，则返回 1，否则返回 0。判断关灯指令的函数 checkis4RelayOffCmd 的原理也是一样的，如果与关灯指令一致，则返回 1，否则返回 0。另外的两个函数，respone4RelayOnSend 和 respone4RelayOffSend 用于发送返回开灯应答和关灯应答。

有了以上四个方法，主函数的编写就与 9.1.3 小节所编写的代码区别不大了。主函数代码如下：

```
    int main(void)
    {
        u8 u;                        //定义用户变量
        u8 d;                        //LED 的状态
        NVIC_PriorityGroupConfig(NVIC_PriorityGroup_2);        //设置系统中断优先级分组 2
        delay_init(168);            //延时初始化
        uart_init(115200);          //串口初始化波特率为 115200
        LED_Init();                 //初始化与 LED 连接的硬件接口
        while(1)
        {
```

```
        if(USART_RX_STA&0x8000)
        {
            if(checkis4RelayOnCmd())    {u='0';respone4RelayOnSend();}
            if(checkis4RelayOffCmd())   {u='1';respone4RelayOffSend();}
            USART_RX_STA=0;             //单片机接收的数据清零


        }
            //判断单片机接收的数据是 1 还是 0，如果是 0 则点灯，反之则熄灯
            if(u=='0')LED0=0;
            if(u=='1')LED0=1;


            delay_ms(1000);
        }
    }
```

主函数一开始在经过一系列的初始化后，先判断是否接收到串口信息。如果接收到串口信息，就使用 checkis4RelayOnCmd 函数查看信息是否要求开灯，用户命令 u 为 0 时，同时发送开灯应答。否则，使用 checkis4RelayOffCmd 函数查看信息是否要求关灯，用户命令 u 为 1 时，同时发送关灯应答。根据串口接收代码，完成一次接收的数据处理，必须使接收数据清零，然后根据 u 的内容，对 LED 灯进行操作。

9.2.4 服务器程序编写

本项目是物联网最小系统项目的升级，其服务器的程序编写，只需在物联网最小系统服务器程序上修改就可以了。在 Eclipse 的物联网最小系统工程 rest-service-java 中复制工程包 com.example.restservice，取名为 com.example.restservice2，如图 9-20 所示。

图 9-20 复制服务器程序

对于这个项目后端程序的修改，始终要有一个思想，就是现在的控制对象由 Led 的对象变成了 Light 的对象。两个控制对象都有开关灯的状态，区别在于开关灯的命令不一样。所以在修改的时候，主要注意以下几点：

(1) 把控制对象从 Led 的对象修改成 Light 的对象。

(2) 对 Light 的对象进行分析，看 Light 具备什么属性。

(3) 了解 Light 的对象通过串口发送命令的方法与 Led 发送命令的方法的不同。

在这个服务器的编写中，RestServiceApplication.java 是启动类，用于启动 SpringBoot 工程，保留在当前工程中。CommUtil.java 用于串口通信，是串口通信工具类，同样保留在当前工程中。但是，串口发送函数是发送字符串的，在这个项目中控制命令是字符数组，需要在 CommUtil.java 里添加一个发送函数，发送的参数类型是字符数组。在 CommUtil.java 中添加以下函数，代码如下：

```java
public void send(byte[] content){
    try {
        outputStream.write(content);
    }
    catch (IOException e) {
        e.printStackTrace();
    }
}
```

物联网最小系统项目控制对象类是 Led.java，当前系统的控制对象是灯泡，二者发送的开关灯命令不一样。所以需要增加新的控制对象 Light.java，具体代码如下：

```java
public class Light {
    private String uuid="1234567890123";
    private String statu;
    static CommUtil commUtil=null;
    public Light() {
        if(Light.commUtil==null)
            Light.commUtil=new CommUtil();
    }
    public String getUuid() {
        return uuid;
    }
    public void setUuid(String uuid) {
        this.uuid = uuid;
    }
    public String getStatu() {
        return statu;
    }
    public void setStatu(String statu) {
        if(statu!=null&&statu.equals("on"))
```

```
            {
                byte[] cmd= {(byte)0xFF, 0x10, 0x30, 0x0A, 0x00, 0x01, 0x02, 0x00, 0x01, 0x1F, 0x5D};
                    commUtil.send(cmd);
                }
                else if(statu!=null&&statu.equals("off")) {
                byte[] cmd= {(byte)0xFF, 0x10, 0x30, 0x0A, 0x00, 0x01, 0x02, 0x00,
                0x00, (byte) 0xDE,0x9D};
                    commUtil.send(cmd);
                }
                this.statu = statu;
            }
        }
```

在这个类中，定义了 Light 类的三个属性，一个是 uuid，用于记录灯的 ID；另一个是 statu，用于记录灯的开关状态；最后一个是静态变量串口工具类的对象，在构造函数中会实例化这个串口对象，用于发送开关灯的命令。

控制对象 Light 类的方法分别是类中属性的读取和设置的方法。其中，灯状态 statu 的设置方法先是通过判断参数是 on 还是 off，使用串口对象对灯进行开关命令的发送，然后再更新属性中灯的开关状态。

最后，看一下控制器类。针对这个项目，要做一些修改：把 LedController.java 重命名为 LightController.java，把控制对象从 Led 的对象替换成 Light 的对象，读取对象属性及设置对象属性从 Led 的对象替换成 Light 对象就可以了。修改代码如下：

```
        @RestController
        public class LightController {
            Light light=new Light();
            @GetMapping("/")
            public Light queryLightStatus() {
                return light;
            }
            @GetMapping("/set")
            public Light setLightOnOff(String cmd) {
                light.setStatu(cmd);
                return light;
            }
        }
```

修改完后端程序后，启动程序进行测试。查看串口接入的端口号，修改串口工具类连接的串口编号。启动程序。在浏览器中输入后端链接"127.0.0.1:8080"，查看灯的状态，如图 9-21 所示。在浏览器中输入后端链接"127.0.0.1:8080/set?cmd=on"，查看灯的状态，如图 9-22 所示。在浏览器中输入后端链接"127.0.0.1:8080/set?cmd=off"，查看灯的状态，如图 9-23 所示。

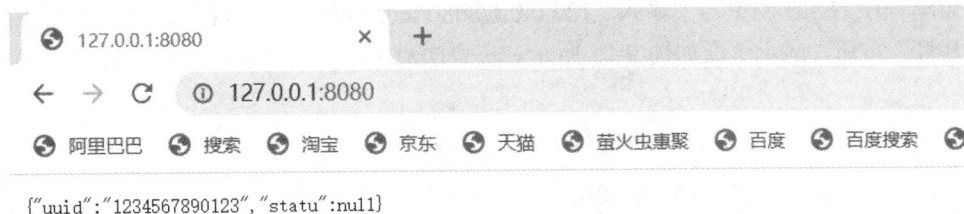

{"uuid":"1234567890123","statu":null}

图 9-21　查看灯状态后端接口

{"uuid":"1234567890123","statu":"on"}

图 9-22　亮灯后端接口

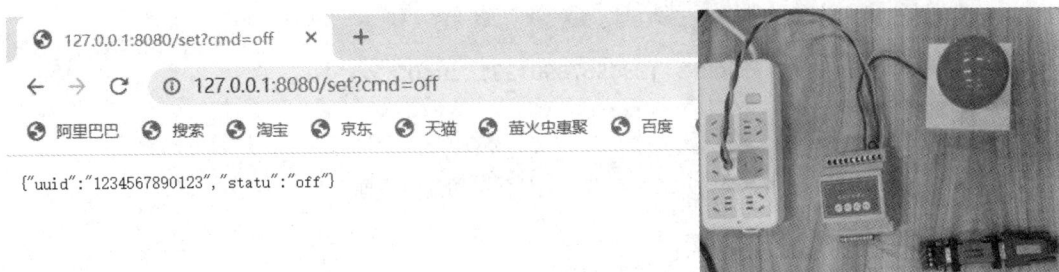

{"uuid":"1234567890123","statu":"off"}

图 9-23　灭灯后端接口

9.2.5　页面编写

本项目的前端代码与物联网最小系统项目的前端代码一致，不需要做修改。如果要求查看灯的两个属性，则可以把{{info.data.status}}修改成{{info.data}}，直接显示对象的所有数据。代码如下：

```
<div id="app">
        <button @click="f3()">开灯</button>
        <button @click="f4()">关灯</button>
{{info.data}}
</div>
```

启动程序后，在浏览器中输入"127.0.0.1/8080/index.html"，如图 9-24 所示。在页面点击"开灯"按钮，显示页面如图 9-25 所示。在页面点击"关灯"按钮，显示页面如图 9-26 所示。

图 9-24　前端页面

图 9-25　点击"开灯"按钮显示页面

图 9-26　点击"关灯"按钮显示页面

9.2.6　项目总结

在这个项目中主要考察的是知识的灵活运用。在协议改变了的情况下，应根据协议调整发送给用户的指令。

在这个项目中，有以下几个地方还需注意：

(1) 电路接线时要注意规范，注意用电安全。

(2) 单片机接收到"FF 10 30 0A 00 01 02 00 01 1F 5D"是开灯，接收到"FF 10 30 0A 00 01 02 00 00 DE 9D"是关灯，与例程项目开关灯协议不相同。

(3) 如果没有设备，则需要用单片机模拟智能控制模块。单片机通过中断接收串口数据，当接收到回车键时才认为完成整句话的接收。因此，网关程序发送时要以"\r\n"结束，字符形式发送时在后面加上"0d 0a"表示回车。

(4) 当单片机连接到网关设备上时，要注意查看串口号，修改网关程序中串口工具类打开的串口号，才能正常收发信息。

(5) 由于物联网最小系统项目与本项目前端页面控制和显示对象都是开关量，只要后端 URL 及属性名称一致，就可以不修改前端页面代码直接使用。

(6) 可以在这个项目中修改代码，完成单片机程序服务器后端程序及前端显示代码的升级。把本项目"服务器(网关)—控制对象"的架构，修改成前面例程中"服务器—网关—控制对象"的架构。

9.3　智能电表系统项目

本节实现的项目是智能电表系统。智能电表系统项目跟四路开关灯光控制系统项目比较相似，是对四路开关灯光控制系统项目的升级。在本项目中，用户通过服务器发送命令到网关，网关把命令转发到电表上，电表接收到命令返回电量信息，如图 9-27 所示。

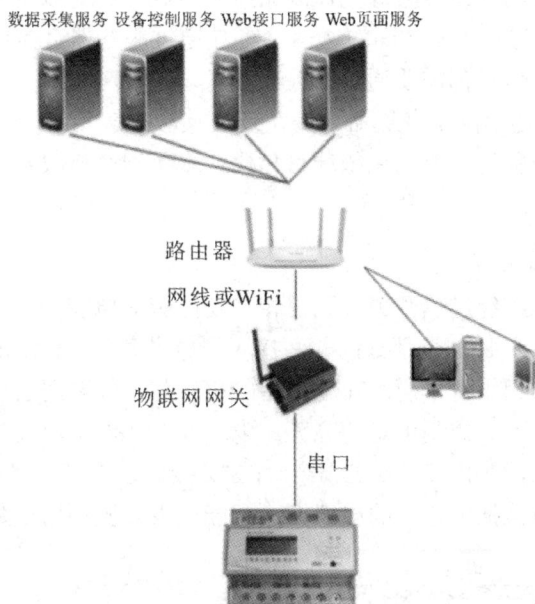

图 9-27　智能电表系统硬件图

9.3.1　系统任务要求及功能分析

任务要求：在上面的系统介绍中我们得知用户设备、网关和服务器都连接在同一个路由器上，组成一个局域网。用户要访问设备，就需要与服务器进行通信——服务器把请求读取电量命令发送出去，通过网关送达节点电表；电表接收到请求读表的命令后，也是通过网关返回电量数据，再送达服务器。用户通过访问服务器得到电量信息。

系统功能分析图如图 9-28 所示。

四路开关灯光控制系统项目是用户通过服务器发送命令到智能控制模块上，智能控制模块接收到命令使灯亮灭的。而在本项目中，用户通过服务器发送命令到网关，网关把命令转发到电表上，电表接收到命令后返回电量信息。

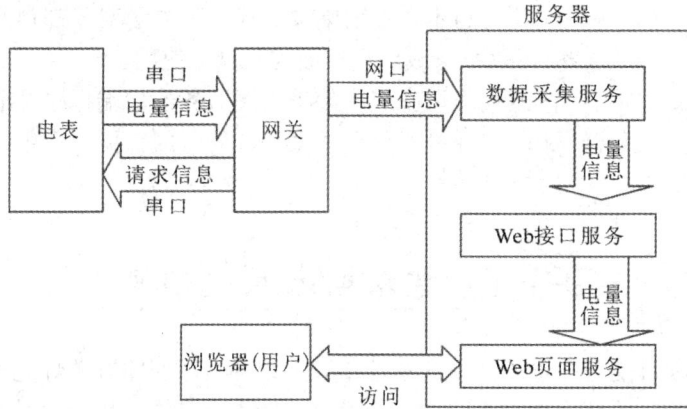

图 9-28 系统功能分析图

由此可知，本项目与四路开关灯光控制系统项目相比，有以下两处升级：

(1) 监控对象电表与服务器之间的通信，不是通过服务器直接连接，而是通过网关连接的。发送信息与接收信息都需要通过网关转发。

(2) 用户要跟电表通信除了发送命令外，还要接收电表信息，并分析该信息，得到用电量数据。这与四路开关灯光控制系统项目相比，多了一个接收数据的过程。

9.3.2 系统硬件连接

市电接入配电箱中，经过总开关接到三相多功能智能电表上。经过电表后，三相市电分成 A 相、B 相和 C 相，每一相都分别并联接入用电设备。三相中的每一相接入的用电设备功率相当，使电表每相用电平衡。在配电箱的火线与零线之间安装电灯，在配电箱与灯的火线之间安装一个按键，控制电灯的亮灭。电表通过 485 输出，为了使电表数据能与计算机中的网关程序通信，使用 485 转 232 接口，232 接口连接到计算机端，连接图如图 9-29 所示。本次改造的重点是把电箱中的电表换成智能电表，监测用电数据。

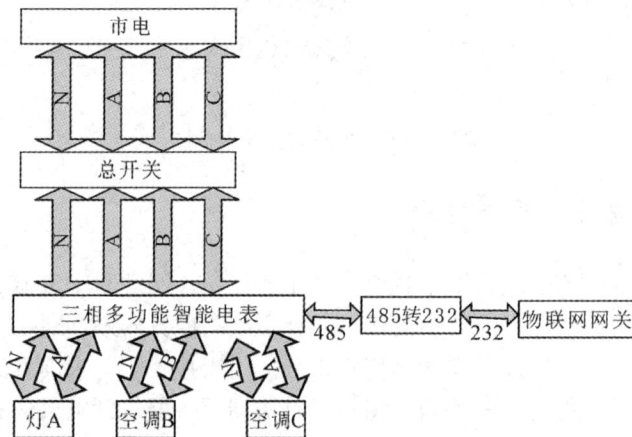

图 9-29 智能电表连接图

本项目使用三相多功能智能电表，如图 9-30 所示。为了实验方便，现使用 A 相进连接插头，A 相出连接插座，接线与实物图如图 9-31 所示。三相多功能智能电表用于监控插座电器的用电量。

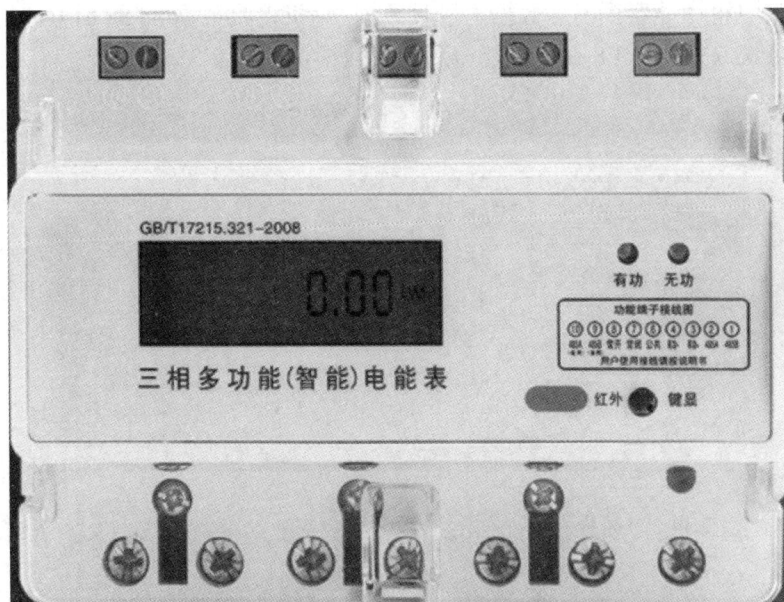

图 9-30　智能电表实物图

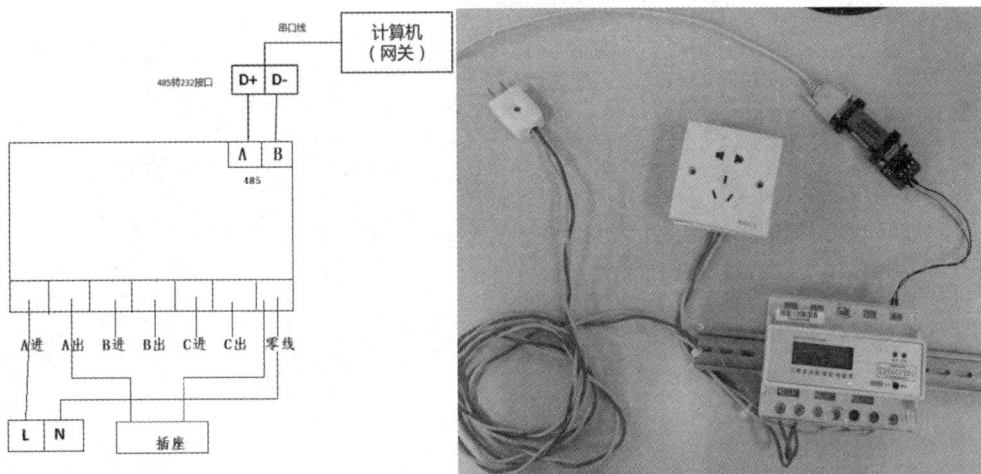

图 9-31　智能电表接线与实物图

9.3.3　协议解析

三相多功能智能电表可测量的数据比较多，有电流、电压、用电量、功率等。本项目主要测量电表用电量数据。使用方法是使用串口发送读电表电量的命令，电表返回用电量的数据。读电表电量命令可以由 MeterProtocolDebugger.exe 软件生成，然后使用串口发送到电表。使用 MeterProtocolDebugger.exe 软件时先要设置电表的通信参数，再点击打开串口，如图 9-32 所示。接着在电表上按键，查看电表的设备号。本次实验用的电表设备号为001910040188。点击"数据标识"按钮，选择正向有功总电量。选择"确定"后就能看到读电表电量的命令为 FE FE FE FE 68 88 01 04 10 19 00 68 11 04 33 33 34 33 68 16。点击"发送"按钮,在消息框中能看到发送数据与接收数据。分析接收数据 68 88 01 04 10 19 00 68 91 08 33 33 34 33 63 33 33 33 E8 16,就能得到电表数据,如图 9-33 所示。

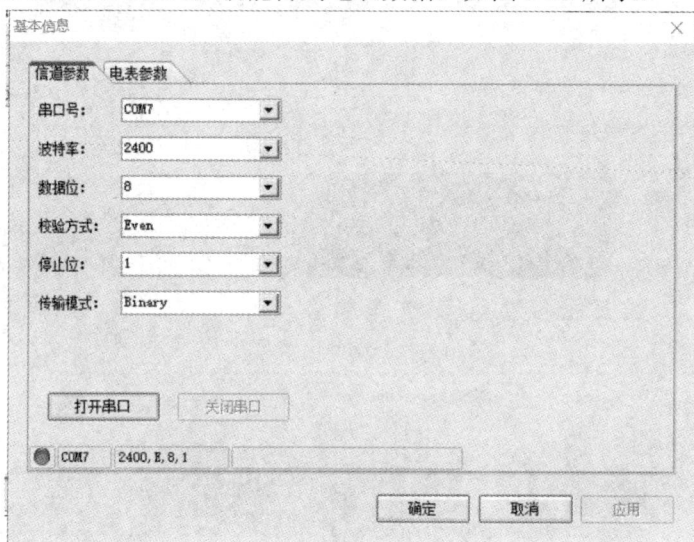

图 9-32　MeterProtocolDebugger 通信设置

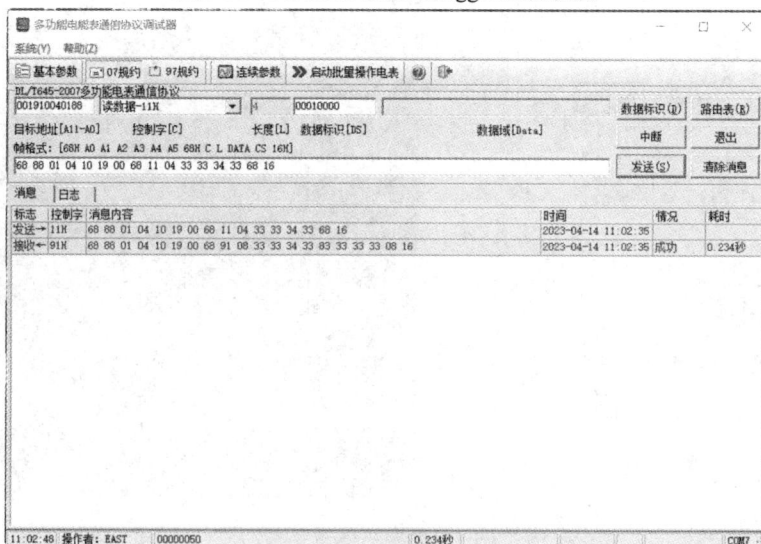

图 9-33　数据显示对话框

接收数据的格式如图 9-34 所示。根据数据格式,第一个 68H 后面的 6 位是地址,也就是 88 01 04 10 10 00。传输方向是低位在前,高位在后,接收到的数据来源于 001010040188 号设备码的电表。这个地址跟我们设备的地址相一致。接下来第二个 68H 后的第二位是数据长度,表示接收的数据有几位。在我们接收到的数据中,第二个 68H 后的第二位是 08,表示接收到的数据是 8 位。长度位后就是接收到的数据,有 8 位,分别是 33 33 34 33 83 33 33 33。

电量是按一定的规则发送的,如果电量是 123 456.78 kW·h,则发送时把发送的数据直接加上 33H,然后从低位到高位发送。接收时接收的先是低位,然后再将每一位减去 33H 就是实际用电量数据,如图 9-35 所示。

说明	代码
帧起始符	68H
地址域	A0
	A1
	A2
	A3
	A4
	A5
帧起始符	68H
控制码	C
数据域长度	L
数据域	DATA
校验码	CS
结束符	16

图 9-34　电表通信协议格式

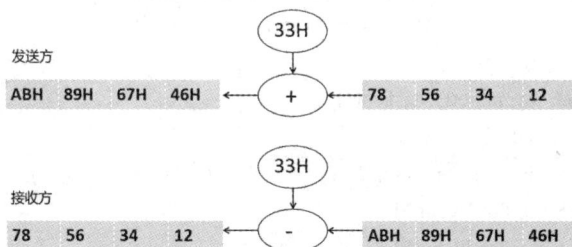

图 9-35　电表通信协议解释

如图 9-33 所示，接收到的电量数据有 8 位，分别为 33 33 34 33 83 33 33 33。因低位在前高位在后，所以先把数据反转，得到 33 33 33 83 33 34 33 33，然后再减去 33，得到 00 00 00 50 00 01 00 00，小数点在第三位后，得到 0.50 kW·h。查看电表数据，与解析数据一致，如图 9-36 所示。

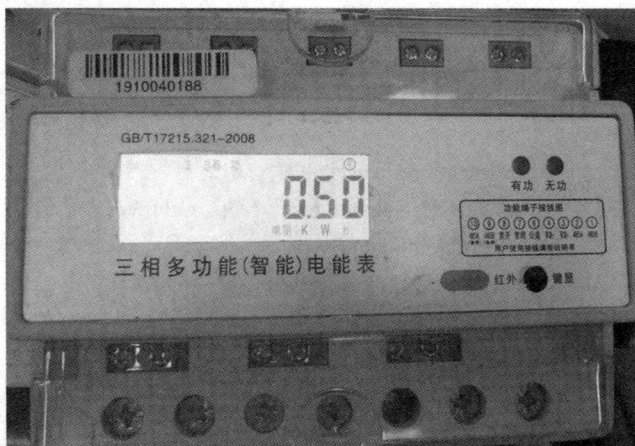

图 9-36　电表用电量数据显示

9.3.4 网关程序设计

本次项目中网关负责采集数据、解析数据，然后把解析出来的数据发送到服务器端。分析到网关需要有串口工具类用于采集电表数据，还需要有 Socket 客户端类用于把数据发送到服务器。具备这两个类后，就要有一个应用类，使这两个类工作。

串口工具类不做解释，可以使用之前的串口工具类，并稍做修改就可以了。在本项目中，串口工具类中要增加两个属性，分别是 byte res[] =new byte[100]和 int n=0。byte res[] =new byte[100]用于存放收到的串口数据，且以字符数组的形式存放；int n=0 用于存放收到多少个字符数据。

串口工具类的通信串口号根据连接的实际情况修改，本项目为 COM1。通信参数根据三相智能电表的通信参数修改，使用的波特率为 2400，有 8 位数据位，1 位停止位，1 位校验位。

接收数据的方式与之前的不一样。在之前的例程中接收的只有一位数据，而现在接收的是多位数据。根据接收数据的格式进行修改，把接收的数据存放到 res[] 中。接收代码如下：

```
public void serialEvent(SerialPortEvent event) {
    int numBytes=0;
    switch (event.getEventType()) {
    case SerialPortEvent.BI:
    case SerialPortEvent.OE:
    case SerialPortEvent.FE:
    case SerialPortEvent.PE:
    case SerialPortEvent.CD:
    case SerialPortEvent.CTS:
    case SerialPortEvent.DSR:
    case SerialPortEvent.RI:
    case SerialPortEvent.OUTPUT_BUFFER_EMPTY:
        break;
    case SerialPortEvent.DATA_AVAILABLE:
                    // 当有可用数据时读取数据，并且给串口返回数据
        byte[] readBuffer = newbyte[200];
        try {
            while (inputStream.available() > 0) {
                numBytes = inputStream.read(readBuffer);
                for(intj=0;j<numBytes;j++)
                    {res[n++]=readBuffer[j];}
            }
        } catch (IOException e) {
            e.printStackTrace();
        }
        break;
```

```
            }
        }
```

还要在本类中增加一个函数 getRes()，用于在本类之外取得串口读到的数据，以便分析用电量。代码如下：

```
    public byte[] getRes(){

            return res;

    }
```

当 res[]这个数组的数据被处理后，res[]需要清空，重新接收数据。所以在串口工具类中应提供一个方法，用于使 res[]可以从第 0 位开始重新接收数据。代码如下：

```
    public void setn(int n){

            this.n=n;

    }
```

Socket 客户端类用于发送解析完的电表数据到服务器(Socket 只做发送，不做接收)。与之前例程相比，本例可以不用产生线程接收数据。Socket 客户端代码如下：

```
    public class SocketClient {
        private OutputStream outToServer;
        private InputStream inFromServer;
        public SocketClient() {
            try {
                Socket client = new Socket("192.168.0.101", 1002);
                outToServer = client.getOutputStream();
                inFromServer = client.getInputStream();

                } catch (Exception e) {
                        e.printStackTrace();
                    }
            }
            public void sendtoCloud(String data) {
                try {
                    if(outToServer!=null)
                            outToServer.write(data.getBytes());
                } catch (IOException e) {
                    // TODO Auto-generated catch block
                    e.printStackTrace();
                }
            }
    }
```

新建 app.java，用于数据解析。联合 CommUtil.java 和 SocketClient.java 两个类完成接收节点数据和向服务器发送数据的功能，如图 9-37 所示。

图 9-37　网关各个类的关系图

在应用类 app 中，要有 CommUtil 的对象和 SocketClient 的对象。使用 CommUtil 对象的 getRes()函数取得接收到的数据。之后对数据进行解析，解析完的数据存放到属性 String dianliang 里。最后以 dianliang 作为参数，使用 SocketClient 对象的 sendtoCloud 方法发送到服务器。解析数据的过程按上一小节的协议进行，先把数据减去 33，低位在前高位在后，从高位开始显示，即后面数据先显示。程序流程如图 9-38 所示。

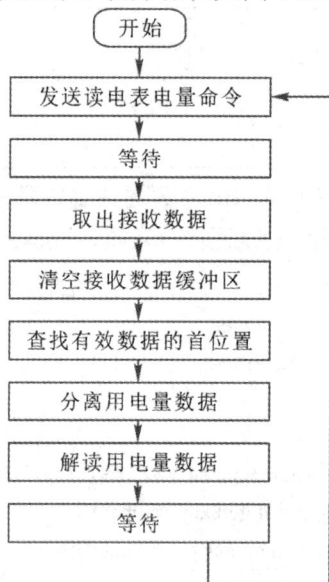

图 9-38　程序流程

具体代码如下：

```
public class App {
    static String dianliang;
    public static void start() {
        CommUtil mCommUtil=new CommUtil();
        SocketClient socketClient=new SocketClient();
        new Thread(new Runnable() {
            @Override
            public void run() {
                while(true) {                //发送电表电量采集命令
byte[] m= {(byte)0xFE,(byte)0xFE,(byte)0xFE,(byte)0xFE,0x68,(byte)0x88,0x01,0x04,0x10,0x19,
```

```
0x00,0x68,0x11,0x04,0x33,0x33,0x34,0x33,(byte)0x68,0x16};
                        mCommUtil.send2(m);
              try {                //延时 10 s，等待串口接收电表返回的数据
                    Thread.sleep(10000);
                } catch (InterruptedException e) {
                    e.printStackTrace();
                }
              byte[] kk = mCommUtil.getRes();          //读取串口电表返回数据
              mCommUtil.setn(0);  //串口工具类中的接收数组下标从零开始接收数据
                  int startpos=0;
                  for(int i=0;i<100;i++)              //找第一个有效数据的下标
                  if(kk[i]==0x68) {startpos=i;break;}
                  //从接收数据的有效下标开始打印电表返回有效数据
          System.out.printf("\n 计算有效数据的数组下标位置：%d\n",startpos);
                  for(int i=startpos;i<50;i++)
                  {     System.out.printf("%x ",(byte) (kk[i]));}
              //显示减去 33H 后的用电数据
                  System.out.println("\n 解析电表电量数据前减去 33H： ");
                  for(int i=startpos+14;i<startpos+14+4;i++)
                  {     System.OUT.printf("%x ",(byte) (kk[i]-0x33));}
              //显示正确的用电量数据
          System.out.println("\n 解析电表电量的正确数据为： ");
          dianliang=String.format("%x%x%x.%xkWh",(byte)
(kk[startpos+14+3]-0x33),(byte)
(kk[startpos+ 14+2]-0x33),(byte) (kk[startpos+14+1]-0x33), (byte)
 (kk[startpos+14]-0x33));
                        System.out.println(dianliang);
                        socketClient.sendtoCloud(dianliang);
                        try {          //延时 5 s
                            Thread.sleep(5000);
                        } catch (InterruptedException e)
                        {
                            e.printStackTrace();}
                    }
                }
          }).start();}
      }
```

这个程序的三个类都写好后，就要使用主类，构造 app 的对象，使线程运行。代码如下：

```
        public class GateWayF214
        {
            public static void main(String[] args) {
                App.start();
            }
        }
```

使用 TCP 调试助手的 Socket 服务端代替服务器，启动网关程序，网关正常运行后显示如图 9-39 所示。服务端接收到的数据如图 9-40 所示。

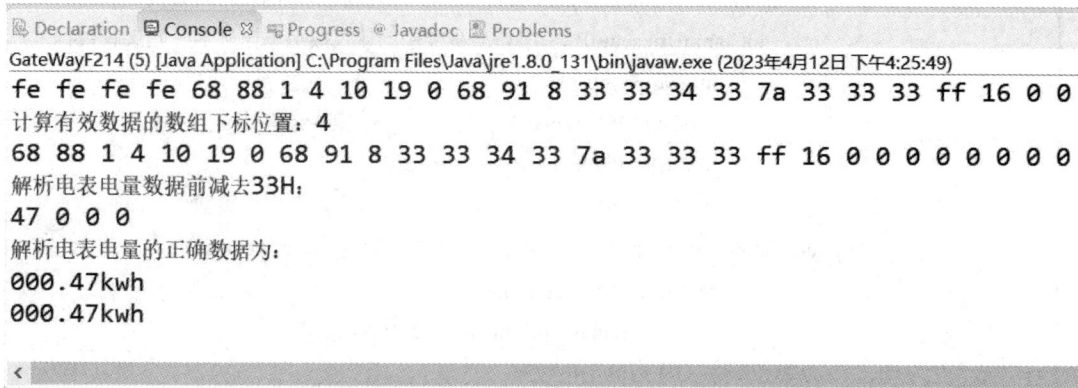

图 9-39　运行效果

图 9-40　服务端接收到的数据

9.3.5　服务器程序设计

服务器的功能是使用 Socket 服务端接收电量信息，并提供后端接口，让用户使用浏览器访问服务器查看电量数据。要使用网络浏览功能就要使用 SpringBoot 框架。服务器程序

有两个类，即启动类和 Socket 服务端类。在服务端类上加入@RestController 和
@RequestMapping 注解，使其具备网络调用函数读取电量信息的功能。本项目的服务器具
体代码如下：

```
@RestController
@RequestMapping("/jjjj")
public class GreetingServer
{
    private ServerSocket serverSocket;
    Socket server;
    DataOutputStream out;
    DataInputStream in;
    String e;
    public GreetingServer() throws IOException {
        serverSocket = new ServerSocket(1002);
        server = serverSocket.accept();
    }
    @PostConstruct
    public void finish(){
        new Thread(new Runnable() {
        @Override
        publi cvoid run() {
            xxxxx();
        }
    }).start();
    }
    public void xxxxx() {
        while(true)
        if(server!=null)
        {   try {
            in = new DataInputStream(server.getInputStream());
            out = new DataOutputStream(server.getOutputStream());
          } catch (IOException e) {
              e.printStackTrace();
          }         break;
        }
        byte[] readBuffer = new byte[200];
        int numBytes;
        while(true){
```

```
        try{
        numBytes = in.read(readBuffer);
        e=new String(readBuffer).trim();
        System.out.println("data:"+e);
            }catch(SocketTimeoutException s){
            System.out.println("Socket timed out!");
            break;
        }catch(IOException e){
            e.printStackTrace();
            break;
        } }
    }
@RequestMapping("/dianliang")
public String adata() {
    return e;
    }
}
```

  之前的项目中服务器编程的做法是工具类(串口工具类或 Socket 工具类)、控制对象类以及控制器类是分开的。工具类只负责提供发送和接收的方法；控制对象类负责使用工具类接收方法更新状态量，以及使用工具类发送方法按设备规定的方式发送控制设备的信息；控制器类使用控制对象类提供的函数，完成 URL 后端连接。但本项目把控制对象的电量属性、Socket 工具类以及控制器类都集合到一个函数中，如图 9-41 所示。

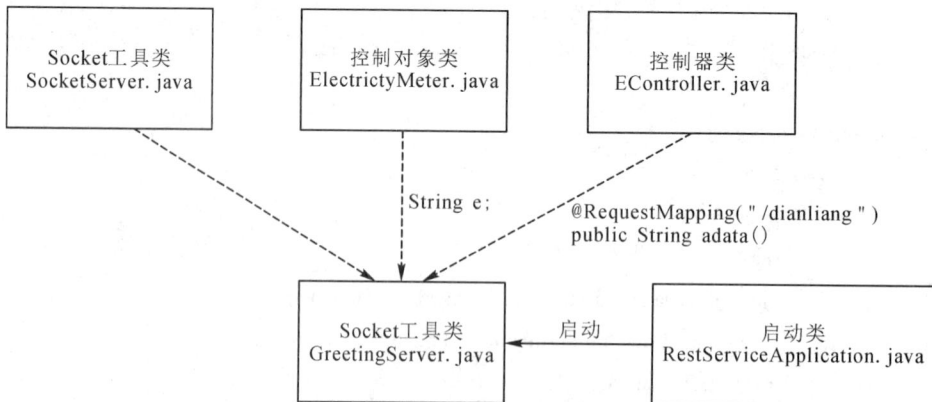

图 9-41　服务器程序中各个类的关系

  下面开始调试程序。先启动服务器程序，再启动网关程序。两个程序启动并连接成功后服务器网关程序控制台会出现电表读数 0.47 kW·h。查看服务器程序运行情况，可以看到服务器接收到网关的电量也是 0.47 kW·h，如图 9-42 所示。打开浏览器查看网页，如图 9-43 所示。对比电表读数，如图 9-44 所示，读数一致。

图 9-42　服务器程序运行效果

图 9-43　前端页面

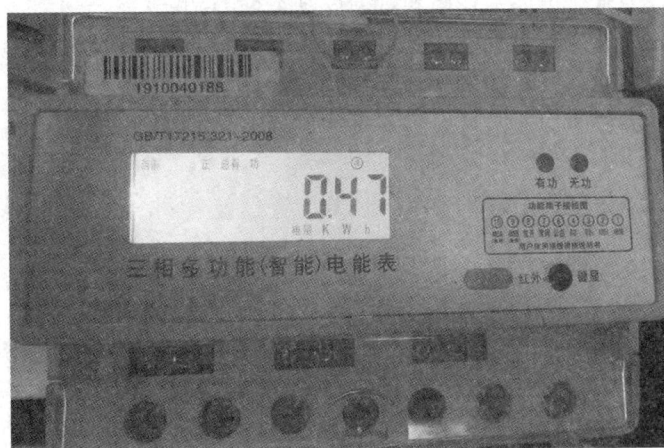

图 9-44　实际电表读数

9.3.6　项目总结

在前两个项目的基础上，本项目将网关和服务器分离开。网关通过串口采集电表用电量数据，并解析数据，把用电量数据发送到服务器。服务器接收到用电量信息后，把信息转换成 URL 接口，提供给用户通过浏览器查看。网关负责采集与分析，由此可见，网关除了采集和网络转换外，还具备了分析数据的功能。在有的项目中，根据项目的需要，还可能包含存储数据等功能。在本项目中显示的数据简单，因此没有介绍前端页面的编写。

在本项目中需要注意以下几个方面：

(1) 电表接线时要规范，注意用电安全。

(2) 在串口类中，注意修改设备实际连接时接入的串口号。

(3) 注意服务器的 IP 和端口号，网关程序连接服务器需要正确填写连接的服务器 IP 及端口号。服务器程序运行的设备上网的 IP 就是服务器的 IP。使用以上程序时，按实验实际情况修改。

(4) 网关程序 app 类中，发送读电表电量命令后，不能立即读取数据，要等待串口接收电表数据完毕后，才能读取并分析数据。

(5) 网关程序 app 类中，取出电表数据后，要清空 CommUtil 类中的接收数据缓冲区 res[]，否则分析的数据是没有更新的，还是之前的数据。

(6) 在实验过程中，读取到的电量不断增加，是因为接到电表上的用电器一直在用电。用电量的多少是根据接入的电器决定的，实验时应按实际情况分析。

(7) 本项目的拓展功能是：把服务器收到的数据存储到数据库，编写前端页面，显示数据库接收到的电量历史数据，并完成读取除电量外的其他电表数据，如电压、电流、功率以及各相的数据。

课 后 作 业

1. 在物联网最小系统中加入存储和查询控制数据的功能。

2. 在四路开关灯光控制系统中，使用 Socket 通信的方式加入远程服务器，并能通过访问远程服务器 Web 页面，发送控制命令来控制灯。

3. 在智能电表系统中加入定时采集方式，每隔 1 min 更新一次页面电表读数。

参 考 文 献

[1] 桂小林，安健，何欣，等. 物联网技术导论[M]. 2 版. 北京：清华大学出版社，2018.

[2] 张洋，刘军，严汉宇，等. 精通 STM32F4(库函数版)[M]. 2 版. 北京：北京航空航天大学出版社，2019.

[3] 意法半导体公司. STM32F4xx 中文参考手册，2013.